深入高可用系统原理与设计

王伟峰 ◎ 著

清华大学出版社

北 京

内容简介

本书围绕"构建高可用系统"(更可靠、更敏捷、更低成本)的主题,系统阐述近年来的技术演进路径与底层原理。

第1章为云原生技术概论,从业务需求出发,回顾近年技术架构演进趋势,帮助读者快速建立全局认知。第2~4章讲网络,以网络请求链路为线索,深入操作系统内核、负载均衡原理,讲解"快"背后的系统设计。第5、6章讲分布式系统,聚焦一致性与容错,拆解CAP定理、分布式事务与共识算法等核心机制。第7、8章解析Kubernetes架构与服务网格技术,理解云原生基础设施的设计逻辑。第9章讲系统观测,构建统一观测体系,掌握指标、日志、链路追踪的集成与分析方法。第10章为软件交付,剖析声明式管理理念,讲解Kustomize、Helm、Operator、OAM等主流交付模型。

本书融合技术理论与一线实践,适合后端工程师、系统架构师、技术团队负责人及关注底层原理的高级开发者阅读,也适合作为高校云计算专业教辅资料。

图书在版编目(CIP)数据

深入高可用系统原理与设计 / 王伟峰著. -- 北京 : 清华大学出版社,2025. 7.
ISBN 978-7-302-69912-5

Ⅰ. TP311.52

中国国家版本馆CIP数据核字第2025U9Y467号

责任编辑:王中英
封面设计:杨玉兰
责任校对:胡伟民
责任印制:沈 露

出版发行:清华大学出版社
网　　　　址:https://www.tup.com.cn,https://www.wqxuetang.com
地　　　　址:北京清华大学学研大厦A座　　邮　　编:100084
社　总　机:010-83470000　　邮　　购:010-62786544
投稿与读者服务:010-62776969,c-service@tup.tsinghua.edu.cn
质　量　反　馈:010-62772015,zhiliang@tup.tsinghua.edu.cn
课　件　下　载:https://www.tup.com.cn,010-83470236
印　装　者:三河市东方印刷有限公司
经　　销:全国新华书店
开　　本:185mm×260mm　　印　张:17.75　　字　数:480千字
版　　次:2025年8月第1版　　印　次:2025年8月第1次印刷
定　　价:79.00元

产品编号:102801-01

伟峰是一位兼具前后端能力的全栈技术人,在过去 15 年实战中积累了深厚的技术。在本书中,他从云计算应用工程师的角度,解读在大型互联网公司中,应如何构建以超高可用性为核心的技术体系。此外,全书吸收了与国际社区技术专家互动中的诸多真知灼见,进一步提升了前瞻性和准确度。

陈绪博士　阿里云基础设施资深总监

在过去几年服务大大小小客户的过程中,我切身感受到云原生应用及架构和基于传统服务器集群的 Web 应用之间的不同——并非将裸金属或 VM 换成容器,将服务拆成众多的微服务,然后再使用一些通用的中间件就能称之为云原生应用了。其本质是对应用迭代的敏捷性、对资源使用的高弹性、对高可用架构设计支持的必备性,以及对用户行为的可观测性等要求的全方面提升和重构。而要真正掌握这些本质,需要对底层各分支的技术原理有充分的了解。伟峰的作品正是这样一本专业参考书,其流畅的文笔将众多技术原理深入浅出地呈现在读者面前,是一本既能提供愉悦阅读体验又能提供严谨专业信息的作品。

俞圆圆　腾讯云网络公网产品负责人

这本书非常适合技术架构师、软件工程师和运维工程师阅读。伟峰在书中系统地介绍了如何设计和搭建一套高性能的后台服务,并保持其高可用性与可维护性。为此,我们需要掌握广泛的软件与网络技术。虽然这些技术跨度大、内容复杂,但后台相关工作本就是高度关联的体系,IT 专业的价值也正体现在它的深度与挑战性中。得益于伟峰在本书中的见解,读者能够厘清复杂系统的技术脉络,领会系统设计背后的核心思想。

曹亚孟　EdgeNext 首席架构师,
《云计算行业进阶指南》作者

很高兴看到王伟峰老师从全局介绍了高可用系统的原理和设计，覆盖了云原生、网络、内核、容器以及分布式系统等技术。随着云原生时代的到来，软件架构一直随之演进，基础设施通过分层的方式简化软件的开发和部署，也带来了更多的"认知负荷"。我自己也是从《Google SRE 运维解密》一书了解到了整个生态的变化，所以很开心看到更多结合开源生态的系统设计的内容，希望它能帮助更多国内架构师和工程师的成长。

毛剑　Bilibili 技术委员会主席

王老师通过多年的积累，终于推出了这本高质量的作品——《深入高可用系统原理与设计》。本书是针对软件工程师、架构师和技术负责人的权威指南，帮助读者在系统架构中做出明智的决策，并加深对各种技术优缺点的理解。无论是了解基础软件构建还是设计高可用系统，本书都是不可或缺的参考。

谢孟军　积梦智能 CEO，
《Go Web 编注》作者

推荐序

▼▼▼

我与伟峰共事十余年，他始终对技术充满热情，精通多种前后端语言，在网络技术、云原生、架构设计等领域有着深厚的积累与敏锐的洞察。正因其广博的知识视野与扎实的技术功底，伟峰在多个项目中都能提出独到见解，推动创新实践，并高效地实现技术与业务的深度融合。在爱奇艺国际站建站初期，他主导了核心技术架构与业务体系的设计与落地，构建了智能化、模块化的高可用服务框架，为海外业务的快速迭代与持续发展奠定了坚实基础。

更难能可贵的是，伟峰将多年来的认知积累与实践经验系统化整理成书，惠及广大技术工作者。这本书系统梳理了从传统软件开发到云计算、微服务、容器技术、服务网格等现代架构理念的演进脉络。书中不仅详尽呈现关键技术的实现方式，更深入探讨其背后的原理与设计哲学。理解问题的本质，权衡解决方案的取舍，正是架构师应具备的核心能力。

书中比较了主流架构方案，并对核心原理进行深入解析，使读者不仅能够理解不同设计选择的优劣，还能在实际工作中做出更理性、更具前瞻性的技术决策。全书语言通俗、结构清晰，既适合基础薄弱的读者逐步入门，也为经验丰富的专业人士提供了新的视角与深度思考的素材。

陆华梅

爱奇艺海外事业部高级总监

如果你是一位互联网从业者,我猜这几年你大概率会被这些层出不穷的概念包围:云计算、边缘计算、PaaS、FaaS、CaaS、ServiceMesh、Serverless,以及各种 Ops,如 DevOps、GitOps、MLOps、FinOps 等。

近几年,软件开发技术经历了翻天覆地的变革,对构建业务应用的方式产生了重大影响。在讨论如何为业务赋能之前,我们不妨先思考一下,推动这一波技术浪潮的核心驱动力是什么。

软件在吞噬世界

互联网投资人 Mark Andreessen 曾在文章 *Why Software Is Eating the World* 中探讨了软件如何改变各个行业。以下是文章中的部分内容:

> 我们处于戏剧性和广泛的技术和经济转变的中间,软件公司准备接管大量的经济。
>
> ……
>
> 十年前,当我在创办 Netscape 公司时,大概只有 500 万人使用宽带互联网,而现在有超过 20 亿人使用宽带互联网……

文章发表于 2011 年,现在再来回顾互联网的冲击,感触更加深刻:部分软件变成像水、电、煤一样的基础设施。

在展望互联网规模时,作者曾预测"在未来 10 年,全球至少有 50 亿人将拥有智能手机,每个人都可以随时随地利用互联网"。如今,我们可以确认,Mark Andreessen 的预测很准确:移动互联网时代的用户规模已经接近全球人口基数,亿级 DAU 规模的移动应用不断涌现。

软件对各行各业的渗透和对世界的改变,以及在移动互联网时代巨大的用户基数下快速变更和不断创新的需求,对软件开发方式带来巨大的推动力,我们清晰地看到如此波澜壮阔的技术浪潮:

- 软件正在改变世界。
- 移动互联网让这个变革影响每个人。
- 传统软件开发方式受到巨大的挑战。
- 因为云计算及相关技术的普及，软件上云成为趋势。
- 云计算的形态，以及与之对应的软件技术在持续演进。

近年来，软件的规模和质量要求不断提升，云基础设施和平台日益强大，软件技术逐渐发展成为它本来该有的模样，形成了与云环境匹配的架构，并催生了相应的开发流程和方法论。

大时代下的个体

视角转回到个体，不管你是否接受，软件行业解决问题的技术一直在变化。

这种变化并非简单的升级，而是剧烈的革新替代，例如，容器替代虚拟机、服务网格替代 Spring Cloud、观测替代监控、Network Policy 替代 iptables，等等。这种替代打破了软件开发中许多固有的假设。在如此剧烈的变革中，如果只关注眼前的工作，不抬头"看天"，当大革命来临时，曾经关注的细节可能再也没有意义。

所以，本书很少描述某个软件如何安装、如何使用，而是聚焦问题本质，剖析不同方案的核心原理，并探索技术发展的规律。例如，网络优化受限于物理世界的约束，分布式系统的演进则是对 CAP 定理的权衡，受时间和空间法则的制约。近几年流行的容器、服务网格也不是什么黑科技，只是把计算机的基本原理、方法重新组合，换种形式解决业务变化带来的新问题。

读完本书，相信读者将对系统的整体运作有全新的理解，能够从容选择方案，轻松应对各种复杂问题。

本书适合哪些读者

本书主要面向软件工程师、架构师和技术负责人，特别适合那些需要在系统架构中做出权衡的技术决策者。即便读者不直接参与这些决策，本书也能帮助读者深入理解各种技术的优缺点。

阅读本书时，最好了解一些请求/响应型（Web）系统原理，熟悉一些常见的网络协议（如 TCP、HTTP 等）。如果有一些后端开发经验，将有助于加深对本书内容的理解，至于熟悉何种编程语言倒没有太大关系。

总体上讲，若以下条件适用于你，你将从本书获取收益：

- 想了解行业技术发展趋势和动态。
- 需要在系统架构中做出权衡，避免常见设计陷阱。
- 需要构建可靠、敏捷、低成本的系统。
- 对互联网系统的整体运作有着天然的兴趣，并乐于探索其中的奥秘。

如何阅读本书

本书将围绕"构建高可用系统"展开。互联网技术在中国发展了几十年，如果"高可用"的目标还仅仅关注不宕机，那么显然要求过低。本书将"高可用"的定义延伸至更可靠、更敏捷、更低成本，本书内容安排如下：

- 第 1 章，是全书的概论，将从需求的背景、解决问题的角度讨论这几年技术架构演进的趋向。该部分适合所有读者，尤其是希望了解近期技术发展概况的读者。
- 第 2～4 章，主题是网络。将从一道经典的面试题"浏览器打开 URL 到页面展现，中间发生了什么？"出发，了解贯穿其中的整个网络请求链路，并努力实现"足够快"的目标（第 2 章）。接着，将跟随网络数据包进入内核，学习操作系统的基本规则，了解内核各模块和设备的协作及其对应用层的影响（第 3 章）。最后，将根据网络数据包的转发 / 处理逻辑，讨论四层 / 七层负载均衡的设计原理（第 4 章）。
- 第 5、6 章，主题是分布式系统。首先，了解数据一致性的基本概念，接着讨论 CAP 定理及其影响下的各类分布式事务模型（第 5 章）。随后，将探讨分布式副本容错模型，这是实现分布式系统可靠性的关键，重点关注如何在网络不可靠和节点可能宕机的环境中实现共识（第 6 章）。读完本部分内容，相信读者将对分布式系统有全新的理解。
- 第 7、8 章，主题是基础设施。首先了解 Google 内部系统的演变，并学习 Kubernetes 在计算、网络、存储、容器编排调度的设计原理（第 7 章）。随后，将回顾过去十几年服务通信的发展历程，探讨服务网格技术出现的背景，弄清楚它到底解决了什么问题（第 8 章）。
- 第 9 章，主题是确保复杂系统的可靠运行。其中的关键是统一收集、关联和分析系统输出（日志、指标、追踪），从而构建出能推断其内部状态的能力。
- 第 10 章将深入探讨 Kubernetes 等基础设施的演进，剖析声明式管理的本质，领会"以应用为中心"的设计理念，探索几种流行的应用层软件交付模型与抽象（如 Kustomize、Helm、Operator 和 OAM），帮助读者更加高效、自信地开发和交付应用。

致谢

首先，我要感谢我的爱人。在我决定开始写作时，她承担起照顾两个孩子的责任，并在两年半的时间里忍耐我将所有空闲时间投入写作中。没有她的支持，我无法完成该作！同时，感谢我就职的单位爱奇艺，公司为我提供了宝贵的工作、学习、实践机会，使我得以总结经验，书中的部分内容也源于此。其次，还要感谢 GitHub 上帮我校验书稿的网友（限于篇幅，无法一一列出），他们指出了大量的笔误、不严谨的内容，提升了书稿的质量。

最后，谨将本书献给我的家人以及热爱技术的朋友们。

与我联系

　　由于笔者的认知和精力有限，本书难免存在一些错误，如在阅读过程中发现问题，欢迎提出宝贵意见，联系方式请扫描下面二维码查看。

王伟峰

2025 年 6 月

目录

第 1 章
云原生技术概论

你知道比拓展 Web 服务更难的是什么吗？是寻找持续 20 年且仍然感觉良好的架构设计思想。

—— Shopify 创始人 Tobias Lütke[①]

云原生是一个很抽象的概念，业内解读云原生往往用更抽象的描述解释抽象。例如，用"不可变基础设施""声明式 API"和"容器"类似的描述，这会让云原生的概念更加难以理解。本章将换一种方式解读云原生技术，从技术发展的历史、需求产生的背景开始，用朴素的语言讨论云技术十几年间的演进历程，并深入思考这些技术试图解决的问题。

思想先行，技术随后。本章将从解决问题的角度出发，解释云原生技术的变革，介绍云原生代表技术，为后续章节奠定基础。

本章内容导读如图 1-0 所示。

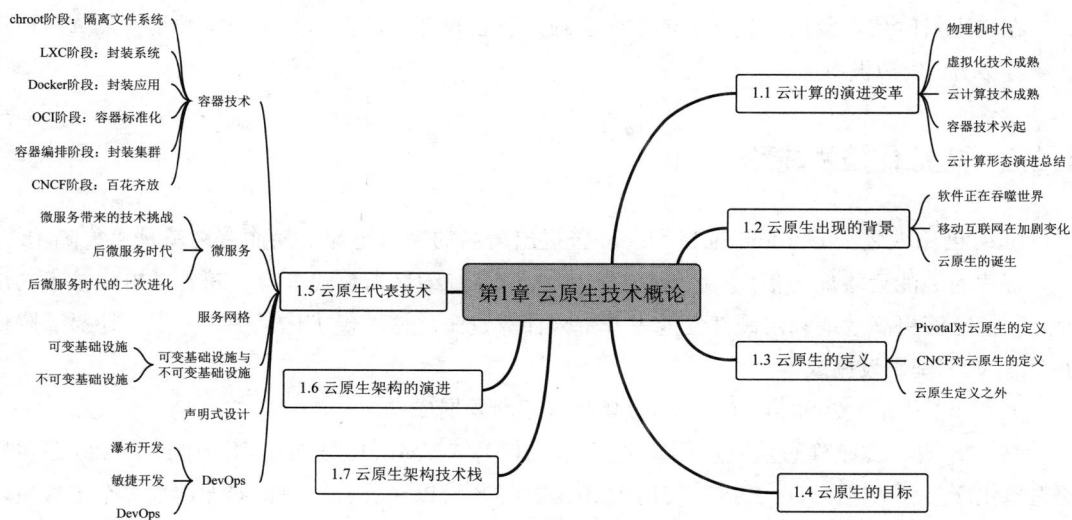

图 1-0　本章内容导读

---

① Tobias Lütke，著名的技术创业者。他在 2006 年创建的 Shopify 已成为全球最大的电子商务平台之一。

1.1 云计算的演进变革

想了解一个新鲜事物为什么会出现，最好的方法是先去了解它出现的背景、发展的历史。

回顾历史，重点不在于考古，而是借历史之名，理解每种技术出现的原因和淘汰的原因，更好地解决今天的现实问题，寻找出未来的技术演进之路。

介绍云原生之前，让我们回顾一下过去几十年间云计算领域的演进历程。

1.1.1 物理机时代

云计算最早可追溯到 60 多年前。

1959 年，计算机专家 Christopher Strachey 发表论文 *Time Sharing in Large Fast Computer*[①]，首次提出了"虚拟化"的概念。虚拟化正是云计算架构的核心，是云计算发展的基础。

> 🔍
>
> 虚拟化技术是一种资源管理技术，在各种实体资源（如 CPU、内存、网络、存储等）之上构建一个逻辑层，从而摆脱物理限制的约束，提高物理资源的利用率。

不过受限于当时的技术，虚拟化只是一个概念和对未来的畅想。虚拟化技术成熟之前，市场一直处于物理机时代，当时启用一个新的应用，需要购买一台物理服务器，安装操作系统，配置软件运行环境，最后托管至机房，中间过程复杂且漫长。

在物理机时代，我们看到业务的工作负载是整台物理机，操作麻烦，资源没有隔离，也完全没有服务 / 资源供应商！

1.1.2 虚拟化技术成熟

Intel 创始人之一 Gordon Earle Moore 曾提出著名的摩尔定律，简而言之就是"每隔 18 个月，芯片的性能会增加一倍"，也就是说计算成本会持续呈指数式下降。随着虚拟化技术的出现，我们能够更高效地利用硬件性能提升带来计算资源。这不仅优化了资源分配，还显著降低了企业的 IT 基础设施成本。

如图 1-1 所示，2000 年前后，虚拟化技术逐渐发展成熟。

这一时期，云计算的重要里程碑之一是，2001 年 VMware 发布了第一个针对 x86 服务器的虚拟化产品——VMware ESX。使用 VMware ESX 可以在一台物理机器上运行多个虚拟机，如果业务需要扩容，可再开通一个虚拟机，操作过程只要几分钟。

---

① 参见 https://archive.org/details/large-fast-computers。

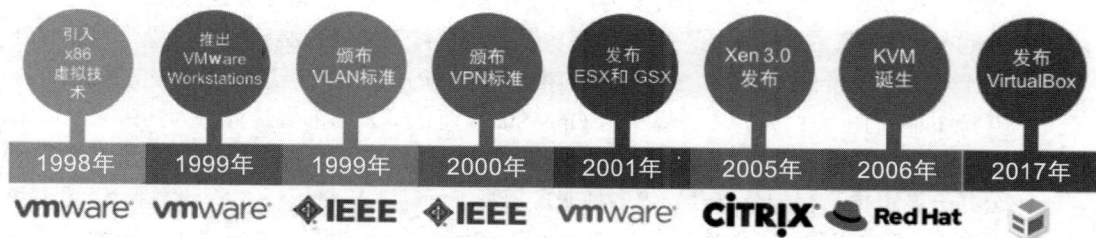

图 1-1　虚拟化技术走向成熟

从虚拟化技术的发展中，我们看到业务的工作负载由物理机转向虚拟机，资源有了初级的隔离、分配 / 利用更加合理，而且服务部署的速度和弹性也远超物理机。

1.1.3　云计算技术成熟

2006 年 8 月 9 日，Google 首席执行官 Eric Schmidt 在搜索引擎大会（SES San Jose 2006）上首次提出"云计算"（Cloud Computing）的概念 [①]，而 Amazon 正是在同年推出了 IaaS 服务模型的平台——AWS。

事实上，尽管"云计算"概念早在 2006 年就被提出，但直到 2008 年整个行业才迎来爆发式增长，国内云计算的标杆阿里云也在这一年开始筹备。从那以后，云计算正式成为计算机领域最受关注的话题之一，同时也成为互联网公司研究及发展的重要方向。

虚拟化技术的成熟，使得云计算市场开始真正形成，基于虚拟化技术诞生了众多的云计算产品，陆续出现了 IaaS、PaaS、SaaS，以及公有云、私有云、混合云等多种云服务模型。

在这期间出现了云计算领域的多个重要里程碑，如图 1-2 所示。

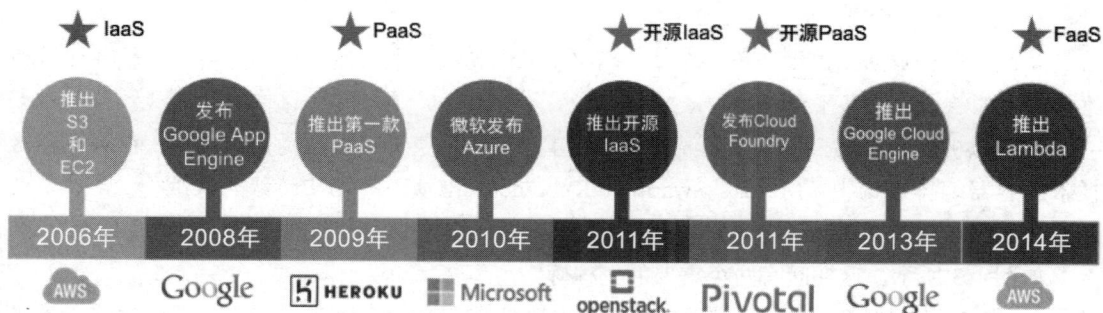

图 1-2　云计算走向成熟

---

① 1961 年，世界公认的人工智能之父 John McCarthy 就提出过一个穿越时空的概念——Utility Computing，里面有一个"分时"系统的概念，是公共计算服务的起点，只不过因为技术发展尚不成熟，只停留在概念阶段。直到 2006 年，技术成熟后，由 Google 提出了云计算，Utility Computing 终于变身为 Cloud Computing。

- IaaS（Infrastructure as a Service，基础设施即服务）的出现：通过按时计费的方式租借服务器（卖资源），将资本支出转变为运营支出，这使得云计算得以大规模兴起和普及。
- PaaS（Platform as a Service，平台即服务）的出现：开发者不必费心考虑操作系统和开发工具更新或者硬件维护，云服务供应商由 IaaS 阶段的卖资源进阶为卖服务。
- 开源 IaaS 的出现：开源云计算平台 OpenStack 简化了云的部署过程并为其带来良好的可扩展性，这使普通的企业也具备了自建私有云的能力，云也发展出了自建私有云、公共云、租赁私有云及混合云等多种服务模型。
- 开源 PaaS 的出现：开源应用平台 Cloud Foundry、OpenShift 能在混合云、多云乃至边缘的跨平台环境中一致地加快开发和交付应用。利用这些开源软件，企业内部参差不齐的云架构系统，被"推着"成为行业"先进"水准。
- FaaS（Function as a Service，功能即服务）的出现：通过 FaaS，物理硬件、虚拟机操作系统和 Web 服务器软件管理等全部由云服务供应商自动处理。无服务器（Serverless）的概念初现，开发者将无须再关注任何服务、资源等基础设施。

1.1.4　容器技术兴起

容器技术无疑是过去十年间对软件开发行业影响最深远的技术之一。

虽然容器技术早已出现，但 Docker 创新性地提出了"镜像"（Image）的概念，实现了一种新型的应用打包、分发和运行机制，开发人员能够在几秒内完成应用程序的部署、运行，无须再担心环境不一致的问题。

> Docker 的宣传口号是"Build, Ship and Run Any App, Anywhere"。
>
> "Run Any App"一举打破了 PaaS 行业面临应用分发和交付的困境，创造出了无限的可能性，大力推动了云原生的发展。

从此，云计算从仅提供计算、存储、网络资源的初级阶段，发展成为具备强大软件交付和维护能力的综合性服务平台。

从虚拟机到容器，云计算市场经历了一次重大变革，甚至可以说是一次洗牌。在基于容器技术的容器编排市场中，Mesos、Swarm 和 Kubernetes 上演了一场史诗级"大战"。凭借先进的设计理念和高度开放的架构，Kubernetes 最终脱颖而出，成为容器编排领域的事实标准。

如图 1-3 所示，这期间有两个重要的里程碑。

- 2013 年，Docker 发布，容器逐步替代虚拟机（Virtual Machine，VM），云计算进入容器时代。Docker 最大的创新在于容器镜像，它包含了一个应用运行所需的完整环境，具有一致性、轻量级、可移植、编程语言无关等特性，实现"一次构建，随处运行"。
- 2017 年年底，Kubernetes 赢得"容器编排之战"（Container Orchestration Wars）的胜利，云计算进入 Kubernetes 时代。Kubernetes 是 Google 基于内部容器管理系统 Borg 开源的容器编排调度系统，让容器的应用从"小打小闹"进入大规模工业生产阶段。

Kubernetes 将底层的计算、存储和网络资源抽象为标准化的 API 对象，应用不再依赖特定的基础设施，能够轻松在不同环境（如本地、云端、混合云）间迁移。

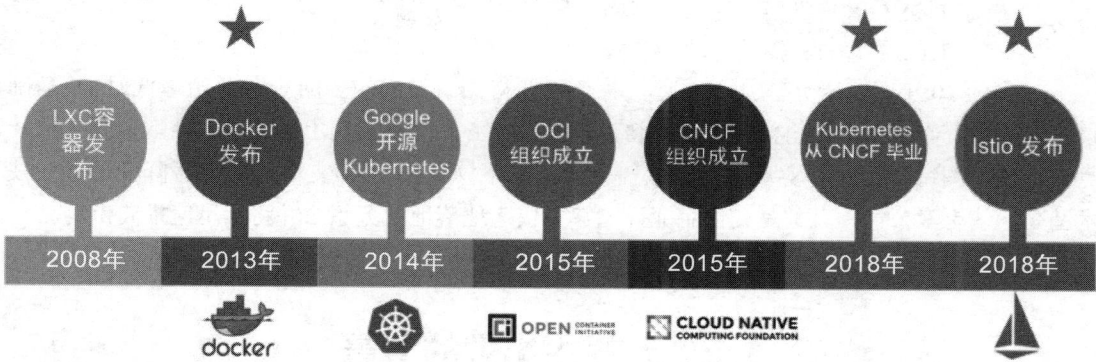

图 1-3　容器技术兴起

1.1.5　云计算形态演进总结

对以上云计算演进总结分析，可以发现以下规律。

- 工作负载的变化：从早期的物理服务器，通过虚拟化技术演进为虚拟机，再通过容器化技术演进为目前的容器。
- 隔离单元：无论是启动时间还是单元大小，物理机、虚拟机、容器一路走来，实现了从重量级到轻量级的转变。
- 供应商：从闭源到开源，从 VMware 到 KVM，到 OpenStack，再到 Kubernetes。从单一供应商到跨越多个供应商，从公有云到自建云，再到混合云。

图 1-4 形象地概述了 20 年间云计算的演进历程，从物理机到虚拟机，再到容器，应用的构建和部署变得越来越轻、越来越快。从 IaaS 到 PaaS、FaaS，一路演进，底层基础设施和平台越来越强大，以不同形态为上层应用提供强力支撑。

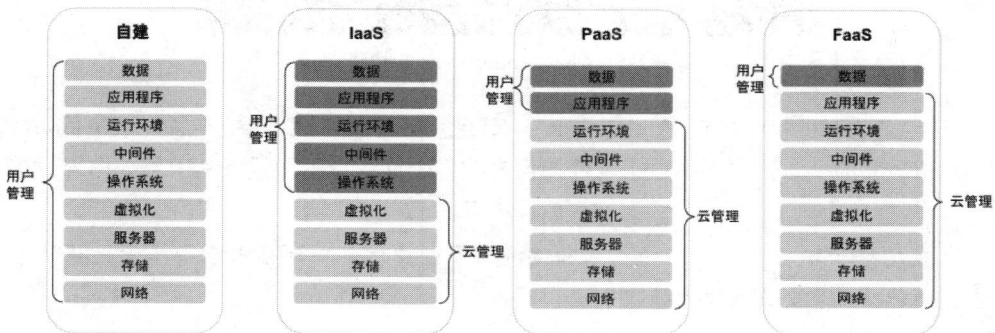

图 1-4　XaaS 演进

对于 XaaS 的一路演进，可以简单归纳如下：

- 有了 IaaS，客户不用关注物理机器，只需关注基础架构及应用程序。
- 有了 PaaS，客户不用关注基础架构，只需关注应用程序。
- 有了 FaaS，客户只需关注功能和数据。

过去的 20 年间，云计算几乎重塑了整个行业格局。越来越多的企业开始降低对 IT 基础设施的直接资本投入，不再倾向于维护自建的数据中心，而是通过上云的方式获取更强大的计算、存储、网络资源，并实现按时、按需付费。这不仅降低了 IT 支出，还显著降低了行业技术壁垒，使更多公司，尤其是初创企业，能够更快速地落地业务想法并将其迅速推向市场。

1.2 云原生出现的背景

了解云计算的技术演进后，我们回过头看看世界的变化，思考世界变化对软件开发的影响。

1.2.1 软件正在吞噬世界

Mark Andreessen（见图 1-5）是风险投资公司 Andreessen-Horowitz 的联合创始人。Andreessen-Horowitz 公司投资了 Facebook、Groupon、Skype、Twitter、Zynga、Foursquare 等公司。

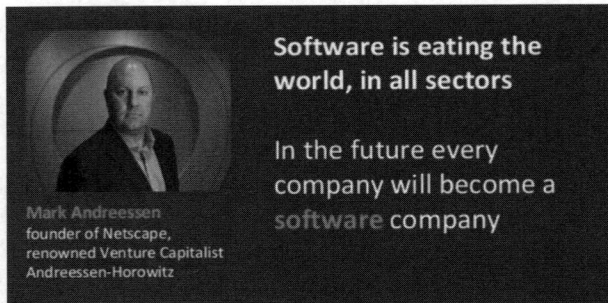

Software is eating the world, in all sectors

In the future every company will become a software company

Mark Andreessen founder of Netscape, renowned Venture Capitalist Andreessen-Horowitz

图 1-5　Mark Andreessen 及其观点

2011 年 8 月 20 日，Mark Andreessen 在《华尔街日报》上发表了名为 *Why Software Is Eating the World* 的文章，主要阐述了软件如何影响各个行业，下面援引其中部分内容：

> 我们处于戏剧性和广泛的技术和经济转变的中间，软件公司准备接管大量的经济。为什么现在会发生这种情况？
>
> ……
>
> 计算机革命 60 年，微处理器发明 40 年，现代互联网兴起 20 年，通过软件转变

行业所需的所有技术终于有效，并可在全球范围内广泛传播。

文中列出了被重塑的产业，具体有最大的书店 Amazon，最多人订阅的 Video service Netflix，最大的音乐公司 iTunes、Spotify 和 Pandora 等，成长最快的娱乐领域 videogame，最好的电影制片厂 Pixar，最大的行销平台 Google、Groupon、Facebook 等，成长最快的电信公司 Skype，成长最快招聘公司 LinkedIn。

文章发表于 2011 年，现在再来回顾，互联网冲击已经无所不在，部分软件已经变成像水、电、煤一样的社会经济中的基础设施，感触更加深刻。这些软件如果宕机，会对社会产生什么影响？

1.2.2　移动互联网在加剧变化

还是在那篇文章中，Mark Andreessen 展望互联网规模时，写道 "在接下来的 10 年里，我预计全球至少有 50 亿人拥有智能手机，每人每天都可以随时随地使用手机充分利用互联网"。

现在，我们可以确认 Mark Andreessen 的预测很正确，移动互联网时代的用户规模已经开始向人口基数看齐，开始出现各类亿级 DAU 规模的移动应用。

移动互联网如此巨大的用户规模会对软件开发产生什么影响？援引 Netflix 的一页 PPT，如图 1-6 所示，这里按照规模和变更速度将软件企业划分为 4 个象限 /4 种类型。

- 企业 IT（Enterprise IT）：规模小、变化慢，容易处理。
- 电信（Telcos）：规模大、变化慢，主要应对硬件失败。
- 初创公司（Startups）：规模小、变化快，主要应对软件失败。
- 互联网企业（Web-Scale）：规模大、变化快，软硬件都会出问题。

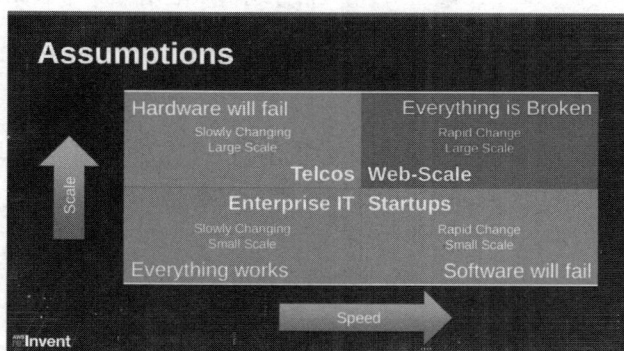

图 1-6　Netflix 按照规模和变更速度对软件企业划分的总结

10 年前乃至 20 年前的互联网时代，大多数软件企业都位于图 1-6 左边的两个象限，即 "规模或许有大有小，但是变化速度相对今天都不快"。当企业发展壮大时，更多体现在规模上，变化速度并不会发生质的变化。

今天的移动互联网时代，软件企业都位于图 1-6 右边的两个象限，即 "无论规模是大是小，变化速度都要求非常快"。当企业逐步发展壮大，规模迅速增长时，对变化速度的要求并不会降低，甚至要求更高。

在移动互联网时代，能够成长并发展起来的这些公司的共同点如下：

- 快速变化，不断创新，随时调整。
- 提供持续可用的服务，应对各种可能的错误和中断。
- 弹性可扩展的系统，应对用户规模的快速增长。
- 提供新的用户体验，以移动为中心。

在这样的背景下，对软件质量有了更高的要求，软件开发的方式也不得不跟随时代而变化，首要问题是解决规模越来越大、变化越来越快的难题。

1.2.3 云原生的诞生

前面谈到了软件对各行各业的渗透和对世界的改变，移动互联网时代，在巨大的用户基数下快速变更和不断创新的需求，给软件开发方式带来了巨大的推动力，根据 1.1 节描述的 20 年间云计算的发展演进和软件上云的趋势，我们清晰地看到如此波澜壮阔的技术浪潮：

- 软件正在改变世界。
- 移动互联网让这个变革影响每个人。
- 传统软件开发方式受到巨大挑战。
- 云计算普及，软件上云成为趋势。
- 云的形态持续在演进。

过去 20 年间，云的底层基础设施和平台越来越强大，软件架构的发展也逐渐和云匹配。

- 通过不可变基础设施（如镜像）解决本地和远程一致性问题。
- 通过"服务网格"（ServiceMesh）将非业务逻辑从应用程序中剥离。
- 通过声明式 API 描述应用程序的状态，而不用管中间的处理过程。
- 通过 DevOps 理论及配套的工具来提升研发 / 运维效率。
- ……

应用程序中的非业务逻辑不断被剥离，并下沉到云 / 基础设施层，代码越来越轻量。由此，工程师的开发工作回归本质（软件开发的本质是解决业务需求，各类"高深""复杂"的技术难题是业务需求的副产物，并不是软件开发的主题）。

最终，上帝的归上帝，凯撒的归凯撒，云原生就此诞生！

1.3 云原生的定义

即使在今天，如果需要解释"什么是云原生"，还是会有些困难。

过去几年间，云原生的定义一直在变化和发展演进，不同时期不同的公司对此的理解和诠释也不尽相同，因此往往带来一些疑惑和误解。本节介绍云原生的定义在不同时期的变化。

1.3.1　Pivotal 对云原生的定义

2015 年，Pivotal[①] 公司的技术产品经理 Matt Stine 首次提出了"云原生"（Cloud Native）的概念。

在 Matt Stine 所著的《迁移到云原生应用架构》一书中，提出云原生架构应该具备 5 个主要特征，如图 1-7 所示。

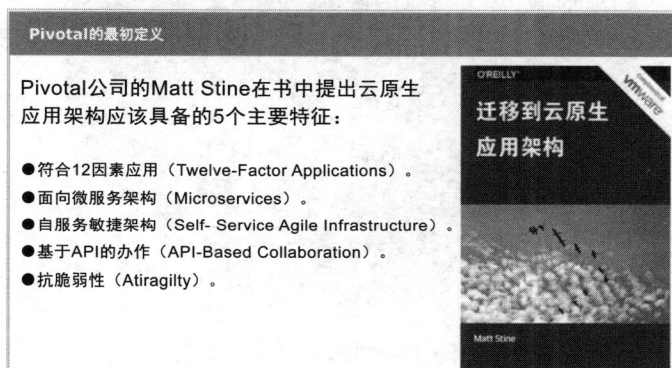

图 1-7　云原生架构早期的主要特征

随着时间的推移，详细解释这些早期的特征已经没有什么必要了，只要知道这些内容研究的是"用更恰当的姿势上云"即可。

2017 年 10 月，Matt Stine 接受 InfoQ 采访时，对云原生的定义做了小幅调整，更新后的云原生架构特征如图 1-8 所示。

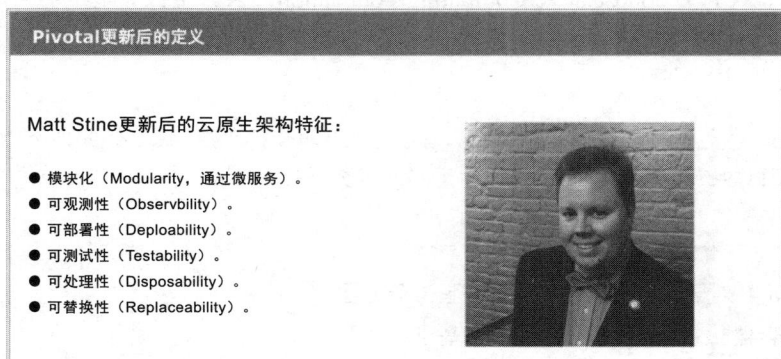

图 1-8　Matt Stine 更新后的云原生架构特征

---

① Pivotal 是云原生概念提出的鼻祖，还推出了 Pivotal Cloud Foundry 和 Spring 系列开发框架，是行业先驱和探路者。2019 年，Pivotal 被 VMware 收购。

现在，在 Pivotal 官方网站中 [①]，对云原生的介绍则是如图 1-9 所示的 4 个要点：DevOps（开发运维）、Continuous Delivery（持续交付）、Microservices（微服务）、Containers（容器化），这也是大家最熟悉的定义。

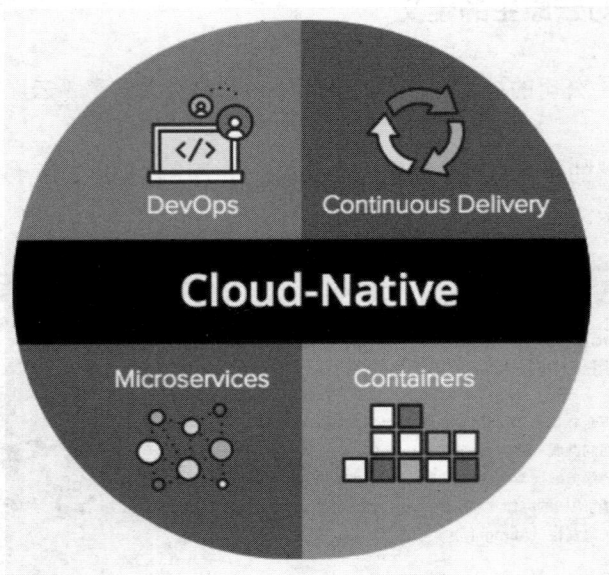

图 1-9　Pivotal 对云原生的定义

可见云原生的定义在 Pivotal 内部也是不断更迭的，很多概念被放弃或者抽象，并且有新的东西加入。

1.3.2　CNCF 对云原生的定义

2015 年，CNCF（Cloud Native Computing Foundation，云原生计算基金会）成立，开始围绕云原生的概念打造生态体系。

🔍

CNCF 是 Linux 基金会旗下的基金会，可以理解为一个非营利组织，成立于 2015 年 12 月 11 日。

成立这个组织的初衷或者愿景如下：推动云原生计算可持续发展；帮助云原生技术开发人员快速构建出色的产品。

起初，CNCF 对云原生的定义包含以下 3 个方面。

（1）应用容器化：容器化是云原生的基础。

---

① 参见 https://pivotal.io/cloud-native。

（2）面向微服务架构：实施微服务是构建大规模系统的必备要素。

（3）应用支持容器的编排调度：编排调度是指能够对容器应用的部署、扩展、运行和生命周期进行自动化管理。

由此可见，云原生并不是简单地使用云平台运行现有的应用程序，而是能充分利用云计算优势对应用程序进行设计、实现、部署、交付的理念。

随着社区对云原生理念的广泛认可和云原生生态的不断扩大，以及 CNCF 项目和会员的大量增加，起初的定义已经不再适用，因此，CNCF 对云原生进行了重新定义。2018 年 6 月，CNCF 正式对外公布云原生定义 v1.0 版本[①]：

> 云原生技术有利于各组织在公有云、私有云和混合云等新型动态环境中构建和运行可弹性扩展的应用。云原生的代表技术包括容器、服务网格、微服务、不可变基础设施和声明式 API。
>
> 这些技术能够构建容错性好、易于管理和便于观察的松耦合系统。结合可靠的自动化手段，云原生技术使工程师能够轻松地对系统做出频繁和可预测的重大变更。

图 1-10 描述了新定义中的代表技术——不可变基础设施、容器、服务网格、微服务、声明式 API，可见：

- 容器和微服务在不同时期、不同定义中都有出现。
- 服务网格这个在 2017 年才被社区接纳的新技术被醒目地列出来。
- 服务网格和微服务并列，表明服务网格已经超越了其原初的角色（仅作为实现微服务的新方法），发展为云原生的又一个关键技术。

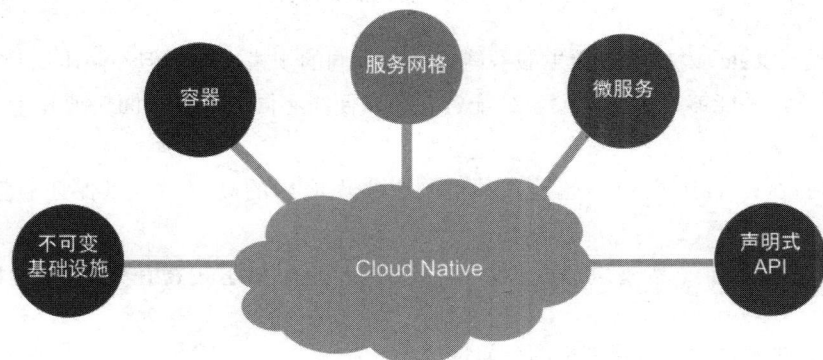

图 1-10　CNCF 定义的云原生代表技术

1.3.3　云原生定义之外

从上面可以看到，云原生的内容和具体形式随着时间的推移一直在变化，而且云原生这个

---

① 参见 https://github.com/cncf/toc/blob/main/DEFINITION.md。

词汇最近被过度使用，混有各种营销色彩，容易发生偏离。即便是 CNCF 最新推出的云原生定义也非常明确地标注为 v1.0，相信未来会看到 v1.1、v2.0 版本。

云原生是什么并不重要，关键是理解实施云原生有什么好处，以及实施云原生的理论指导、涉及的技术 / 工具等。

了解云原生的定义之后，1.4 节将继续讨论云原生技术的目标。

1.4　云原生技术的目标

根据前面对云计算历史的追溯、云原生出现的背景分析及不同时期云原生定义的总结，这里给出云原生技术的 4 个关键目标，如图 1-11 所示。

图 1-11　云原生技术的关键目标

（1）规模（Scale）：要求云原生服务能够适应不同的规模（包括但不限于用户规模 / 部署规模 / 请求量），并能够在部署时动态分配资源，以便在不同的规模之间快速和平滑地伸缩，典型场景如下。

（2）可用性（Available）：通过各种机制来实现应用的高可用，以保证服务提供的连续性。

- 初创公司或新产品线快速成长，用户规模和应用部署规模在短时间内十倍、百倍增长。
- 促销、季节性、节假日带来的访问量波动。
- 高峰时间段的突发流量等。

（3）敏捷（Agility）：快速响应市场需求。

（4）成本（Cost）：充分有效地利用资源。

这 4 个关键目标之间存在彼此冲突的情况，如图 1-12 所示。

- 规模和敏捷之间的冲突：规模大而要求敏捷，我们比喻为"巨人绣花"。
- 规模和可用性之间的冲突：规模大而要求可用性高，我们比喻为"大象起舞"。
- 敏捷和可用性之间的冲突：敏捷而要求可用性高，我们比喻为"空中换发"。

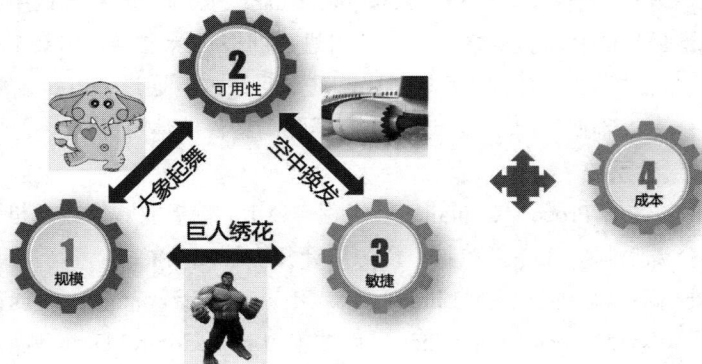

图 1-12　云原生关键目标之间的冲突关系

云原生架构在同时满足这 3 个冲突的前提下，还要实现成本控制。

知晓云原生目标之后，接下来探讨利用云原生技术实现这 4 个关键目标。

1.5　云原生代表技术

接下来将深入介绍容器、微服务、服务网格、不可变基础设施、声明式 API 及 DevOps 等云原生代表技术。

1.5.1　容器技术

Google Cloud 对容器的定义为：容器是轻量级应用软件包，它还包含依赖项，例如，编程语言运行时的特定版本和运行软件服务所需的库。

Google 对容器的解释看起来也云里雾里！那么，我们延续 1.1 节解释云计算的方式，从容器技术出现开始，了解它的发展历史，讨论容器技术各个阶段试图解决的问题，从而深入理解容器技术。

1. chroot 阶段：隔离文件系统

容器技术并非凭空出现，它有非常久远的历史。

早在 1979 年，贝尔实验室的工程师在开发 UNIX V7 期间，发现当系统软件编译和安装完成后，整个测试环境的变量就会发生改变，如果要进行下一次构建、安装和测试，就必须重新搭建和配置测试环境。工程师们思考："能否在现有的操作系统环境下，隔离出一个用来重构

13

和测试软件的独立环境？"于是，一个名为 chroot（Change Root）的系统调用诞生了。

chroot 被认为是最早的容器技术之一，它能将进程的根目录重定向到某个新目录，复现某些特定环境，同时也将进程的文件读 / 写权限限制在该目录内。通过 chroot 隔离出来的新环境有一个形象的命名——"监狱"（Jail），这便是容器隔离特性的体现。

2. LXC 阶段：封装系统

2006 年，Google 推出 Process Container（进程容器），希望能够像虚拟机那样，给进程提供操作系统级别的资源限制、优先级控制、资源审计和进程控制能力。带着这样的设计理念，Process Container 推出不久后便被引入 Linux 内核。不过，由于 container 一词在内核中包含多种含义，为避免命名混淆，Process Container 随后被重命名为 Control Groups，简称 cgroups。

2008 年，Linux 内核版本 2.6.24 刚开始提供 cgroups，社区开发者就将 cgroups 资源管理能力和 Linux namespace 资源隔离能力组合在一起，形成了完整的容器技术 LXC（Linux Container，Linux 容器）。

LXC 是如今被广泛应用的容器技术的实现基础，通过 LXC 可以在同一主机上运行多个相互隔离的 Linux 容器，每个容器都有自己的完整的文件系统、网络、进程和资源隔离环境，容器内的进程如同拥有一个完整、独享的操作系统。

至 2013 年，Linux 虚拟化技术已基本成型，通过 cgroups、namespace 及安全防护机制，大体上解决了容器核心技术"运行环境隔离"，但此时仍需等待另一项关键技术的出现，才能迎来容器技术的全面繁荣。

3. Docker 阶段：封装应用

2013 年之前，云计算行业一直在探索云原生发展方向。

从 2008 年 Google 推出的基于 LXC 技术的 GAE，到 2011 年开源的 Cloud Foundry，这些早期的 PaaS 平台一直在思考如何改善软件的交付方式。

Cloud Foundry 为了解决软件交付的问题，为每种主流的编程语言都定义了一套打包的方式，开发者不得不为每种语言、每种框架甚至是每个版本应用维护一个打好的包。除此，这种方式还有可能出现本机运行成功，打了个包上传之后就无法运行的情况。因此，早期的 PaaS 平台探索的技术并没有形成大的行业趋势，只局限在一些特定领域。

直到 Docker 的出现，大家才如梦方醒，原来不是方向不对，而是应用分发和交付的手段不行。

再来看 Docker 的核心创新——"容器镜像"（Container Image）。

- 容器镜像打了了整个容器运行依赖的环境，以避免依赖运行容器的服务器的操作系统，从而实现"build once, run anywhere"。
- 容器镜像一旦构建完成，就变成只读状态，成为不可变基础设施的一分子。
- 与操作系统发行版无关，核心解决的是容器进程对操作系统包含的库、工具、配置的依赖（注意，容器镜像无法解决容器进程对内核特性的特殊依赖）。

开发者基于镜像打包应用所依赖的环境，而不是改造应用来适配 PaaS 定义的运行环境。

如图 1-13 所示，Docker 的宣传口号是"Buid, ship, Run, Any App Anywhere"，一举打破了PaaS 行业面临的困境，创造出了无限的可能性。

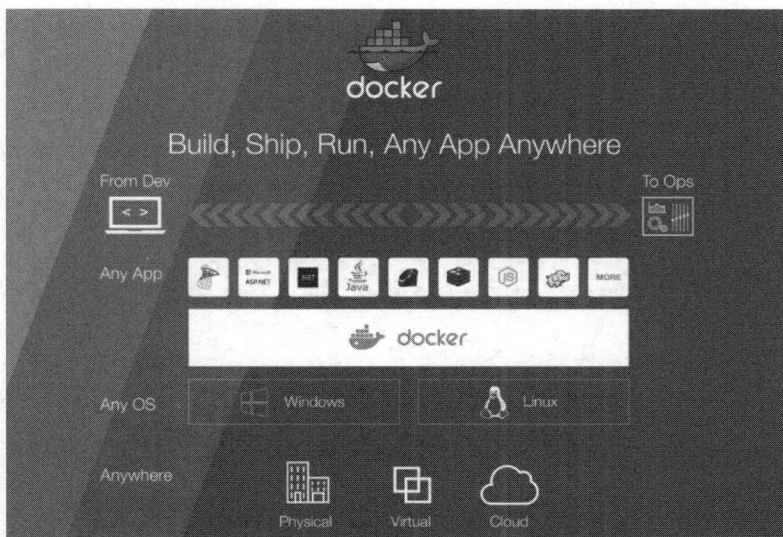

图 1-13 Docker 的宣传口号：Build, Ship, Run, Any App Anywhere

至此，现阶段容器技术体系解决了最核心的两个问题——如何运行软件和如何发布软件，云计算进入容器阶段。

4. OCI 阶段：容器标准化

当容器技术的前景显现后，众多公司纷纷投入该领域进行探索。

CoreOS 推出了自己的容器引擎 rkt（Rocket 的缩写）；Google 推出了自己的容器引擎 lmctfy（Let Me Contain That For You 的缩写），试图与 Docker 分庭抗礼。相互竞争的结果是容器技术开始出现"碎片化"，镜像格式的标准不一、容器引擎的接口各异。

2015 年 6 月，Linux 基金会联合 Docker 带头成立 OCI（Open Container Initiative，开放容器标准）项目。OCI 的目标是解决容器构建、分发和运行标准问题，制定并维护容器镜像格式、容器运行时的标准规范（OCI Specifications）。

OCI 的成立结束了容器技术标准之争，Docker 公司被迫放弃容器规范独家控制权。作为回报，Docker 的容器格式被 OCI 采纳为新标准的基础，并且由 Docker 起草 OCI 草案规范的初稿。

当然这个"标准起草者"也不是那么好当的，Docker 需要提交自己的容器引擎源码作为启动资源。首先是 Docker 最初使用的容器引擎 libcontainer，这是 Docker 在容器运行时方面的核心组件之一，用于实现容器的创建、管理和运行。Docker 将 libcontainer 捐赠给了 OCI，作为 OCI 容器运行时标准的参考实现。

经过一系列的演进发展之后，OCI 有了 3 个主要的标准。

（1）OCI Runtime Spec（容器运行时标准）：定义了运行一个容器，如何管理容器的状态和生命周期，如何使用操作系统的底层特性（namespace、cgroups、pivot_root 等）。

（2）OCI Image Spec（容器镜像标准）：定义了镜像的格式、配置（包括应用程序的参数、依赖的元数据格式、环境信息等），简单来说，就是对镜像文件格式的描述。

（3）OCI Distribution Spec（镜像分发标准）：定义了镜像上传和下载的网络交互过程的规范。

libcontainer 经过改造，成为 OCI 规范标准的第一个轻量运行时实现——runc。

🔍 什么是 runc

runc 是非常小的运行核，其目的在于提供一个干净简单的运行环境，它负责隔离 CPU、内存、网络等，形成一个运行环境，可以看作一个小的操作系统。runc 的使用者都是一些 CaaS（Container as a Service，容器即服务）服务商，因此，知晓它的个人开发者并不多。

OCI 项目启动后，为了符合 OCI 标准，Docker 开始推动自身的架构向前演进。

Docker 把内部管理容器执行、分发、监控、网络、构建、日志等功能的模块重构为 containerd 项目。如图 1-14 所示，containerd 的架构分为 3 个部分：

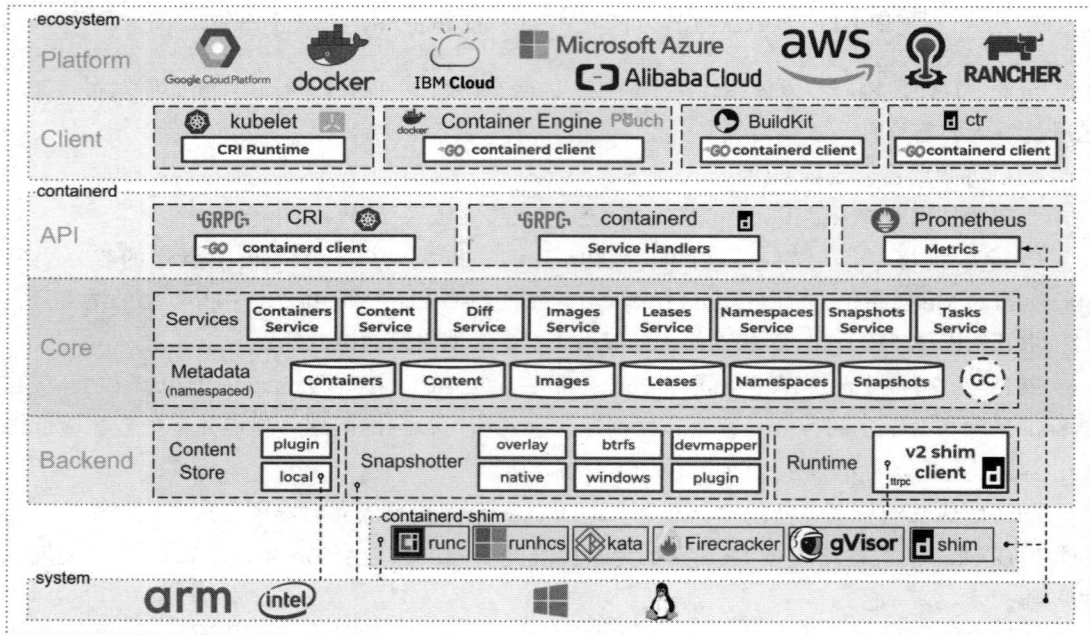

图 1-14　containerd 的架构（图片来源：https://containerd.io/）

- API 层：提供外部调用接口，主要通过 gRPC 服务，供客户端（如 ctr、Docker、Kubernetes CRI 插件）使用。
- Core（核心模块）层：实现 containerd 的主要功能，包括容器生命周期管理（创建、启动、停止）、镜像管理、内容存储（Content Store）、快照管理（Snapshotter）等。
- Backend（后端实现）层：直接与操作系统资源交互，为 Core 层提供支撑，负责真正容器（通常是调用 runc、kata-runtime 之类的 OCI runtime）"跑起来""存下来""管起来"。

这三层各司其职、协同配合，共同构建了完整的容器管理能力。经过不断发展，现如今的 containerd 已成为最受欢迎的容器运行时。

图 1-15 所示为拆分后的 Docker 架构。拆分 runc、containerd 组件之后，Docker 管理容器就不再是通过一个守护进程那么简单了，而是通过集成 containerd、containerd-shim、runc 等多个组件共同完成。

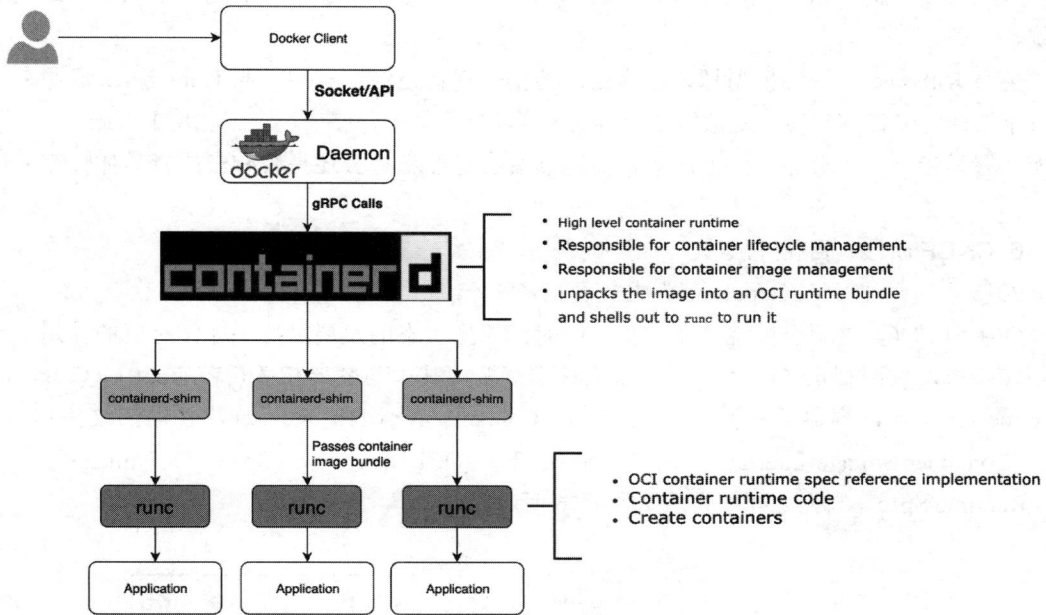

图 1-15　拆分后的 Docker 架构

容器运行时被分成如下两类：低层运行时和高层运行时。

（1）只关注如 namespace、cgroups、镜像拆包等基础的容器运行时实现被称为"低层运行时"（Low-level Container Runtime）。目前，应用最广泛的低层运行时是 runc。

（2）支持更多高级功能，如镜像管理、容器应用的管理等，被称为"高层运行时"（High-level Container Runtime）。目前，应用最广泛的高层运行时是 containerd。

在 OCI 标准规范下，两类运行时履行各自的职责，协作完成整个容器生命周期的管理工作。

5. 容器编排阶段：封装集群

如果说以 Docker 为代表的容器引擎，是把软件的发布流程从分发二进制安装包转变为了直接分发虚拟化后的整个运行环境，让应用得以实现跨机器的绿色部署，那么以 Kubernetes 为代表的容器编排框架，就是把大型软件系统运行所依赖的集群环境也进行了虚拟化，让集群得以实现跨数据中心的绿色部署，并能够根据实际情况自动扩缩。

尽管早在 2013 年 Pivotal 就提出了"云原生"的概念，但是要实现服务具备韧性（Resilience）、弹性（Elasticity）、可观测性（Observability）的软件系统依旧十分困难，在当时基本只能依靠架构师和程序员高超的个人能力，云计算本身还帮不上什么忙。直到 Kubernetes 横空出世，大家才终于等到了破局的希望，认准了这就是云原生时代的操作系统，是让复杂软件在云计算下获得韧性、弹性、可观测性的最佳路径，也是为厂商推动云计算时代加速到来的关键引擎之一。

Kubernetes 围绕容器抽象了一系列的"资源"概念，能描述整个分布式集群的运行，还有可扩展的 API、服务发现、容器网络及容器资源调度等关键特性，非常符合理想的分布式调度系统。

随着 Kubernetes 资源模型越来越广泛的传播，现在已经能够用一组 Kubernetes 资源来描述整个软件定义计算环境。就像用 docker run 可以启动单个程序一样，现在用 kubectl apply -f 就能部署和运行一个分布式集群应用，而无须关心是在私有云还是公有云或者具体哪家云厂商上。

6. CNCF 阶段：百花齐放

2015 年 7 月 21 日，Google 带头成立了 CNCF。

OCI 和 CNCF 这两个围绕容器的基金会对云原生生态的发展发挥了非常重要的作用，二者相辅相成，共同制定了一系列行业事实标准规范。其中与容器相关规范有 CRI（Container Runtime Interface，容器运行时接口）、CNI（Container Network Interface，容器网络接口）、CSI（Container Storage Interface，容器存储接口）、OCI Distribution Spec、OCI Image Spec、OCI Runtime Spec。它们之间的关系如图 1-16 所示。

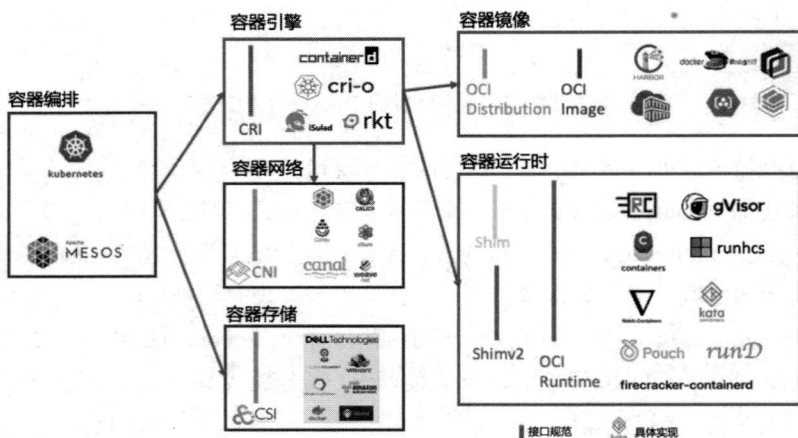

图 1-16　OCI 及 CNCF 容器相关规范的关系

这些行业事实标准的确立，为软件相关的各行业注入了无限活力，基于标准接口的具体实现不断涌现，呈现出一片百花齐放的景象。

如图 1-17 所示，迄今为止，在 CNCF 公布的云原生全景图中，显示了近 30 个领域、数百个项目的繁荣发展，从数据存储、消息传递，到持续集成、服务编排乃至网络管理，无所不包、无所不含。

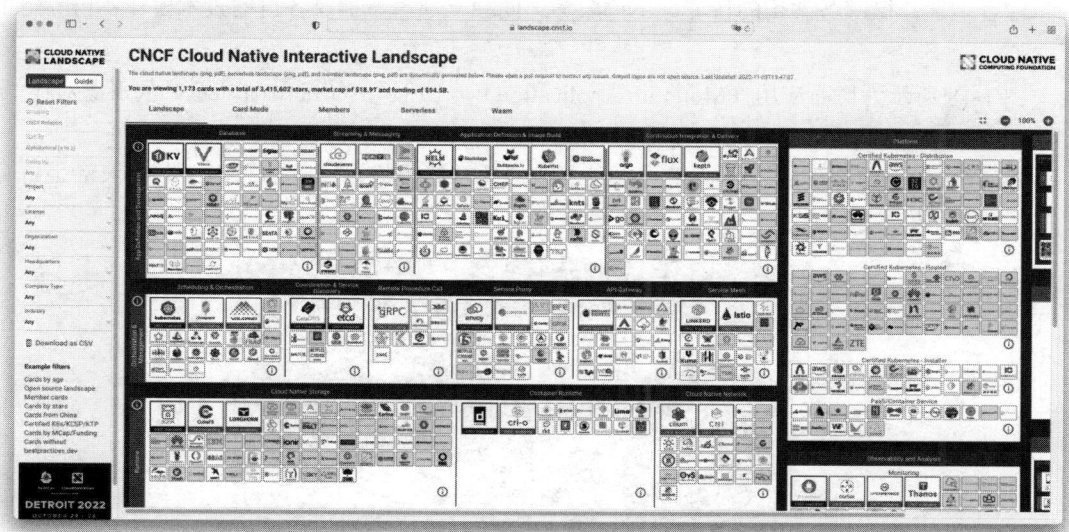

图 1-17　CNCF 云原生项目全景图 [①]

1.5.2　微服务

微服务的概念提出之后，由于理论不完善，加上技术不成熟，在一段时间内并没有被广泛关注。

直到 2014 年，经过 Martin Fowler（*MicroServices* 的作者）、Adrian Cockcroft（Netflix 架构师）、Neal ford（《卓有成效的程序员》的作者）等持续介绍、完善、演进和实践之后，微服务才算是一种真正丰满、独立的架构风格。

对于微服务的定义，援引 Netflix [②] 云架构师 Adrian Cockcroft 的观点：

微服务架构是一种面向服务的架构，由松耦合的具有有限上下文的元素组成。

Adrian Cockcroft 的观点中有两个核心概念：松耦合和限界上下文。

（1）松耦合（Loosely Coupled）：意味着每个服务可以独立更新，更新一个服务无须改变其他服务。

（2）限界上下文（Bounded Contexts）：意味着每个服务要有明确的边界性，可以只关注自身软件的发布，而无须考虑谁在依赖你的发布版本。微服务和它的消费者严格通过 API 进行交互，不共享数据结构、数据库等。基于契约的微服务规范要求服务接口是稳定的，而且向下兼容。

---

① 参见 https://landscape.cncf.io/。

② Netflix 是业界微服务和 DevOps 组织的先驱，有大规模生产级微服务的成功实践，并为 Spring Cloud Netflix 社区贡献了大量优秀的开源软件，如 Eureka（服务注册与发现）、Zuul（服务网关）、Ribbon（负载均衡）、Hystrix（熔断限流）等。

综合上述，微服务架构的特征如下：服务之间独立部署，拥有各自的技术栈，各自界定上下文等。

图 1-18 所示为巨石应用（Monolith Application）与微服务（Microservices）的形象对比。

- 巨石应用就是把所有的东西放在一个大盒子里，这个大盒子里面什么都有。
- 微服务更像集装箱，每个箱子中包含特定的功能模块，所有的东西可以很灵活地拆分和组装。

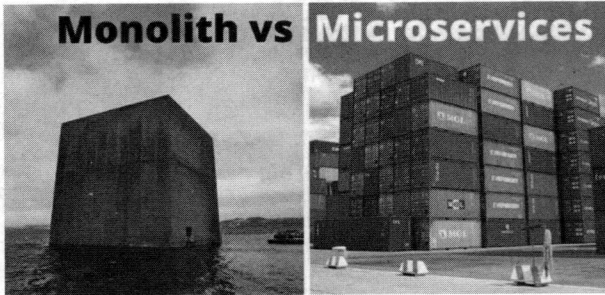

图 1-18　巨石应用和微服务的对比

图 1-19 所示为 Uber 打车软件的微服务架构示例。打车软件系统被分解多个子服务（图中的六边形），每个子服务都围绕整体系统的某个局部功能进行构建。

- PASSENGER 子服务只处理与乘客相关的功能。
- PAYMENTS 子服务只处理订单的功能。
- API GATEWAY 服务是统一的请求入口，处理与安全、服务治理相关的操作。

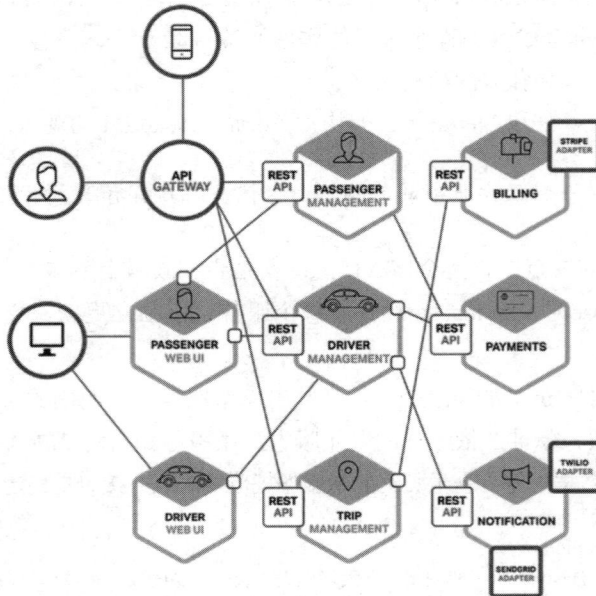

图 1-19　Uber 打车软件的微服务架构示例

子服务具有松耦合及明确的功能边界特性，因此，可以独立进行部署和扩展。它们之间通过一些轻量级的机制（如 RESTful API、RPC）进行通信。

1. 微服务带来的技术挑战

微服务架构首先是一个分布式的架构，分布式意味着复杂性的挑战。

软件架构从巨石应用向微服务架构转型的过程中带来了一系列的非功能性需求，例如：

- 服务发现（Service Discovery）问题：解决"我想调用你，如何找到你"的问题。
- 服务熔断（Circuit Breaker）问题：缓解服务之间依赖的不可靠问题。
- 负载均衡（Load Balancing）问题：通过均匀分配流量，让请求处理更加及时。
- 安全通信问题：包括协议加密（TLS）、身份认证（证书/签名）、访问鉴权（RBAC）等。

为了应对这些问题，开发者往往需要编写和维护大量非功能性代码，这些代码不仅与业务逻辑交织在一起，还容易引发各种难以排查的 bug。因此，如果基础设施不完善，微服务的实施过程将异常痛苦！

2. 后微服务时代

🔍
> 从软件层面独立应对微服务架构问题，发展到软、硬一体，合力应对架构问题的时代，此即"后微服务时代"。
>
> ——《凤凰架构》作者 周志明

在微服务架构中，有一些必须解决的问题，如负载均衡、伸缩扩容、传输通信等，这些问题可以说只要是分布式架构的系统就无法完全避免。下面介绍这些问题及最常见的解决方法。

- 如果某个系统需要解决负载均衡问题，通常会布置负载均衡器，选择恰当的均衡算法来分流。
- 如果某个系统需要伸缩扩容，通常会购买新的服务器，多部署几套副本实例。
- 如果要解决安全的传输通信，通常要布置 TLS 链路，设置 CA 证书，保证中间不被窃听，等等。

暂不考虑 Apache Dubbo、SpringCloud 或别的解决方案，先换个思路想一下："这些问题一定要由分布式系统自己来解决吗？"

计算机科学的多年发展已经产生了专业化的基础设施去解决各种问题。微服务时代，之所以选择在应用服务层面，而非基础设施层面去解决这些分布式问题，主要是因为硬件构建的基础设施无法追赶上软件构成的应用服务的灵活性。

在 1.1 节讨论云计算的演化时，看到应用的工作负载最终从物理机进化到容器，部署方式越来越灵活。不过，早期的容器技术主要被视为一种能够快速启动服务的环境，主要用于简化程序的分发和部署。这一阶段，容器主要作为单个应用的封装工具，并未深入参与解决分布式架构的问题。

被业界广泛认可、普遍采用的通过虚拟化基础设施去解决分布式架构问题的开端，应该从 2017 年 Kubernetes 赢得容器战争的胜利开始算起。Kubernetes 在基础设施层面，解决分布式系统问题的方案如下：

- Kubernetes 用 CoreDNS 替代 Spring Cloud 服务发现组件 Eureka。
- Kubernetes 用 Service/Load Balancer 替代 Spring Cloud 中的负载均衡组件 Ribbon。
- Kubernetes 用 ConfigMap 替代 Spring Cloud 的配置中心 Config。
- Kubernetes 用 Ingress 代替 Spring Cloud 的网关组件 Zuul。
- ……

如图 1-20 所示，传统微服务框架解决的问题，已完全可以用基础设施 Kubernetes 的方案去解决。虽然出发点不同，导致它们解决问题的方式和效果存在差异，但无疑为我们提供了一种全新且更具前景的解决问题的思路。

图 1-20 传统 Springboot 解决的问题，逐渐下沉到基础设施 Kubernetes 中解决

当虚拟化的基础设施从单个服务的容器扩展至由多个容器构成的服务集群，并开始解决分布式的问题时，软件与硬件的界限便开始模糊。一旦虚拟化的硬件能够跟上软件的灵活性，那些与业务无关的技术性问题便有可能从软件层面剥离，并悄无声息地解决于硬件基础设施之内。

此即为"后微服务时代"。

3. 后微服务时代的二次进化

Kubernetes 的崛起标志着微服务时代的新篇章，但它并未能完全解决所有的分布式问题。就功能的灵活性和强大性而言，Kubernetes 还比不上之前的 Spring Cloud 方案，原因在于某些问题位于应用系统与基础设施的交界处，而微观的服务管理（如单个请求的治理）并不能完全在基础设施层面得到解决。

如图 1-21 所示，假设微服务 A 调用了微服务 B 的两个服务，即 B1 和 B2。若 B1 正常运行，而 B2 持续出现 500 错误，那么在达到一定阈值后，就应对 B2 进行熔断，以避免引发雪崩效应。如果仅在基础设施层面处理这个问题，那么就会陷入两难境地："切断 A 到 B 的网络通路会影响 B1 的正常运作，不切断则会持续受到 B2 错误的影响"。

图 1-21　是否要进行熔断

上述问题在使用 Spring Cloud 等方案中比较容易处理，既然是使用程序代码来解决问题，那么，只要合乎逻辑，想要实现什么功能就能实现什么功能。但对于 Kubernetes 来说，由于基础设施粒度更粗糙，通常只能管理到容器层面，对单个远程服务的有效管理相对困难。类似的情况不仅在断路器上出现，服务的监控、认证、授权、安全、负载均衡等都有可能面临细化管理的需求。

为了解决这类问题，微服务基础设施很快进行了第二次进化，引入了"服务网格"（Service Mesh）的模式。

1.5.3　服务网格

服务网格（Service Mesh）的概念最早由 Buoyant 公司的创始人 William Morgan 于 2016 年提出。

2017 年 4 月，Buoyant 公司发布了首个服务网格产品 Linkerd。同年，Morgan 的文章 *What's a service mesh? And why do I need one?*[①] 在互联网上开始广泛流传，这篇文章的解读被认定为服务网格的权威定义，如下：

> 服务网格（Service Mesh）是一个基础设施层，用于处理服务间通信。云原生应用有着复杂的服务拓扑，服务网格保证请求在这些拓扑中可靠地穿梭。在实际应用当中，服务网格通常是由一系列轻量级的网络代理组成的，它们与应用程序部署在一起，但对应用程序透明。

Service Mesh 之所以称为"服务网格"，是因为每个节点同时运行着业务逻辑和具备通信治理能力的网络代理（如 Envoy、Linkerd-proxy）。这个代理被形象地称为"边车代理"（Sidecar），其中业务逻辑相当于主驾驶，处理辅助功能的代理软件相当于边车，如图 1-22 所示。

---

① 参见 https://www.infoq.cn/news/2017/11/WHAT-SERVICE-MESH-WHY-NEED/。

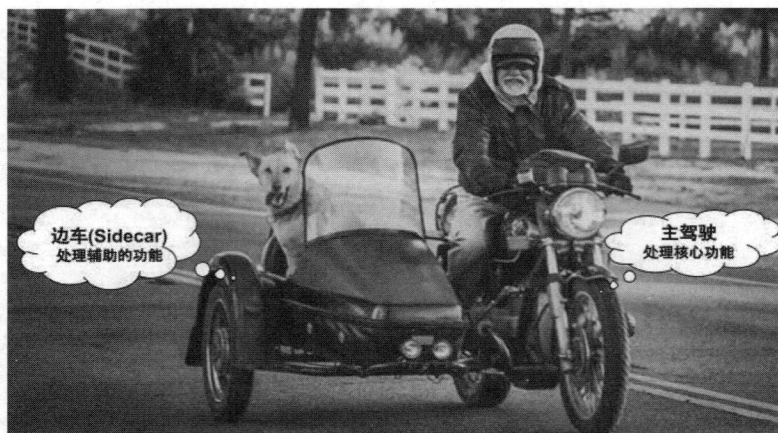

图 1-22　边车示例

　　具有通信治理能力的代理软件以边车形式部署，服务之间通过边车发现和调用目标服务。如果把节点和业务逻辑从视图剥离，那么边车之间呈现图 1-23 所示的依赖关系，服务网格由此得名。

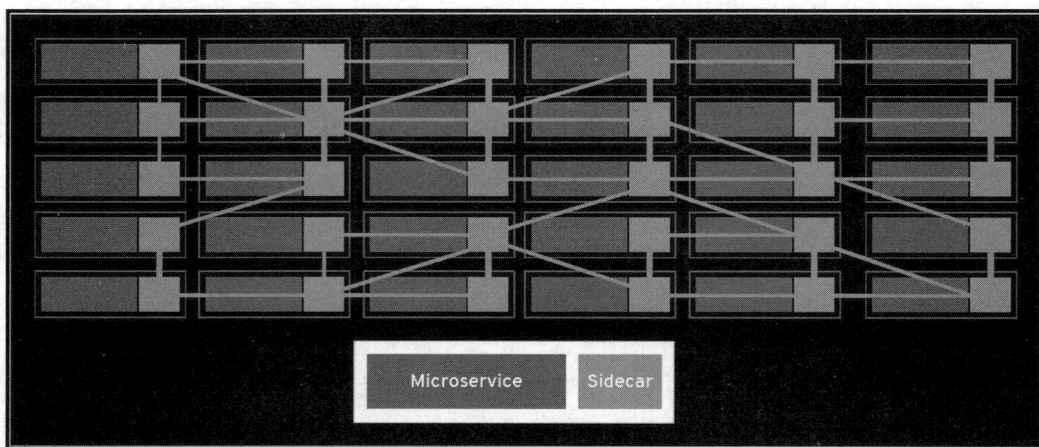

图 1-23　服务网格形象示例

　　业内绝大部分服务网格产品通常由"数据平面"和"控制平面"两部分组成，下面以服务网格的代表实现 Istio 架构为例进行介绍，如图 1-24 所示。

- 数据平面（Data plane）：通常采用轻量级的网络代理（如 Envoy）作为 Sidecar，网络代理负责协调和控制服务之间的通信和流量处理，解决微服务之间服务熔断、负载均衡、安全通信等问题。
- 控制平面（Control plane）：包含多个控制组件，它们负责配置和管理 Sidecar，并提供服务发现（Discovery）、配置管理（Configuration）、安全控制（Certificates）等功能。

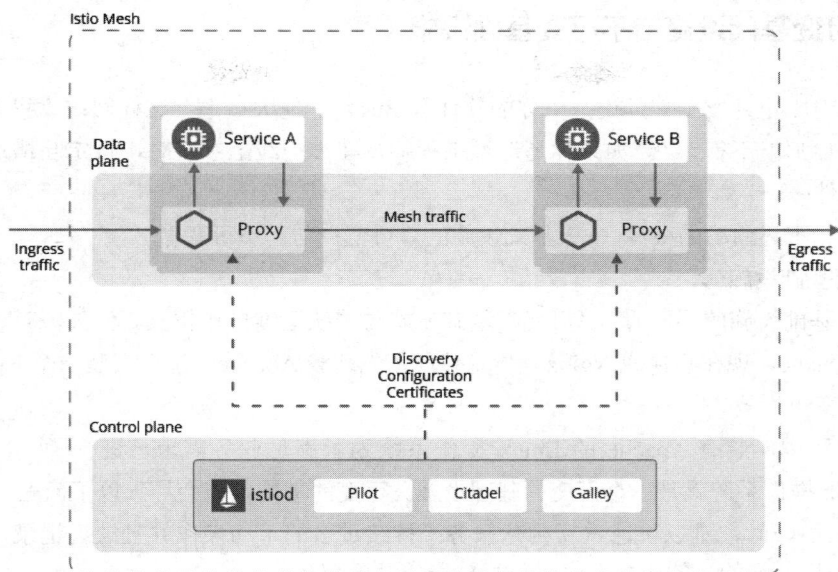

图 1-24　Istio 架构

值得注意的是，尽管服务网格的特点是 Sidecar 模式，但 Sidecar 模式并非服务网格专有。

Sidecar 是一种常见的容器设计模式，Kubernetes 的工作负载 Pod 内可配置多个容器，业务容器之外的其他所有容器均可称为"边车容器"（Sidecar container），如日志收集 Sidecar、请求代理 Sidecar 和链路追踪 Sidecar 等。

如图 1-25 所示，app-container 是一个主业务容器，logging-agent 是一个日志收集容器。主业务容器完全感知不到 logging-agent 的存在，它只负责输出日志，无须关心后续日志该怎么处理。

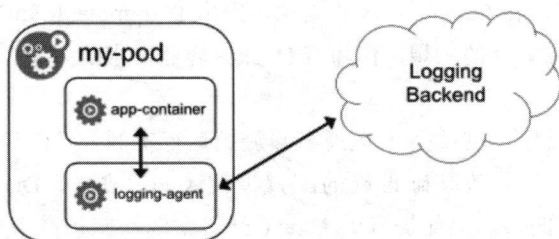

图 1-25　Kubernetes Pod 中 Sidecar 容器收集应用日志，并转发至日志后端

服务网格的本质是通过 iptables 劫持发送到应用容器的流量，将原本在业务层处理的分布式通信治理相关的技术问题，下沉到网络代理型边车中处理，实现业务与非业务逻辑解耦的目的。

第 8 章将完整介绍服务网格技术，阐述服务间通信的演变、服务网格的生态及服务网格的未来。

1.5.4　可变基础设施与不可变基础设施

如果你对一位开发工程师说："你的软件有 Bug。"他大概率会这样回："我本地跑好好的，怎么到你那就不行？"。如果你是运维工程师，在维护线上系统时，肯定吐槽过："谁又改了配置文件……"

本节讨论上述问题的根源——基础设施的"可变"与"不可变"。

1. 可变基础设施

从管理基础设施的层面看："可变"基础设施与传统运维操作相关。例如，有一台服务器部署的是 Apache，现在想换成 Nginx。传统手段是先卸载 Apache，重新安装一个 Nginx，重启系统让这次变更生效。

上述过程中，装有 Apache 的 Linux 操作系统为了满足业务需求，进行了一次或多次变更，该 Linux 操作系统就是一个可变的基础设施。可变的基础设施会导致以下问题。

- 重大故障时，难以快速重新构建服务：持续过多的手动操作并且缺乏记录，会导致很难由标准初始化的服务器来重新构建起等效的服务。
- 不一致风险：类似于程序变量因并发修改而带来的状态不一致风险。服务运行过程中，频繁修改基础设施配置，同样会引入中间状态，导致出现无法预知的问题。

🔍

可变基础设施带来的运维之痛，引得业内技术专家 Chad Fowler 这样吐槽：要把一个不知道打过多少个升级补丁，不知道经历了多少任管理员的系统迁移到其他机器上，毫无疑问会是一场灾难。

2. 不可变基础设施

2013 年 6 月，Chad Fowler 撰写了一篇名为 *Trash Your Servers and Burn Your Code: Immutable Infrastructure and Disposable Components* 的文章，提出了 Immutable Infrastructure（不可变基础设施）的概念[①]。这一前瞻性的构想，伴随着 Docker 容器技术的兴起、微服务架构的流行，得到了事实上的检验。

不可变基础设施思想的核心是，任何基础设施的运行实例一旦创建之后就变成只读状态。如需修改或升级，应该先修改基础设施的配置模板（如 YAML、Dockerfile 配置），之后使用新的运行实例替换。例如，上面提到的 Nginx 升级案例，应该准备一个新的装有 Nginx 的 Linux 操作系统，而不是在 Linux 操作系统上原地更新。

图 1-25 所示为基础设施可变与不可变对比。

构建镜像运行容器之后，如果出现问题，我们不会在容器内修改解决，而是修改 Dockerfile，在容器构建阶段去解决。

---

① 参见 http://chadfowler.com/2013/06/23/immutable-deployments.html。

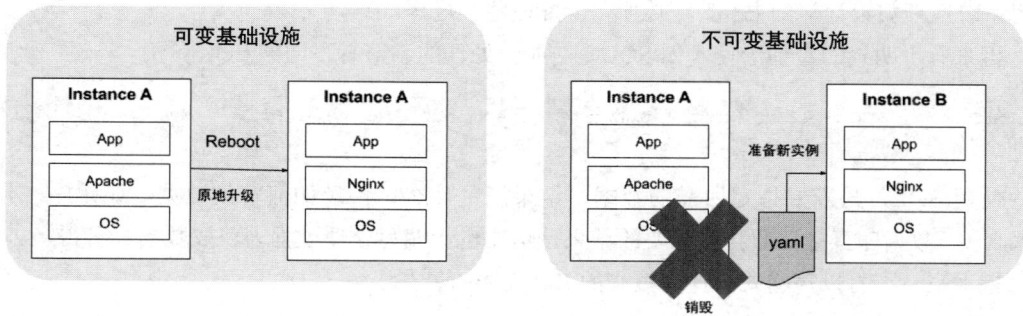

图 1-26　基础设施可变与不可变对比

从容器的角度看，镜像就是一个不可变基础设施。工程师交付的产物从有着各种依赖条件的安装包变成一个不依赖任何环境的镜像文件，当软件需要升级或者修改配置时，我们修改镜像文件，启动一个新的容器实例，而不是在运行容器内修改。有了镜像之后，本地与测试环境不一致、测试环境与正式环境不一致问题消失殆尽了。

相比可变基础设施，不可变基础设施通过标准化描述文件（如 yaml、dockerfile 等）统一定义，同样的配置启动的服务，绝对不可能出现不一致的情况。从此，可以快速启动成千上万个一模一样的服务，服务的版本升级、回滚也成为常态。

1.5.5　声明式设计

声明式设计是指一种软件设计理念："我们描述一个事物的目标状态，而非达成目标状态的流程。"至于目标状态如何达成，则由相应的工具在其内部实现。

与声明式设计相对的是命令式设计（又称过程式设计），两者的区别如下。

- 命令式设计：命令"机器"如何去做事情（How），这样不管你想要的是什么（What），它都会按照你的命令实现；
- 声明式设计：告诉"机器"你想要的是什么（What），让机器想出如何去做（How）。

很多常用的编程语言都是命令式。例如，有一批图书的列表，可以编写下面的代码来查询列表中名为"深入高可用系统原理与设计"的书籍。

```
function getBooks() {
  var results = []
  for( var i=0; i< books.length; i++) {
    if(books[i].name == " 深入高可用系统原理与设计 ") {
      results.push(books)
    }
  }
  return results
}
```

命令式语言告诉计算机以特定的顺序执行某些操作，实现最终目标："查询名为《深入高可用系统原理与设计》的书籍"，必须完全推理整个过程。

再来看声明式的查询语言（如 SQL）是如何处理的。请看下面的 SQL 示例。

```
SELECT * FROM books WHERE author = 'xiaoming' AND name LIKE '深入高可用系统原理与设计%';
```

使用 SQL，只需要指定所需的数据、结果满足什么条件及如何转换数据（如排序、分组和聚合），数据库直接返回我们想要的结果。这比自行编写处理过程去获取数据容易得多。

接下来，再看以声明式设计为核心的 Kubernetes。

下面的 YAML 文件中定义了一个名为 nginx-deployment 的 Deployment 资源。其中 spec 部分声明了部署后的具体状态（以 3 个副本的形式运行）。

```
apiVersion: apps/v1
kind: Deployment
metadata:
  name: nginx-deployment
  labels:
    app: nginx
spec:
  replicas: 3
  selector:
    matchLabels:
      app: nginx
  template:
    metadata:
      labels:
        app: nginx
    spec:
      containers:
      - name: nginx
        image: nginx:1.14.2
        ports:
        - containerPort: 80
```

该 YAML 文件提交给 Kubernetes 之后，Kubernetes 会创建拥有 3 个副本的 nginx 服务实例，将持续保证我们所期望的状态。

通过编写 YAML 文件表达我们的需求和意图，资源如何创建、服务如何关联，至于具体怎么实现，我们完全不需要关心，全部交给 Kubernetes。

只描述想要什么，中间流程、细节不需关心。工程师专注于 what，正是开发软件真正的目标。

1.5.6 DevOps

DevOps 是一个很复杂的概念，仅用几句话很难解释清楚。我们沿用之前的惯例，如果要理解一个复杂的概念，就先去了解它出现的背景，以及发展的历史。

DevOps 的核心本质是解决软件开发生命周期中的管理问题，先从一种名为"瀑布模型"的项目管理方法说起。

1. 瀑布开发

1970 年，计算机科学家 Winston Royce 发表 *Managing the Development of Large Software Systems* 论文，首次描述了软件开发的分阶段流程，包括需求分析、设计、编码、测试、部署、维护等阶段。

如图 1-27 所示，Royce 描述软件开发流程如瀑布流水一般，由一个阶段"流动"到下一个阶段，这种逐步递进的流程后来被称为"瀑布模型"（Waterfall Model）。

瀑布模型基于工程学的理念将整个过程分成不同的阶段，提供了软件开发的基本框架，便于人员间的分工协作。同时，也可对不同阶段的质量和成本进行严格把控。

但这种模式存在一些缺陷，瀑布模型产生于硬件领域，是从制造业的角度去看软件开发的，产品迭代的频率经常按月为单位进行，在需求变化不多的年代，瀑布模型拥有其价值。随着软件行业的快速爆发，针对市场的快速变化和响应成了新的目标。这种场景下，需求无法得到快速验证是最大的风险，花费数月开发的产品有可能早已不符合市场需求。

寻求一种新的模式满足对产品生命周期迭代更迅速的管理，变得尤为迫切。于是，敏捷开发登上舞台。

2. 敏捷开发

2001 年，Martin Fowler、Jim Highsmith 等 17 位著名的软件开发专家齐聚在美国犹他州雪鸟滑雪圣地，举行了一场敏捷方法发起者和实践者的聚会。在这次聚会中，他们正式提出了 Agile Software Development（敏捷开发）的概念，还签署了《敏捷软件开发宣言》，如图 1-28 所示。

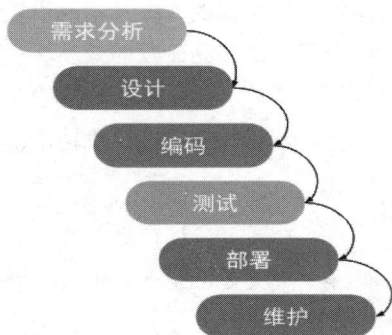

图 1-27　瀑布模型示例，一环接着一环，
　　　　就像自然界瀑布流水一般

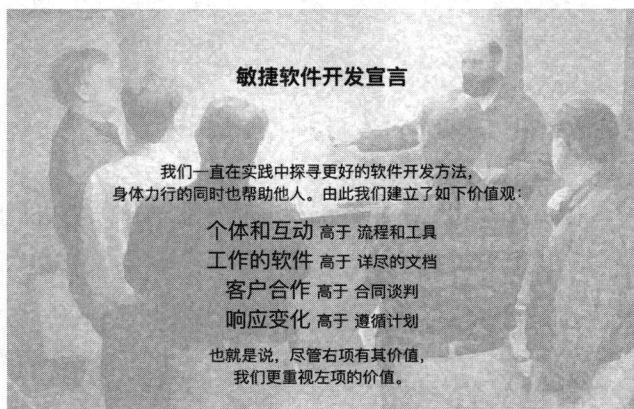

图 1-28　《敏捷软件开发宣言》

相比传统的瀑布开发，敏捷开发是一种持续增量、不断迭代的开发模式。

开发者快速发布一个可运行但不完美的版本投入市场，在后续迭代中根据用户的反馈改进产品，从而逼近产品的理想形态。

迭代是敏捷开发理论的核心。虽然迭代开发并不是新鲜的概念，但敏捷研发方法大大完善了迭代开发的理论，使之能够被广大软件开发团队认可。具体的敏捷开发方法有极限编程、精益软件开发、Scrum 等，如图 1-29 所示。

虽然敏捷开发提升了开发效率，但它的范围仅限于开发和测试环节，并没有覆盖部署环节。显然，运维部门并没有收益。相反，甚至可以说"敏捷"加重了运维的负担。运维追求的目标是稳定，频繁变更是破坏稳定的根源。

图 1-30 所示的混乱之墙，就是我们常说的开发与运维之间的根因冲突。

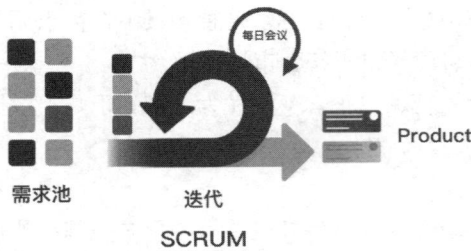

图 1-29　敏捷开发框架 Scrum，通过持续迭代的方式交付软件

图 1-30　开发与运维之间的混乱之墙

那么，如何化解开发与运维的矛盾呢？现在，到了 DevOps 上场的时间。

3.DevOps

DevOps 运动始于 2007 年左右，当时技术社区对开发 / 运维分工协作的方式及由此引发的冲突感到担忧。随着越来越多问题的出现，大家逐渐认识到：为了保证产品研发的效率、软件交付的质量，开发和运维必须紧密配合。

2009 年，比利时根特市举办了首届 DevOpsDays 大会，这届会议出乎意料的成功，引起人们广泛的讨论。DevOps 理论就此诞生。

🔍 维基百科对 DevOps 的定义

DevOps（Development 和 Operations 的合成词）是一种重视"软件开发人员（Dev）"和"IT 运维技术人员（Ops）"之间沟通合作的文化、运动或惯例。

通过自动化"软件交付"和"架构变更"的流程，使得构建、测试、发布软件能够更加快捷、频繁和可靠。

2009 年，引入 DevOps 概念之时，基于"Development"和"Operations"合成一个新词

"DevOps"，强调开发（指交付前的广义上的研发活动，包括设计、测试等）与运维融合，打破开发和运维之间的隔阂、加快软件研发效率、提高软件交付质量。

从存在的意义上说，DevOps 完善了敏捷开发存在的短板，实现了研发流程真正的闭环。如图 1-31 所示，开发和运维不再是"孤立"的团队，两者在软件的整个生命周期内相互协作，紧密配合。由此带来的效益是，软件的品质高、交付速度快。

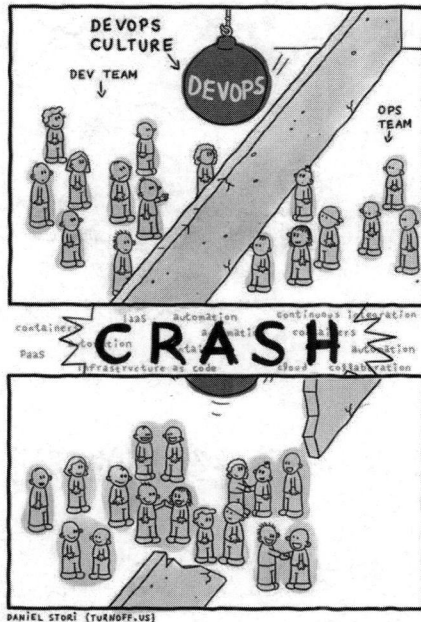

图 1-31　Devops 打破开发和运维的对立

不过，话虽如此，要实现这一点却不容易，因为这并非只是一次升级，而是需要在原有的文化和流程上进行大刀阔斧的改革。

（1）推行协作文化，研发和运维之间不再是对立的关系，应该是互相协作、深度交流并且彼此体谅的状态。

（2）开发流程方面，以往研发和运维各搞各的模式也需要改变。

- 运维需要在项目开发的初始阶段提前介入，了解开发所使用的系统架构和技术路线，并制定好相关的运维方案。
- 开发人员也需要参与后期的系统部署和日常维护，并提供优化建议。不是把代码甩给运维了事。

DevOps 的成功实践离不开工具上的支持，其中包括最重要的自动化 CI/CD 流水线，通过自动化的方式打通软件从构建、测试到部署发布的整个流程。还有实时监控、事件管理、配置管理、协作平台等一系列工具 / 系统的配合，如图 1-32 所示。

近年来，微服务架构理念、容器技术和云计算的发展，让 DevOps 的实施更加便捷。这也解释了 DevOps 理念在十多年前就已提出，但直到近几年才开始被企业广泛关注和实践的原因。

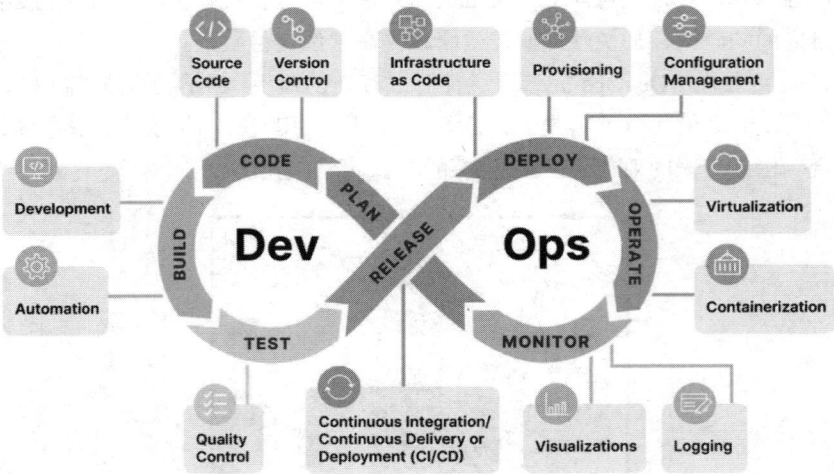

图 1-32　DevOps 技术体系及各阶段工具概览

1.6　云原生架构的演进

架构演进的目的一定是解决某一类问题，下面就从"解决问题"的角度出发，讨论传统架构向云原生架构的演进之路，如图 1-33 所示。

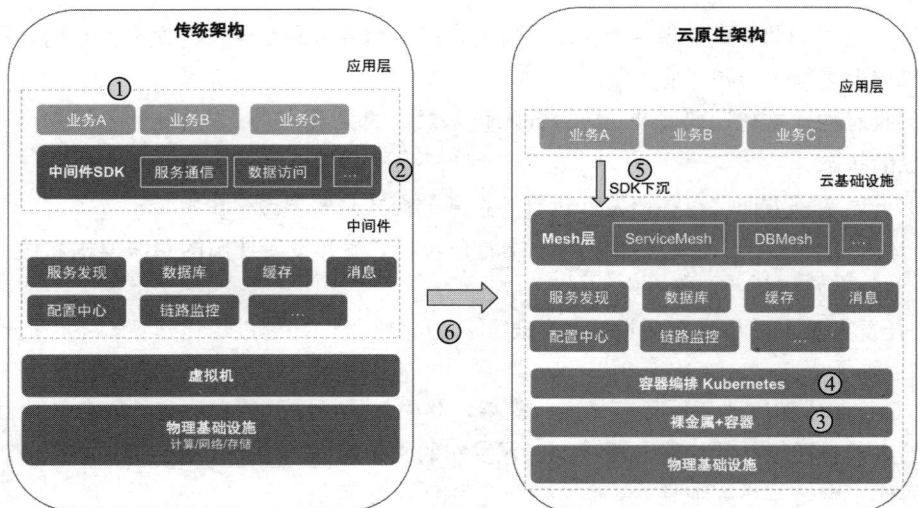

图 1-33　传统架构与云原生架构对比

- 为了解决单体架构复杂度问题，使用微服务架构。
- 为了解决微服务间通信异常问题，使用各类中间件 SDK。
- 为了解决微服务架构下大量应用的部署问题，使用容器。
- 为了解决容器的编排和调度问题，使用 Kubernetes。
- 为了解决微服务框架的侵入性问题，使用服务网格（ServiceMesh）。
- 为了降低系统的整体复杂度，选择上云（整体转变为云原生架构）。

从研发应用的角度看，研发的复杂度降低了。在"强大底层系统"支撑的情况下，应用监控、通信治理、编排调度相关的逻辑从应用中剥离，并下沉到底层系统，已经符合云原生架构。但站在整个系统的角度看，复杂度并没有减少和消失，要实现"强大底层系统"付出的成本（人力成本、资源成本、技术试错成本）是非常高的。

为了降低成本，选择上云托管，将底层系统的复杂度交给云基础设施，让云提供保姆式服务，最终演变为无基础架构设计。

最后，通过 YAML 文件以声明式的方式，描述底层的基础设施及各类中间件资源，即应用要什么，云给我什么，企业最终走向开放、标准的"云"技术体系。

1.7　云原生架构技术栈

云原生架构是优雅的、灵活的、弹性的，但不能否认这些优势的背后是它的学习曲线相当陡峭。

如果读者有志投入云原生领域，希望构建一个高可用（高研发效率、低资源成本，且兼具稳定可靠）的云原生架构，对能力要求已提升到史无前例的程度。总结来说，除了需要掌握基础的 Docker 和 Kubernetes 知识，熟知图 1-34 所示的几个领域也是必备要求。

- 容器：Docker、Containerd、CRI-O、Kata Containers。
- 镜像 / 仓库：Harbor、Dragonfly、Nydus。
- 应用封装：Kustomize、Helm、Operator、OAM。
- 持续集成：Gitlab、Tekton。
- 持续部署：ArgoCD、FluxCD。
- 容器编排：Kubernetes。
- 服务网格：Istio、Envoy、Linkerd。
- 网关：Ingress-Nginx、Kong、Traefik。
- 日志：Grafana Loki、Elastic Stack、ClickHouse。
- 监控告警：Prometheus、Grafana、OpenTelemetry。
- 机器学习 / 混合部署：Volcano、Koordinator。

以上方案或相似或不同：适应什么场景？解决了什么问题？如何以最佳的姿态匹配业务？本书后续章节将一一解答。

图 1-34　云原生代表技术栈

1.8　小结

通过本章的介绍，相信读者已经深刻理解什么是云原生。

云原生不是简单使用云计算平台运行现有的应用程序，也不是某个开源项目或者某种技术，而是一套指导软件和基础设施架构设计的思想。基于这套思想构建出来的应用，能够天然地与"云"融合，充分发挥"云"的能力和价值。相应的，云原生生态中的开源项目 Kubernetes、Docker、Istio 等，就是这种思想落地的技术手段。

最后还要补充的是，并不是因为云计算 / 容器技术的发展才出现云原生的概念，而是软件规模变得越来越大、越来越复杂的同时，对软件的可靠性、迭代效率、资源成本的要求也越来越高，这才有了云原生技术出现的契机和发展。

从根本上讲，驱动技术发展的动力有很多种，但能让技术大行其道的动力，都来源于业务发展的需要。

永远不要低估一辆满载着硬盘的卡车，在高速公路上飞驰时的带宽。

——《计算机网络》作者 Andrew S. Tanenbaum [①]

不少人的第一直觉是"路由的 hops、运营商线路的质量，决定网络的延迟以及吞吐量"，由此盲目断定网络因开发者不可控而无法插手。实际上，应用层的网络请求是否与传输协议提倡的方式匹配，对提升网络吞吐量、降低网络延迟也施加不小的影响。最能体现这一点的，便是各类网络优化技巧。

本章将分析应用层 HTTPS 请求的完整过程，探讨其中 DNS、SSL、QUIC，以及网络拥塞控制的原理，研究各种网络优化技巧，讨论实现"构建足够快的网络服务"目标。

本章内容导读如图 2-0 所示。

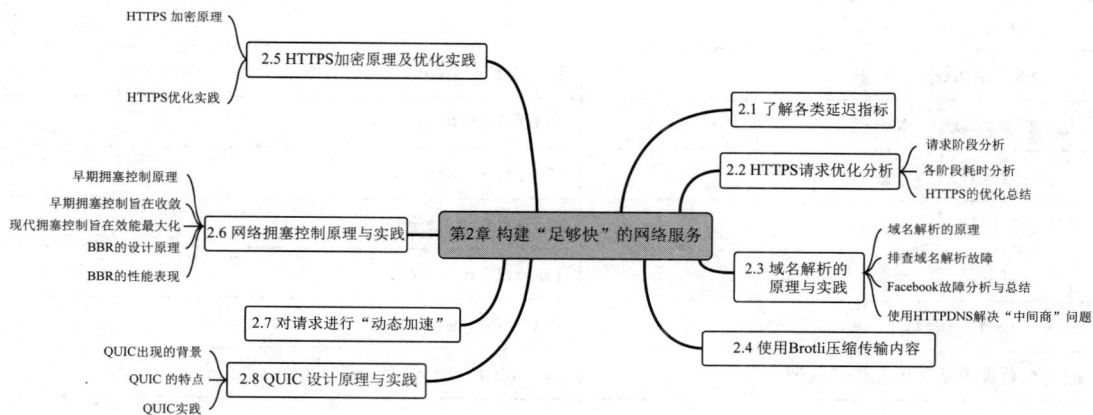

图 2-0　本章内容导读

---

① Andrew S. Tanenbaum：荷兰阿姆斯特丹 Vrije 大学的计算机科学系教授。他著作的《计算机网络》是国内外使用最广泛、最权威的计算机网络经典教材之一。

2.1　了解各类延迟指标

既然目标是"足够快"，首先需要对计算机中"快"的概念有一个基本的认识。

伯克利大学有一个动态网页 [①]，其中汇总了历年计算机中各类操作延迟（也称时延）的变化。笔者整理了 2020 年的数据供读者参考，如表 2-1 所示。这些延迟数据与软件设计和性能调优息息相关。例如，由于物理距离的限制，无论如何优化，也无法将从上海到美国的 HTTPS 请求延迟降到 750ms 以下。

表 2-1　计算机中各类延迟数据参考

操　　作	延　　迟
CPU 从一级缓存中读取数据	1 ns
CPU 分支预测错误（Branch mispredict）	3 ns
CPU 从二级缓存中读取数据	4 ns
线程间，共享资源加锁 / 解锁	17 ns
在 1Gb/s 的网络上发送 2KB 数据	44 ns
访问一次主存	100 ns
使用 Zippy 压缩 1KB 数据	2 000 ns ≈ 2 μs
从内存顺序读取 1 MB 数据	3 000 ns ≈ 3 μs
一次 SSD 随机读	16 000 ns ≈ 16 μs
从 SSD 顺序读取 1 MB 数据	49 000 ns ≈ 49 μs
一个数据包在同一个数据中心往返	500 000 ns ≈ 0.5 ms
从磁盘顺序读取 1 MB 数据	825 000 ns ≈ 0.8 ms
一次磁盘寻址	2 000 000 ns ≈ 2 ms
一次 DNS 解析查询	50 000 000 ns ≈ 50 ms
把一个数据包从美国发送到欧洲	150 000 000 ns ≈ 150 ms
在宿主机中冷启动一个常规容器	5 000 ms ≈ 5 s

注：秒（s）、毫秒（ms）、微秒（μs）、纳秒（ns）之间关系为：$1s=10^3ms=10^6μs=10^9ns$

[①]　参见 https://colin-scott.github.io/personal_website/research/interactive_latency.html。

2.2 HTTPS 请求优化分析

优化 HTTPS 请求之前，必须先清楚一个 HTTPS 请求包括哪些阶段，以及各个阶段延迟如何计算。

2.2.1 请求阶段分析

一个完整、未复用连接的 HTTPS 请求需要经过 5 个阶段：DNS 域名解析、TCP 握手、SSL 握手、服务器处理、内容传输。

如图 2-1 所示，请求的各个阶段共需要 5 个 RTT（Round-Trip Time，往返时间）[①]，具体如下：1 RTT（DNS Lookup，域名解析）＋1 RTT（TCP Handshake，TCP 握手）＋2 RTT（SSL Handshake，SSL 握手）＋1 RTT（Data Transfer，内容传输）。

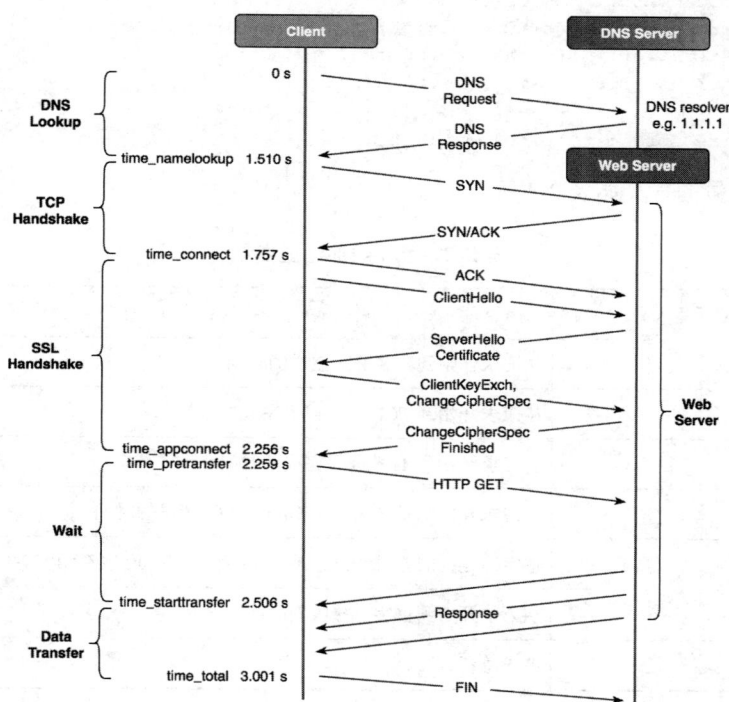

图 2-1　HTTPS（使用 TLS 1.2 协议）请求阶段分析

RTT 是评估本地主机与远程主机间网络延迟的重要指标之一。例如，北京到美国洛杉矶的 RTT 延迟为 190 ms，那么从北京访问洛杉矶的服务延迟大约为 4×190 ms＋后端业务处理

---

① RTT（Round-Trip Time）：一个网络数据包从起点到目的地，然后回到起点所花费的时长。

时间。这里的 4 代表 HTTPS 请求的 4 个 RTT。

由于 RTT 主要反映物理距离带来的延迟，而 SSL 阶段涉及大量的加密和解密计算，因此，优化的重点应放在减少 RTT 和降低 SSL 计算消耗上。

2.2.2　各阶段耗时分析

curl 命令提供了 HTTPS 请求阶段延迟分析功能。

curl 命令提供了 -w 参数，允许按照指定的格式打印与请求相关的信息，其中部分信息可以通过特定的变量表示，如 status_code、size_download、time_namelookup 等。由于我们关注的是耗时分析，因此，只需关注与请求延迟相关的变量（以 time_ 开头的变量）。

HTTP 请求中的耗时变量如下：

```
$ cat curl-format.txt
    time_namelookup:  %{time_namelookup}\n
       time_connect:  %{time_connect}\n
    time_appconnect:  %{time_appconnect}\n
      time_redirect:  %{time_redirect}\n
   time_pretransfer:  %{time_pretransfer}\n
 time_starttransfer:  %{time_starttransfer}\n
                      ----------\n
         time_total:  %{time_total}\n
```

上述各个变量的含义如表 2-2 所示。

表 2-2　curl 内部延迟变量

变量名称	说　　明
time_namelookup	从请求开始到域名解析完成的时间
time_connect	从请求开始到 TCP 三次握手完成的时间
time_appconnect	从请求开始到 TLS 握手完成的时间
time_pretransfer	从请求开始到发送第一个 GET/POST 请求的时间
time_redirect	重定向过程的总时间，包括 DNS 解析、TCP 连接和内容传输前的时间
time_starttransfer	从请求开始到首字节接收的时间
time_total	请求总耗时

看一个简单的请求，如下所示：

```
$ curl -w "@curl-format.txt" -o /dev/null -s 'https://www.thebyte.com.cn/'
// curl 打印的与耗时有关的信息（单位：秒）
time_namelookup=0.025021
time_connect=0.033326
time_appconnect=0.071539
```

```
time_redirect=0.000000
time_pretransfer=0.071622
time_starttransfer=0.088528
time_total=0.088744
```

上述命令各个参数的含义如下。

- -w：从文件中读取要打印信息的格式。
- -o/dev/null：把响应的内容丢弃。我们并不关心 HTTPS 的返回内容，只关心请求的耗时情况。
- -s：不输出请求的进度条。

不过，需注意 curl 打印的耗时数据都是从请求发起的那一刻开始计算的，需将其重新转换成 HTTPS 请求各个阶段耗时。例如，转换成域名解析耗时、TCP 建立耗时、TTFB 耗时 [①] 等。

HTTPS 请求各阶段耗时计算如表 2-3 所示。

表 2-3　HTTPS 请求各阶段耗时计算

耗　　时	说　　明
域名解析耗时 = time_namelookup	从发起请求到获取域名对应的 IP 地址（DNS 解析成功）的时间
TCP 握手耗时 = time_connect - time_namelookup	建立 TCP 连接所需的时间
SSL 耗时 = time_appconnect - time_connect	TLS 握手及加解密处理时间
服务器处理请求耗时 = time_total - time_starttransfer	服务器处理请求的时间
TTFB = time_starttransfer	从请求开始到接收服务器首字节的时间
总耗时 = time_total	整个 HTTPS 的请求耗时

2.2.3　HTTPS 的优化总结

了解 HTTPS 请求各阶段耗时后，下面介绍相关的优化手段。

- 域名解析优化：减少域名解析产生的延迟。例如，提前获取域名解析结果备用，那么后续的 HTTPS 连接就能减少一个 RTT。
- 对传输内容进行压缩：传输数据的大小与耗时成正比，压缩传输内容是降低请求耗时最有效的手段之一。
- SSL 层优化：升级 TLS 算法和 HTTPS 证书。例如，升级 TLS 1.3 协议，可将 SSL 握手的 RTT 从 2 个减少到 1 个。
- 传输层优化：升级拥塞控制算法以提高网络吞吐量。例如，将默认的 Cubic 升级为 BBR，对于大带宽、长链路的弱网环境尤其有效。
- 网络层优化：使用商业化的网络加速服务，通过路由优化数据包，实现动态服务加速。

① TTFB（Time To First Byte，首字节时间）：指从浏览器请求页面到接收来自服务器发送的信息的第一个字节的时间。

- 使用更现代的 HTTP：升级至 HTTP/2，进一步升级到基于 QUIC 协议的 HTTP/3。

接下来逐一介绍上述优化技术的原理和实践效果。

2.3　域名解析的原理与实践

2021 年，互联网发生了几起重大服务宕机事件。

- 7 月 22 日，技术服务商 Aakamai 的 Edge DNS 服务故障，造成 PlayStation Network、HBO、UPS、Airbnb、Salesforce 等众多知名网站宕机[①]。
- 10 月 4 日，社交网络平台 Facebook 及旗下服务 Messenger、Instagram、WhatsApp、Mapillary 与 Oculus 发生全球性宕机[②]。

这些故障均与域名解析系统直接相关。接下来，将分析域名解析的原理，掌握域名解析故障的排查手段，学习设计可靠的域名解析系统。

2.3.1　域名解析的原理

分析域名解析原理之前，首先需弄清楚域名的结构。

如图 2-2 所示，域名是一种树状结构，顶层的域名是根域名（注意是一个点"."，它是 .root 的含义，不过现在 .root 默认被隐藏），然后是顶级域名（Top Level Domain，TLD，例如 .com），最后是二级域名（例如 google.com）。

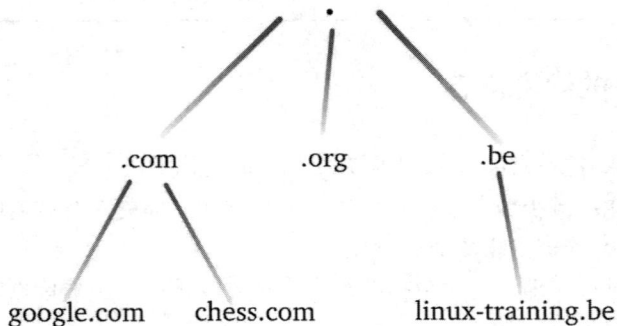

图 2-2　域名树状结构

通常情况下的域名解析过程，其实就是从域名树的根部到顶部，不断递归查询的过程。整个解析过程如图 2-3 所示。

---

① 参见 https://www.akamai.com/blog/news/akamai-summarizes-service-disruption-resolved。

② 参见 https://en.wikipedia.org/wiki/2021_Facebook_outage。

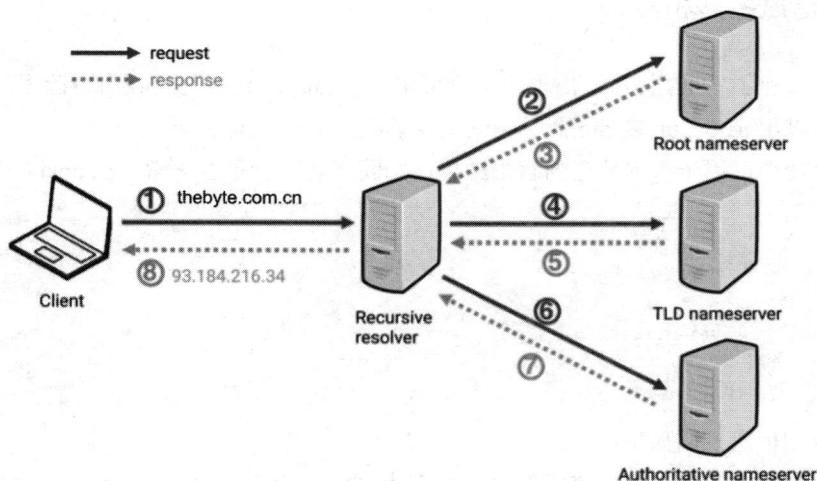

图 2-3 域名解析过程

（1）第①步，用户向"DNS 解析器"（Recursive resolver）发出解析 thebyte.com.cn 域名的请求。"DNS 解析器"也称 LocalDNS，例如，电信运营商的 114.114.114.114。

（2）"DNS 解析器"判断是否存在解析缓存：

- 如果存在，则返回缓存的结果，也就是直接执行第⑧步。
- 如果不存在，则执行第②步，向就近的"根域名服务器"（Root nameserver）查询域名所属"TLD 域名服务器"（TLD nameserver，顶级域名服务器）。TLD 域名服务器维护着域名托管、权威域名服务器的信息。值得一提的是，有些文章说"根域名服务器"只有 13 台，实际上"根域名服务器"的数量远不止 13 台，截至 2024 年 7 月，全世界共有 1845 台根域名服务器[①]。

（3）获取 com.cn. 的"TLD 域名服务器"后，执行第④步，向该服务器查询 thebyte.com.cn. 的"权威域名服务器"（Authoritative nameserver）。

（4）获取 thebyte.com.cn 的"权威域名服务器"后，执行第⑥步，向该服务器查询域名的具体解析记录。

（5）"DNS 解析器"获取解析记录后，转发给客户端（第⑧步），整个解析过程结束。

回顾整个解析过程，有两个环节容易出现问题：

（1）"DNS 解析器"是客户端与"权威域名服务器"的中间人，容易出现解析污染或者"DNS 解析器"宕机，这种情况会导致域名解析局部不可用。

（2）"权威域名服务器"出现故障，这种情况会导致域名解析全局不可用，但出现故障的概率极低。

下面继续讨论如果 DNS 解析出现故障时该如何排查。

---

① 根域名服务器的信息请参见 https://root-servers.org/。

2.3.2　排查域名解析故障

如果请求一个 HTTPS 接口，出现服务不可用、Unknown host 等错误时，除了用 ping 测试连通性，还可以用 nslookup 或 dig 命令确认域名解析是否出现问题。

nslookup 命令可用于查询域名的解析结果，判断域名解析是否正常。nslookup 命令如下：

```
$ nslookup thebyte.com.cn
Server:    8.8.8.8
Address:   8.8.8.8#53

Non-authoritative answer:
Name:      thebyte.com.cn
Address: 110.40.229.45
```

上述的返回信息说明如下：

- 第一段的 Server 是当前使用的"DNS 解析器"，上面的结果显示是 Google 的 8.8.8.8 服务器。
- 第二段的 Non-authoritative answer 意思是：因为"DNS 解析器"是转发"权威域名服务器"的记录，所以，解析结果为非权威应答。最后一行是 thebyte.com.cn 解析结果，可以看到是 110.40.229.45。

nslookup 返回的结果比较简单，但从中可以看出用的哪个"DNS 解析器"、域名的解析是否正常。

"DNS 解析器"也经常出现问题，这时再使用 nslookup 命令就不行了。

当怀疑系统默认的"DNS 解析器"异常时，可以使用 dig 命令，通过切换不同的"DNS 解析器"，分析解析哪里出现异常。例如，使用 8.8.8.8 查询 thebyte.com.cn 的解析记录，命令如下：

```
$ dig @8.8.8.8 thebyte.com.cn

; <<>> DiG 9.10.6 <<>> thebyte.com.cn
;; global options: +cmd
;; Got answer:
;; ->>HEADER<<- opcode: QUERY, status: NOERROR, id: 63697
;; flags: qr rd ra; QUERY: 1, ANSWER: 1, AUTHORITY: 0, ADDITIONAL: 1

;; OPT PSEUDOSECTION:
; EDNS: version: 0, flags:; udp: 4096
;; QUESTION SECTION:
;thebyte.com.cn.                  IN      A

;; ANSWER SECTION:
thebyte.com.cn.         599      IN      A       110.40.229.45

;; Query time: 14 msec
;; SERVER: 8.8.8.8#53(8.8.8.8)
;; WHEN: Fri May 12 15:22:33 CST 2023
```

```
;; MSG SIZE  rcvd: 59
```

上述的返回信息说明如下。

- 第一段 opcode 为 QUERY，表示执行查询操作，status 为 NOERROR，表示解析成功。
- 第二段 QUESTION SECTION 部分显示了发起的 DNS 请求参数，A 表示默认查询 A 类型记录。
- 第三段 ANSWER SECTION 部分为 DNS 查询结果，可以看到 thebyte.com.cn. 的解析结果为 110.40.229.45。
- 最后一段为查询所用的"DNS 解析器"、域名解析的耗时等信息。

Facebook 在 2021 年 10 月发生了一起重大的宕机故障，当时使用 dig 排查各个公共"DNS 解析器"，全部出现 SERVFAIL 错误，这说明是"权威域名服务器"出现了问题。

```
$ dig @1.1.1.1 facebook.com
;; ->>HEADER<<- opcode: QUERY, status: SERVFAIL, id: 31322
;facebook.com.          IN    A
...
$ dig @1.1.1.1 whatsapp.com
;; ->>HEADER<<- opcode: QUERY, status: SERVFAIL, id: 31322
;whatsapp.com.          IN    A
...
```

接下来以"2021 年 Facebook 宕机事件"为例，介绍"权威域名服务器"出现故障时会产生什么影响。

2.3.3　Facebook 故障分析与总结

Facebook "史诗级故障"发生在 2021 年 10 月 4 日，故障绕过了所有的高可用设计，让 Facebook 公司旗下的 Facebook、Instagram、WhatsApp 等众多服务出现了长达 7 小时宕机，如图 2-4 所示。故障的影响范围极广，差点导致严重的二次故障，搞崩半个互联网。

如此大规模服务瘫痪，不是 DNS 就是 BGP 出现了问题。这次，Facebook 很倒霉，DNS 和 BGP 一起出现了问题。

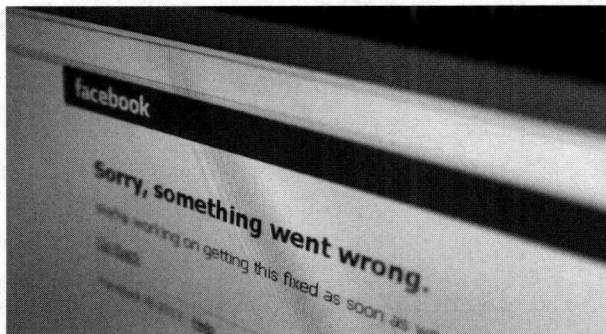

图 2-4　Facebook 宕机

Facebook 官方发布的故障原因如下：

> 运维人员修改 BGP 路由规则时，错误地删除了 Facebook 自治域 AS32934[①] 内的"权威域名服务器"的路由配置！

这个操作导致所有 Facebook 域名的解析请求被丢弃，世界各地"DNS 解析器"无法正常解析 Facebook 相关的域名。

1. 故障现象

故障期间使用 dig 命令查询 Facebook 域名解析记录，出现 SERVFAIL 错误，代码如下：

```
$ dig @1.1.1.1 facebook.com
;; ->>HEADER<<- opcode: QUERY, status: SERVFAIL, id: 31322
;facebook.com.          IN    A
$ dig @8.8.8.8 facebook.com
;; ->>HEADER<<- opcode: QUERY, status: SERVFAIL, id: 31322
;facebook.com.          IN    A
```

根据上一节的介绍，可知这是"权威解析服务器"出现了问题。影响范围非常大，世界上所有的用户都无法正常打开 Facebook 相关的网站、App。

用户无法正常登录 App 时，通常会"疯狂"地发起重试。Facebook 用户太多了，云服务商 Cloudflare 的 DNS 解析器（1.1.1.1）请求瞬间增大了 30 倍，如图 2-5 所示。如果 1.1.1.1 宕机，恐怕半个互联网都会受影响。

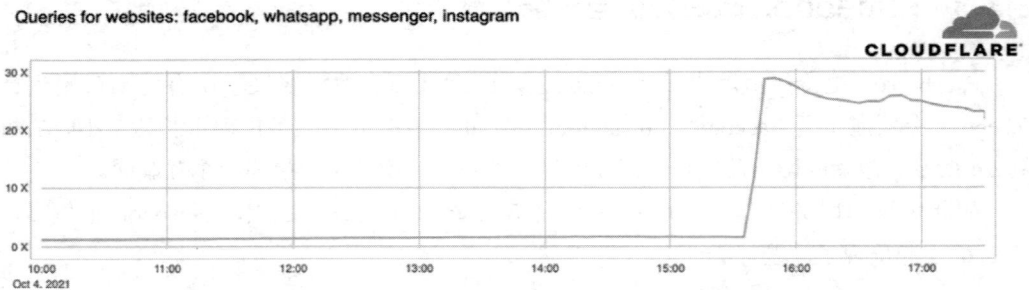

图 2-5　Cloudflare 的域名解析服务器 1.1.1.1 在 Facebook 出现故障时请求量瞬间增大 30 倍

此次故障还影响 Facebook 内部，员工的工作邮箱、门禁系统全部失效，Facebook 从外到内完全停摆。据 Facebook 员工回忆当天的情形："今天大家都很尴尬，不知道发生了什么，也不知道该做什么，只好假装什么都没有发生。"

故障从美国东部标准时间上午 11 点 51 分开始，最终 6 个小时以后服务恢复。

2. 故障总结

此次故障实际上是 Facebook BGP 路由系统和 DNS 系统一系列设计缺陷叠加，放大了故

---

① AS（Autonomous System，自治域）是具有统一路由策略的巨型网络或网络群组。各个开放的 AS 连接起来就成了互联网。连接到互联网的每台计算机或设备都需要连接到一个 AS。

障影响。

- 运维人员发布了错误的 BGP 路由公告。
- 恰巧 Facebook 的权威域名服务器的 IP 包含在这部分路由中。

这就导致域名解析请求无法路由到 Facebook 内部网络。

因为 DNS 出现了问题，所以，运维人员也受故障影响，很难通过远程的方式修复，修复团队只能紧急跑到数据中心修复。

Facebook 的这次故障带给我们以下 DNS 系统的设计思考。

- 部署形式思考：可选择将"权威域名服务器"放在 SLB（Server Load Balancer，负载均衡）后方，或采用 OSPF Anycast[①] 的部署形式避免单点问题。
- 部署位置思考：可选择自建集群＋公有云服务混合部署，利用云增强 DNS 的可靠性。

图 2-6 所示为 amazon.com 和 facebook.com 的权威域体系对比。amazon.com 的权威解析服务器有多套不同的地址，分散于不同的 TLD 域名服务器，因此，它的抗风险能力肯定强于 Facebook。

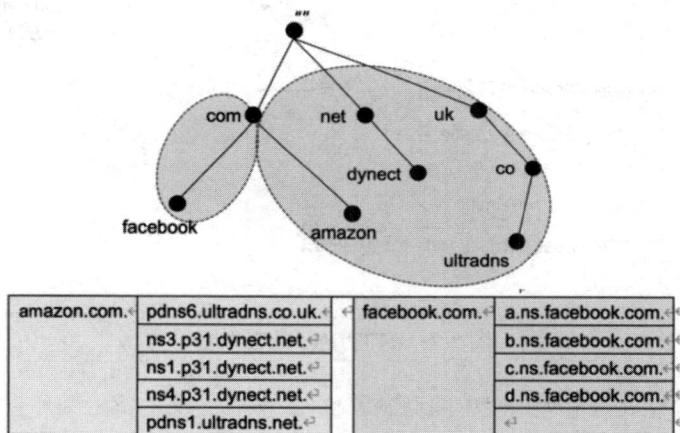

图 2-6　amazon.com 与 facebook.com 域名系统对比

3. 运维操作的警示

部分运维操作具有很大的风险，如更改 BGP 通告、修改路由、修改防火墙策略等。如果操作失误，极可能造成远程连接无法使用。这时想远程修复就难了，只能接近物理机才能处理。

如果生产环境要进行具有很大风险的操作，除了慎之又慎，还应该使用一种二次确认的方式，如修改 iptables 规则，修改之后引入 10 分钟"观察期"，观察期结束后，系统自动恢复原来的配置。运维人员分析观察期内的数据变化，确认没有任何问题之后，再执行正式操作。

---

① OSPF Anycast 是一种网络服务部署技术，它通过借助动态路由协议实现服务的负载均衡和冗余，提高了服务的可用性和效率。在 OSPF Anycast 中，一个目标地址可以分配给多个接口，每个接口连接一个服务器节点。当客户端访问该目标地址时，数据包会被发送到最近的服务器节点，从而实现负载均衡和冗余备份。

2.3.4　使用 HTTPDNS 解决"中间商"问题

"域名解析器"是 DNS 查询的第一站，充当客户端与"域名服务器"之间的中介，帮助我们解析"整棵 DNS 树"。

作为一个"中间商"，"域名解析器"很容易出现域名劫持、解析时间过长、解析调度不精准等问题。这些问题的根源在于，域名解析经过了多个中间环节，导致服务质量不可控。为了解决上述问题，一种新型的 DNS 解析模式 —— HTTPDNS 应运而生。

HTTPDNS 的工作原理如图 2-7 所示。客户端内部集成 HTTPDNS 模块，绕过操作系统默认的域名解析服务（图中的 LocalDNS，通常基于 UDP 协议），改为通过 HTTPS 协议向更可靠的"软件定义的解析服务"（图中的 6.6.6.6）发起请求。

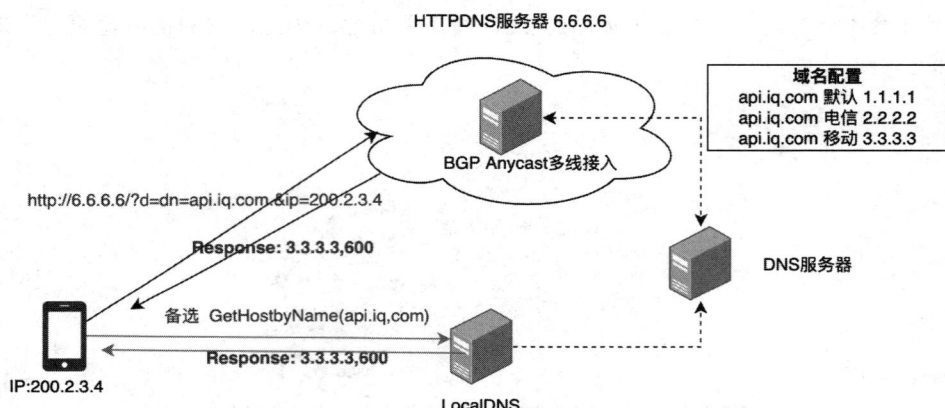

图 2-7　HTTPDNS 的工作原理

HTTPDNS 的好处是避免了"中间商赚差价"。软件定义的解析服务直接从权威域名服务器同步解析记录，逻辑更加可控，同时能够准确识别客户端的地区和运营商，从而提供更精准的解析结果。

通过使用 HTTPDNS，并结合客户端解析缓存、热点域名预解析等优化手段，可以显著改善传统域名解析所带来的各种问题。根据笔者的实践经验，采用 HTTPDNS 后，HTTP 服务的初次请求延迟下降约 25%，同时域名解析劫持、页面无法打开和请求失败等故障率也大幅降低。

2.4　使用 Brotli 压缩传输内容

压缩传输内容是提升 HTTP 服务可用性的关键手段。例如，使用 Gzip 算法压缩一个 100KB 的文件，通常会减少到 30KB，这不仅能提高网络传输效率，还能减少带宽成本。

所有现代浏览器、客户端和 HTTP 服务器软件都支持压缩技术，它们使用协商机制确定采用的压缩算法，如图 2-8 所示。

- HTTP 客户端发送 Accept-Encoding 首部，其中列出它支持的压缩算法及其优先级。
- 服务器从中选择一种兼容的算法对响应主体进行压缩，并通过 Content-Encoding 首部告知客户端所选的压缩算法。

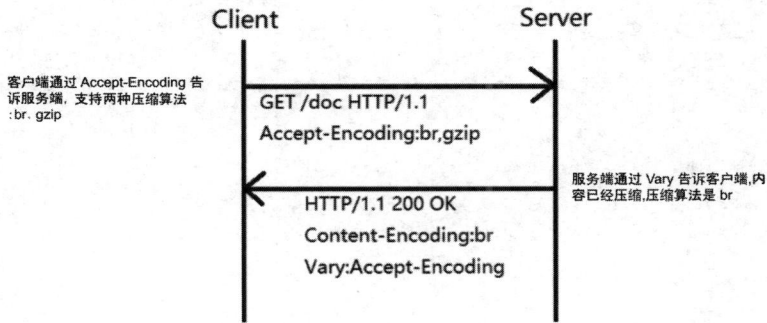

图 2-8　HTTP 压缩算法协商过程

默认情况下，一般使用 Gzip 对内容进行压缩，但针对 HTTP 类型的文本内容还有一个更优秀的压缩算法——Brotli。

Brotli 是 Google 推出的开源无损压缩算法，它内部有一个预定义的字典，涵盖超过 1,300 个 HTTP 领域的常用单词和短语。Brotli 会将这些常见的词汇和短语作为整体匹配，从而大幅提升文本型内容（HTML、CSS 和 JavaScript 文件）的压缩密度。

图 2-9 所示为各压缩算法在不同压缩等级下的效果对比。可以看到，Brotli 压缩效果比 Gzip 高出 17% ～ 30%。

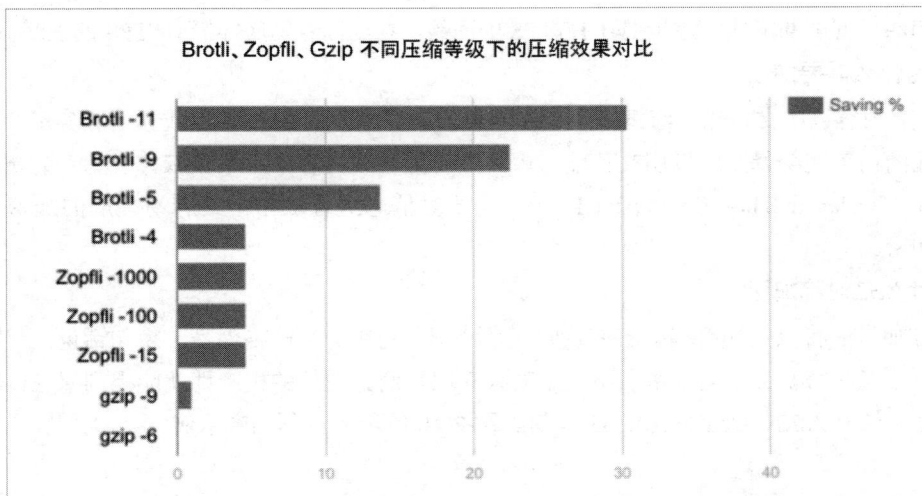

图 2-9　Brotli、Zopfli、Gzip 不同压缩等级下的压缩率对比

在服务端安装了 Brotli 模块（如 ngx_brotli）后，可以与 Gzip 一同启用，以最大化兼容性。在 Nginx 中启用 Brotli，代码如下：

```
//nginx.conf
http {
    brotli on;                             // 开启 brotli 压缩
    brotli_comp_level 6;                   // 设置压缩等级
    brotli_buffers 16 8k;                  // 设置缓冲的数量和大小
    brotli_min_length 20;                  // 压缩的最小长度
     brotli_types text/plain text/css application/json application/x-javascript
text/xml application/xml application/xml+rss text/javascript application/javascript
image/svg+xml;                            // 压缩类型

    // Gzip 配置
    ...
}
```

2.5　HTTPS 加密原理及优化实践

相信读者知道 HTTPS（SSL/TLS）的一些基本逻辑，但面对数字签名、数字证书、对称与非对称加密等术语时，除了了解"它是什么"，你是否想过"为什么是它"？搞清楚后者非常重要，否则，你只是单纯地记住了被灌输的知识，而未真正理解它。

2.5.1　HTTPS 加密原理

本节将以问题的形式，逐步揭开 HTTPS 的面纱，帮助读者彻底弄懂 HTTPS 的加密原理。

1. 为什么需要加密

HTTP 内容以明文传输，经过中间代理服务器、路由器、WiFi 热点或通信服务运营商节点时，传输的内容完全暴露。以明文传输，中间人还能篡改内容，且不被双方察觉。为防止"中间人攻击"（Man-In-The-Middle Attack）[1]，需要对信息进行加密。最容易理解的加密方式就是对称加密。

2. 什么是对称加密

对称加密的特点是加密和解密使用同一个密钥，密钥必须严格保密。换句话说，只有知道密钥的人才能解密密文，只要密钥不被中间人获取，两方通信的机密性就能得到保证。常用的对称加密算法有 AES、ChaCha20、DES 等。图 2-10 所示为对称加密示例。

---

[1]　一种网络攻击形式，攻击者通过在客户端和服务器之间插入自己作为中间人，拦截、监听、记录或篡改通信内容。这种攻击可以让攻击者窃取敏感信息，如登录凭证、银行账户等，甚至可以冒充通信的另一方进行欺诈活动。

图 2-10　对称加密示例

3. 只用对称加密是否可行

对称加密的关键在于保护密钥不被泄露。但是,HTTP 通信模型是 1 对 *N*,所有客户端共享一个密钥,实际等同于没有加密。如果由每个客户端随机生成一个密钥,并传输给服务端,是否能解决共享密钥的问题呢?但难题是,如何将随机密钥传给服务端,同时不被别人知道。

此时,必须换一种思路,只使用对称加密就会陷入无限循环的死胡同。现在,"非对称加密算法"登场!

图 2-11 所示为对称加密模式下密钥协商过程。

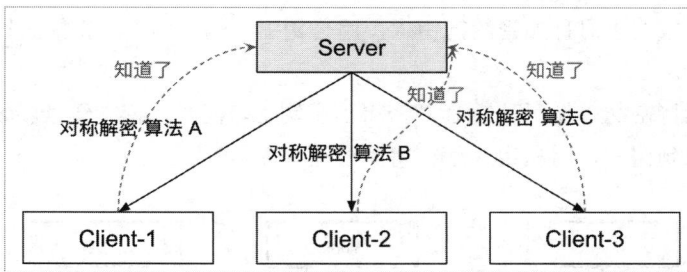

图 2-11　对称加密模式下密钥协商过程

4. 什么是非对称加密?

非对称加密的特点是加密和解密使用不同的密钥,两个密钥相互关联。一把密钥可以公开,称为公钥(Public Key);另一把称为私钥(Private Key),必须保密。用公钥加密的内容必须用对应的私钥才能解密,同样,用私钥加密的内容只有用对应的公钥才能解密,如图 2-12 所示。

图 2-12　非对称加密

相比对称加密算法，非对称加密算法需要更多的计算资源，因此，使用计算效率高的对称加密算法加密 HTTP 内容，使用非对称加密算法加密对称加密算法的密钥。

请看下面的过程：

（1）客户端与服务端进行协商，确定一个双方都支持的对称加密算法，如 AES。

（2）确认对称加密算法后，客户端随机生成一个对称加密密钥 K。

（3）客户端使用公钥加密密钥 K，然后将密文传输给服务端。此时，只要服务端有私钥，就能解密，得到密钥 K。

这样既降低了加 / 解密耗时，又保证了密钥传输的安全性，达到既安全又高效的目标。

现在，继续讨论新的问题——客户端如何获取公钥？

5. 公钥仍有被劫持的可能性

如果服务端直接将公钥发送给浏览器，将无法避免中间被截获的风险，如图 2-13 所示。请看下面的过程：

（1）浏览器发起请求，服务器把公钥 A 明文传输给浏览器。

（2）中间人劫持公钥 A，把数据包中的公钥 A 替换成自己伪造的公钥 B（它当然也拥有公钥 B 对应的私钥 B）。

（3）浏览器生成用于对称加密的密钥 X，用公钥 B（浏览器无法得知公钥被替换了）加密后传给服务器。

（4）中间人劫持密文，使用私钥 B 解密得到密钥 X。同时，密文继续转发给服务器。

（5）服务器收到密文，用私钥 A 解密得到密钥 X。

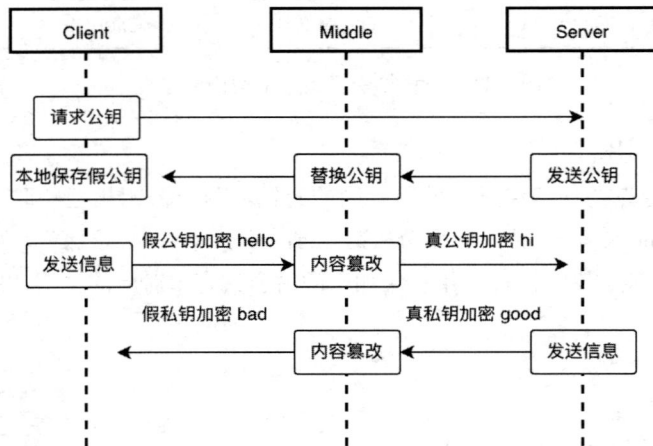

图 2-13　公钥存在被截获的可能性

中间人在双方毫无察觉的情况下，通过一套"狸猫换太子"的操作，掉包了服务器传来的公钥，进而得到了密钥 X。这个问题的根本原因是，浏览器无法确认收到的公钥是不是网站自己的。公钥本身是明文传输的，难道还需要对公钥的传输进行加密？

6. 证明浏览器收到的公钥一定是该网站的公钥

所有证明的源头都是一条或多条不证自明的"公理"，由它推导出一切。例如，现实生活中，若想证明某身份证号一定是小明的，可以看他的身份证，而身份证是由政府作证的，这里的"公理"就是"政府机构可信"，这也是社会正常运作的前提。

那能不能类似地有一个机构充当互联网世界的"公理"呢？让它作为一切证明的源头，给网站颁发一个"身份证"？它就是 CA（Certificate Authority，证书认证）机构，它是如今互联网世界正常运作的前提，而 CA 机构颁发的"身份证"就是数字证书。

7. 什么是数字证书

网站在使用 HTTPS 前，需要向 CA 机构申领一份数字证书。数字证书中含有证书持有者、域名、公钥、过期时间等信息。服务器把证书传输给浏览器，浏览器从证书中获取公钥即可。

数字证书就如身份证，证明"该公钥对应该网站"。这里又有一个显而易见的问题：传输证书过程中，如何防止被篡改？即如何证明证书本身的真实性。这里需要用到证书的"防伪技术"，也就是数字签名的处理过程，如下：

（1）CA 机构持有一对非对称加密的私钥和公钥。

（2）CA 机构对证书的明文数据 T 进行哈希处理。

（3）使用私钥对哈希值进行加密，生成数字签名 S。

接收方根据证书内容重新计算哈希值，并与数字签名 S 比对。如果两者一致，就说明数据未被篡改。

8. 中间人有可能篡改数字证书吗

既然无法篡改证书，那么如果证书被替换呢？假设另一个网站 B 也持有 CA 机构认证的证书，它试图劫持网站 A 的通信。假设 B 成为中间人，拦截了 A 发送给浏览器的证书，然后将其替换为自己的证书，传递给浏览器。

实际上，这种情况不会发生，因为证书中包含网站 A 的相关信息，包括域名。浏览器会将证书中的域名与实际请求的域名进行比对，如果二者不匹配，浏览器就能发现证书已被替换，从而避免中间人攻击。

9. 怎么证明 CA 机构的公钥是可信的

数字证书的作用是验证某个公钥的可信度，即确认"该公钥是否属于指定的网站"。那么，CA 机构的公钥是否也可以通过数字证书来验证呢？没错，操作系统和浏览器通常会预装一些信任的根证书，其中就包括 CA 机构的根证书。

实际上，证书的认证可以是多层次的，例如，A 信任 B，B 信任 C，以此类推。这种层层认证构成了信任链或数字证书链，根证书作为起点，通过一层层的信任传递，使终端实体证书的持有者能够获得转授的信任。从整个流程来看，HTTPS 的安全性关键在于根证书是否被篡改。如果根证书被篡改，信息传输的安全性将不能得到保证。

最后，总结一下 HTTPS 的通信流程，如图 2-14 所示：服务端向 CA 机构申请证书，并在

TLS 握手阶段将证书发送给客户端，客户端随后验证证书的合法性。接下来，服务器为每个客户端维护一个 session ID。浏览器生成好密钥传给服务器后，服务器会把该密钥存到相应的 session ID 下，之后浏览器每次请求都会携带 session ID，服务器会根据 session ID 找到相应的密钥并进行解密和加密操作，这样就不必每次重新制作、传输密钥了。

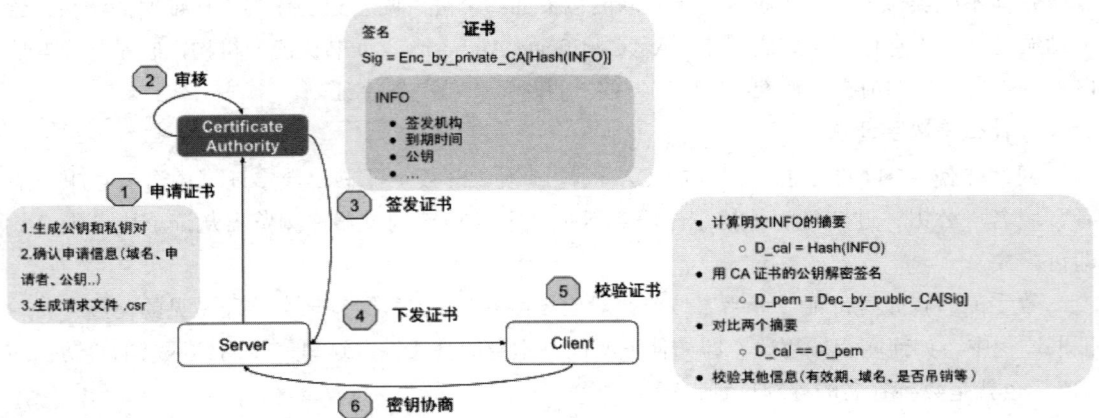

图 2-14   HTTPS 的通信流程

2.5.2　HTTPS 优化实践

众所周知，HTTPS 请求非常慢。在未进行优化的情况下，HTTPS 的延迟比 HTTP 高出几百毫秒。本节将介绍 4 种优化手段来降低 HTTPS 请求的延迟。

1. 使用 TLS 1.3 协议

2018 年发布的 TLS 1.3 协议优化了 SSL 握手过程，将握手时间缩短至 1 次 RTT；若复用已有连接，还能实现 0 RTT（通过 early_data 机制）。图 2-15 所示为 TLS 1.2 与 TLS 1.3 的对比。

以 Nginx 配置为例，确保 Nginx 版本大于或等于 1.13.0，OpenSSL 版本大于或等于 1.1.1。然后，在配置文件中使用 ssl_protocols 指令启用 TLSv1.3 支持，代码如下：

```
// nginx.conf
server {
    listen 443 ssl;
    ssl_protocols TLSv1.2 TLSv1.3;

    # 其他 SSL 配置
}
```

2. 使用 ECC 证书

HTTPS 数字证书分为 RSA 证书和 ECC 证书，二者的区别如下：

- RSA 证书使用 RSA 算法生成公钥，兼容性较好，但不支持完美前向保密（PFS）。PFS 可确保即使私钥泄露，泄露之前的通信内容仍无法被破解。

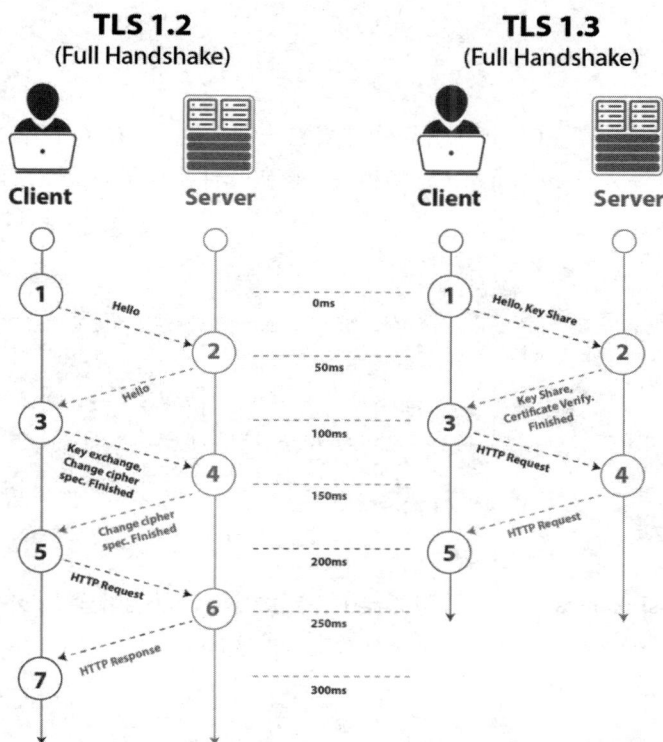

图 2-15　TLS 1.2 与 TLS1.3 对比

- ECC 证书使用椭圆曲线加密算法（Elliptic Curve Cryptography）生成公钥，提供更高的计算速度和安全性，并支持 PFS。ECC 能以较小的密钥长度提供相同或更高的安全性。例如，256 位的 ECC 密钥相当于 3072 位的 RSA 密钥。

ECC 证书的唯一缺点是兼容性稍差。在 Windows XP 系统中，只有 Firefox 浏览器支持访问使用 ECC 证书的网站（因其独立实现 TLS，不依赖操作系统）；在 Android 平台上，需 Android 4.0 以上版本才能支持 ECC 证书。好消息是，从 Nginx 1.11.0 开始，支持配置 RSA/ECC 双证书。在 TLS 握手过程中，Nginx 会根据双方协商的密码套件（Cipher Suite）返回证书。如果支持 ECDSA 算法，则返回 ECC 证书；否则，返回 RSA 证书。

Nginx 双证书配置如下：

```
// nginx.conf
server {
    listen 443 ssl;
    ssl_protocols TLSv1.2 TLSv1.3;

    # RSA 证书
    ssl_certificate  /cert/rsa/fullchain.cer;
    ssl_certificate_key  /cert/rsa/thebyte.com.cn.key;
    # ECDSA 证书
    ssl_certificate  /cert/ecc/fullchain.cer;
```

```
    ssl_certificate_key   /cert/ecc/thebyte.com.cn.key;

      # 其他 SSL 配置
  }
```

需要注意的是，配置了 ECC 证书并不意味着它一定会生效。ECC 证书的生效与客户端和服务端协商的密码套件（Cipher Suite）密切相关。密码套件决定了通信双方使用的加密、认证算法和密钥交换算法。

```
// nginx.conf
server {
    # 设置协商加密算法时，优先使用服务端的加密套件，而不是客户端浏览器的加密套件
    ssl_prefer_server_ciphers on;
    # 配置密码套件
     ssl_ciphers
'ECDHE+CHACHA20:ECDHE+CHACHA20-draft:ECDSA+AES128:ECDHE+AES128:RSA+AES128:RSA+
3DES';

    # 其他 SSL 配置
   }
```

可以使用 openssl ciphers 命令查看服务器中指定的 ssl_ciphers 配置所支持的密码套件及其优先级。例如，运行 openssl ciphers -V 命令查看支持的密码套件：

```
$ openssl ciphers -V
'ECDHE+CHACHA20:ECDHE+CHACHA20-draft:ECDSA+AES128:ECDHE+AES128:RSA+AES128:RSA+
3DES' | column -t
```

根据图 2-16 的输出，可以看到使用 ECDSA 签名认证算法（Au=ECDSA）的密码套件优先于使用 RSA 签名认证算法（Au=RSA）的套件。这种优先级可以确保在客户端支持的情况下，服务器优先选择 ECC 证书。

```
0x13,0x02  -  TLS_AES_256_GCM_SHA384          TLSv1.3  Kx=any   Au=any     Enc=AESGCM(256)
0x13,0x03  -  TLS_CHACHA20_POLY1305_SHA256    TLSv1.3  Kx=any   Au=any     Enc=CHACHA20/POLY1305(256)
0x13,0x01  -  TLS_AES_128_GCM_SHA256          TLSv1.3  Kx=any   Au=any     Enc=AESGCM(128)
0xCC,0xA9  -  ECDHE-ECDSA-CHACHA20-POLY1305   TLSv1.2  Kx=ECDH  Au=ECDSA   Enc=CHACHA20/POLY1305(256)
0xCC,0xA8  -  ECDHE-RSA-CHACHA20-POLY1305     TLSv1.2  Kx=ECDH  Au=RSA     Enc=CHACHA20/POLY1305(256)
0xC0,0x2B  -  ECDHE-ECDSA-AES128-GCM-SHA256   TLSv1.2  Kx=ECDH  Au=ECDSA   Enc=AESGCM(128)
```

图 2-16　服务器支持的密码套件

3. 调整 HTTPS 会话缓存

HTTPS 连接建立后，会生成一个会话（Session），用于保存客户端和服务器之间的安全连接信息。如果会话未过期，后续连接可复用先前的握手结果，从而提高连接效率。

Nginx 中与会话相关的配置如下：

```
// nginx.conf
server {
   ssl_session_cache shared:SSL:10m;
   ssl_session_timeout 1h;
}
```

上述配置说明如下：

- ssl_session_cache：设置 SSL/TLS 会话缓存的类型和大小。配置为 shared:SSL:10m，表示所有 Nginx 工作进程共享一个 10MB 的 SSL 会话缓存。根据官方说明，1MB 缓存可存储约 4,000 个会话。
- ssl_session_timeout：设置会话缓存中 SSL 参数的过期时间，决定客户端能在多长时间内重用缓存的会话信息。此例中，设定为 1 小时。

4. 开启 OCSP Stapling

客户端首次下载数字证书时，会向 CA 发起 OCSP（在线证书状态协议）请求，验证证书是否被撤销或过期。由于不同 CA 的部署位置不同，所以，这一操作通常会引起一定的网络延迟。

OCSP Stapling 技术可以解决这一问题。OCSP Stapling 的工作原理如下：客户端原本需要执行的 OCSP 查询被转交给后端服务器处理，服务器预先获取并缓存 OCSP 响应，在客户端发起 TLS 握手时，将证书的 OCSP 信息与证书链一起发送给客户端，如图 2-17 所示。

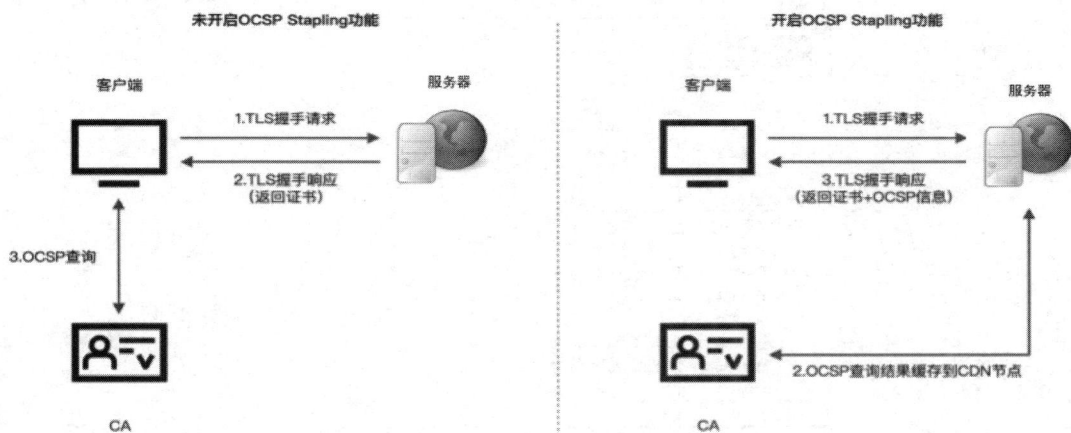

图 2-17 OCSP Stapling 的工作原理

Nginx 中 OCSP Stapling 的配置如下：

```
// nginx.conf
server {
    ssl_stapling on;
    ssl_stapling_verify on;
    ssl_trusted_certificate /path/to/xxx.pem;
    resolver 8.8.8.8 valid=60s;#
    resolver_timeout 2s;
}
```

需要注意的是，如果 CA 提供的 OCSP 需要二次验证，则必须通过 ssl_trusted_certificate 指定 CA 的中级证书和根证书的位置，否则会报如下错误：[error] 17105#17105: OCSP_basic_verify() failed。

配置完成后，使用 openssl 命令测试服务端配置是否生效。

```
$ openssl s_client -connect thebyte.com.cn:443 -servername thebyte.com.cn -status
-tlsextdebug < /dev/null 2>&1 | grep "OCSP"
OCSP response:
OCSP Response Data:
    OCSP Response Status: successful (0x0)
    Response Type: Basic OCSP Response
```

若结果中存在 successful 关键字，则表示已开启 OCSP Stapling 服务。

至此，整个 HTTPS 优化方案（TLS 1.3、ECC 证书、OCSP Stapling）介绍结束。接下来，进入成果检验阶段。

5. 优化效果

首先使用 https://myssl.com/ 服务确认配置是否生效，如图 2-18 所示。

图 2-18　证书配置

接着，对不同证书（ECC 和 RSA）、不同 TLS 协议（TLS 1.2 和 TLS 1.3）进行测试，测试结果如表 2-4 所示。

表 2-4　HTTPS 性能基准测试

证书、TLS 版本配置	QPS	单次发出请求数	延 迟 表 现
RSA 证书 + TLS 1.2	316.20	100	316.254ms
RSA 证书 + TLS 1.2 + QAT	530.48	100	188.507ms
RSA 证书 + TLS 1.3	303.01	100	330.017ms

续表

证书、TLS 版本配置	QPS	单次发出请求数	延 迟 表 现
RSA 证书 + TLS 1.3 + QAT	499.29	100	200.285ms
ECC 证书 + TLS 1.2	639.39	100	203.319ms
ECC 证书 + TLS 1.3	627.39	100	159.390ms

　　测试结果表明，使用 ECC 证书比 RSA 证书在性能上有显著提升。即使 RSA 证书启用了 QAT（Quick Assist Technology，Intel 公司推出的硬件加速技术），与 ECC 证书相比仍存在明显差距。此外，QAT 需要额外购买硬件，且维护成本较高，因此不推荐使用。

　　综合考虑，建议 HTTPS 配置采用 TLS 1.3 协议与 ECC 证书。

2.6　网络拥塞控制原理与实践

　　本节将分析互联网各阶段的拥塞控制算法原理，并讨论如何在大带宽、高延迟网络环境下优化网络吞吐量（Network Throughput）。

2.6.1　网络拥塞控制原理

　　网络吞吐量与 RTT、带宽密切相关，图 2-19 所示为这两者的变化对网络吞吐量的影响，可以看出：

- RTT 越低，数据传输的延迟越低。
- 带宽越高，网络在单位时间内传输的数据越多。

首先，解释图 2-19 中的部分术语，它们的含义如下。

- RTprop（Round-Trip propagation time，两节点之间的最小时延）：该值取决于物理距离，距离越长，时延越大。
- BtlBw（Bottleneck Bandwidth，瓶颈带宽）：如果把网络链路想象成水管，RTprop 是水管的长度，BtlBw 则是水管最窄处的直径。
- BDP（Bandwidth-Delay Product，带宽、时延的乘积）：它代表了网络上能够同时容纳的数据量（水管中有多少流动的水）。BDP 的计算公式如下：BDP = 带宽 × 时延。其中，带宽以比特每秒（b/s）为单位，时延以秒为单位。
- inflight 数据：指已经发送出去，仍在网络中传输，尚未收到接收方确认的数据包。

受 RTT 和带宽影响，图 2-19 被分成了如下 3 个区间。

　　（1）（0，BDP）：称为"应用受限区"（app limited）。在该区间内，inflight 数据量未占满瓶颈带宽。RTT 最小、传输速率最高。

（2）（BDP，BtlBwBuffSize）：称为"带宽受限区"（bandwidth limited）。在该区间内，inflight 数据量已达到链路瓶颈容量，但尚未超过瓶颈容量加缓冲区容量。此时，应用能发送的数据量受带宽限制。RTT 逐渐变大，传输速率到达上限。

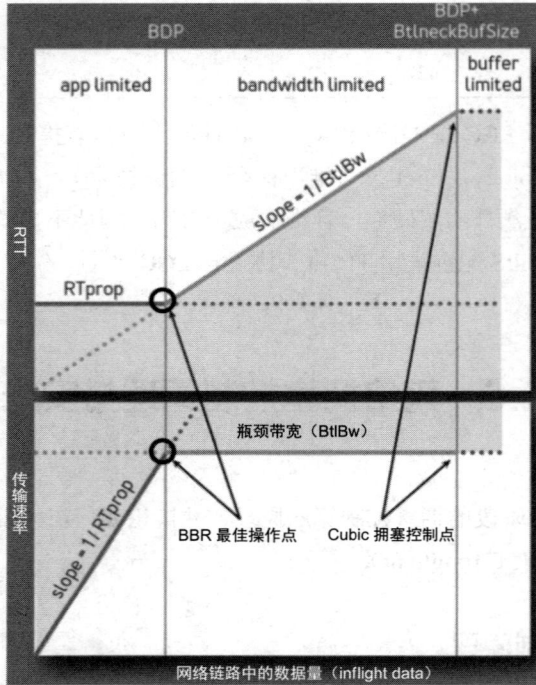

图 2-19　RTT、带宽的变化对网络吞吐量的影响

（3）（BDP + BtlBwBuffSize，infinity）：称为"缓冲受限区"（buffer limited）。在该区间内，实际发送速率已超过瓶颈容量加缓冲区容量，超出部分的数据会被丢弃，从而产生丢包。RTT 及传输速率均达到上限。

从图 2-19 中可以看出，拥塞的本质是 inflight 数据量持续偏离 BDP 线，向右扩展，所以，拥塞控制的关键在于调节 inflight 数据量保持在合适的区间。显然，当 inflight 数据量位于"应用受限区"与"带宽受限区"的边界时，传输速率接近瓶颈带宽，且无丢包发生。

2.6.2　早期拥塞控制旨在收敛

早期互联网的拥塞控制以丢包为控制条件，控制逻辑如图 2-20 所示。

发送方维护一个名为"拥塞窗口"（cwnd）的状态变量，其大小取决于网络拥塞程度和所采用的拥塞控制算法。在数据传输过程中，发送方首先进入"慢启动"阶段，逐步增大拥塞窗口；当发生丢包时，进入"拥塞避免"阶段，逐步减小拥塞窗口；丢包消失后，再次进入慢启动阶段，如此一直反复。

以丢包为控制条件的机制适应了早期互联网的特征：低带宽、浅缓存队列。

随着移动互联网的快速发展，尤其是图片和音视频应用的普及，网络负载大幅增加。同时，摩尔定律推动设备性能不断提升、成本持续下降。当路由器、网关等设备的缓存队列增大，网络链路变得更长、更宽时，RTT 可能因队列增加而上升，丢包则可能由于链路过长。也就是说，网络变差并不总是因为拥塞所致。因此，以丢包为控制条件的传统拥塞控制算法就不再适用了。

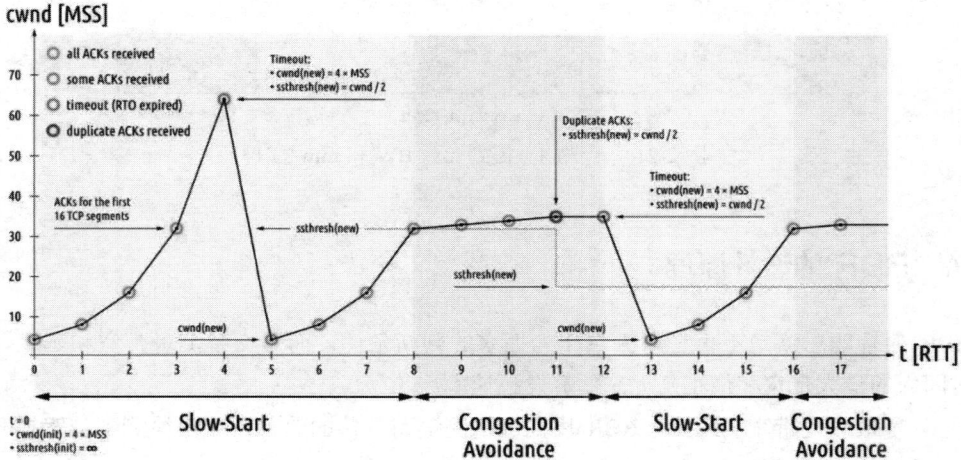

图 2-20　早期以丢包为条件的拥塞控制的逻辑

2.6.3　现代拥塞控制旨在效能最大化

早期的拥塞控制算法侧重于收敛，以避免互联网服务因 "拥塞崩溃" 而失效。BBR 算法的目标更进一步，充分利用链路带宽、路由 / 网关设备缓存队列，最大化网络效能。

最大化网络效能的前提是找到网络传输中的最优点，图 2-21 中的两个圆圈即代表网络传输的最优点。

- 上面的圆圈为 min RTT（延迟极小值）：此时，网络中路由 / 网关设备的 Buffer 未占满，没有任何丢包情况。
- 下面的圆圈为 max BW（带宽极大值）：此时，网络中路由 / 网关设备的 Buffer 被充分利用。

当网络传输处于最优点时：

- 数据包投递率 = BtlBW（瓶颈带宽），保证了瓶颈链路被 100% 利用。
- 在途数据包总数 = BDP（时延带宽积），保证了 Buffer 的利用合理。

然而，最小延迟与最大带宽互相矛盾，无法同时测量。如图 2-21 所示，测量最大带宽时，必须填满瓶颈链路，此时缓冲区被占满，导致延迟增大；测量最小延迟时，需确保缓冲区不能被占满，这又无法测量最大带宽。

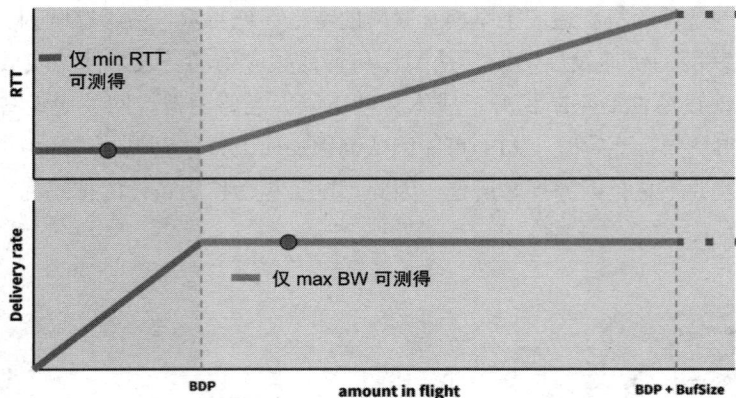

图 2-21　无法同时得到 max BW 和 min RTT

2.6.4　BBR 的设计原理

BBR 的解题思路是不再考虑丢包作为拥塞的判断条件，而是交替测量带宽和延迟，观测一段时间内的最大带宽和最小延迟来估算发包速率。

- 为了最大化带宽利用率，BBR 周期性探测链路条件的改善，并在检测到带宽提升时增加发包速率。
- 为了防止数据在中间设备缓存队列中堆积，BBR 定期探测链路的最小 RTT，并根据最小 RTT 调整发包速率。

BBR 的拥塞控制状态机是实现上述设计的核心基础。该状态机在任何时刻处于以下 4 种状态之一：启动状态（STARTUP）、排空状态（DRAIN）、带宽探测状态（PROBE_BW）和时延探测状态（PROBE_RTT）。

这 4 种状态的含义及转换关系如图 2-22 所示。

（1）启动状态（STARTUP）：连接建立时，BBR 采用类似传统拥塞控制的慢启动方式，指数级提升发送速率，目的是尽快找到最大带宽。如果在连续一段时间内检测到发送速率不再增加，说明瓶颈带宽已达到，此时状态切换至排空状态。

（2）排空状态（DRAIN）：此状态通过指数级降低发送速率，执行启动状态的反向操作，目的是逐步清空缓冲区中的多余数据包。

（3）带宽探测状态（PROBE_BW）：完成启动和排空状态后，BBR 进入带宽探测状态，这是 BBR 主要运行的状态。当 BBR 探测到最大带宽和最小延迟，并且在途数据量（inflight）等于 BDP 时，BBR 以稳定的速率维持网络状态，并偶尔小幅提速探测更大的带宽或小幅降速以公平释放带宽。

（4）时延探测状态（PROBE_RTT）：如果未检测到比前一周期更小的最小 RTT，则进入时延探测状态。在该状态下，拥塞窗口（Cwnd）被设定为 4 个 MSS（最大报文段长度），并重新测量 RTT，持续 200ms。超时后，根据网络带宽是否已满载，决定切换至启动状态或带宽探测状态。

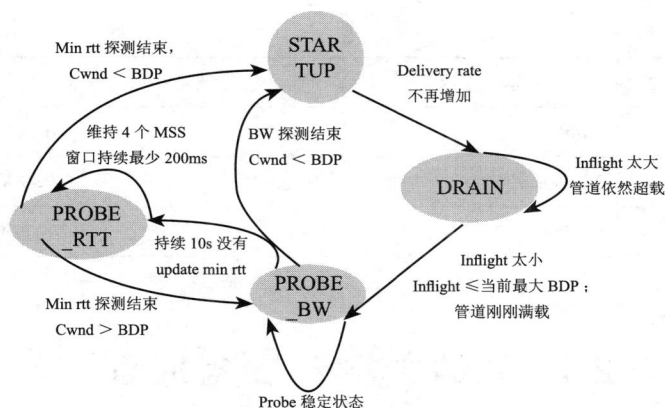

图 2-22　BBR 状态转换关系

2.6.5　BBR 的性能表现

从 Linux 4.9 内核开始，BBR 被正式集成。此后，大多数 Linux 发行版仅需几条命令即可启用 BBR 算法。

通过 Linux 流量控制工具（tc），在两台机器之间模拟不同的延迟和丢包条件，以测试各类拥塞控制算法的性能。在不同网络环境下，各类拥塞控制算法的吞吐性能表现如表 2-5 所示，在轻微丢包的网络环境下，BBR 的表现尤为突出。

表 2-5　在不同网络环境下，各类拥塞控制算法的吞吐性能表现 [1]

服务端的拥塞控制算法	延　　迟	丢　包　率	吞吐性能表现
Cubic	<1ms	0%	2.35Gb/s
Reno	<140ms	0%	195 Mb/s
Cubic	<140ms	0%	147 Mb/s
Westwood	<140ms	0%	344 Mb/s
BBR	<140ms	0%	340 Mb/s
Reno	<140ms	1.5%	1.13 Mb/s
Cubic	<140ms	1.5%	1.23 Mb/s
Westwood	<140ms	1.5%	2.46 Mb/s
BBR	<140ms	1.5%	160 Mb/s
Reno	<140ms	3%	0.65 Mb/s

---

[1]　数据来源：https://toonk.io/tcp-bbr-exploring-tcp-congestion-control/index.html。

续表

服务端的拥塞控制算法	延　迟	丢　包　率	吞吐性能表现
Cubic	<140ms	3%	0.78 Mb/s
Westwood	<140ms	3%	0.97 Mb/s
BBR	<140ms	3%	132 Mb/s

2.7　对请求进行"动态加速"

动态加速是一种通过实时监测网络状态，并根据流量、延迟、丢包率等关键指标动态调整传输策略的优化技术。

主流技术服务商（如 Akamai、Fastly、Amazon CloudFront 和 Microsoft Azure）在全球各地部署了大量边缘服务器，构建了覆盖广泛的全球加速网络。使用这些服务商的"动态加速"服务非常简单，只需将域名的 CNAME 记录到服务商提供的地址，即可自动实现加速。

操作流程大致如下：

（1）"源站"（Origin）将域名的 CNAME 记录修改为 CDN 服务商提供的域名。例如，将 www.thebyte.com.cn 的 CNAME 记录修改为 thebyte.akamai.com。

（2）源站提供一个约 20KB 的文件资源，用于探测网络质量。

（3）CDN 服务商在源站附近选择一批"转发节点"（Relay Nodes）。

（4）转发节点对测试资源执行下载测试，根据丢包率、RTT、路由的 hops 数等，选定"客户端"（End Users）到源站的最佳路径。

图 2-23 所示为动态加速原理。

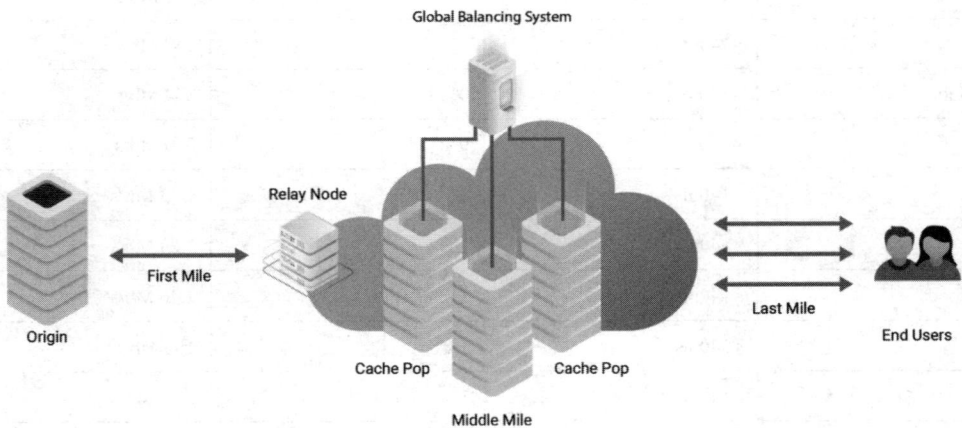

图 2-23　动态加速原理

笔者使用过 Akamai 的加速服务，根据表 2-6 所示的实践结果来看，HTTPS 请求延迟降低了 30% 左右。

<p>表 2-6　网络直连与使用动态加速的效果对比</p>

客 户 端	源　站	客户端直接访问源站的延迟	客户端使用 Akamai 加速后的延迟	效 果 提 升
泰国曼谷	中国香港	0.58s	0.44s	31%
印尼雅加达	中国香港	0.57s	0.44s	31%
马来西亚吉隆坡	中国香港	0.52s	0.38	36%
中国台北	中国香港	0.51s	0.40s	37%
越南河内	中国香港	0.54s	0.41s	30%
新加坡	中国香港	0.58s	0.39s	48%
中国香港	中国香港	0.38s	0.24s	58%
日本东京	中国香港	0.60s	0.45s	32%
印尼泗水	中国香港	0.67s	0.52s	29%
菲律宾马尼拉	中国香港	0.46s	0.34s	36%

2.8　QUIC 设计原理与实践

QUIC（Quick UDP Internet Connection，快速 UDP 网络连接）是一种基于 UDP 封装的安全可靠传输协议，旨在取代 TCP 成为新一代互联网的主流传输协议。

很多人可能以为是 IETF 在推动 QUIC 替代 TCP。实际上，这项工作始于 Google。

早在 2013 年，Google 就在自家服务（如 Google.com、YouTube.com）及 Chrome 浏览器中启用了名为 QUIC（业内称为 gQUIC）的全新传输协议。2015 年，Google 将 gQUIC 提交给 IETF，经 IETF 规范化后的 QUIC 被称为 iQUIC。早期的 iQUIC 有多个草稿版本，如 h3-27、h3-29 和 h3 v1。2018 年年末，IETF 启动 HTTP/3 的标准化工作，并在 5 年后（2022 年 6 月）将其正式定义为 RGC9114 标准。至此，HTTP/3 作为 HTTP 协议的第三个主要版本，开始登上互联网技术的舞台。

图 2-24 所示为各个版本 HTTP 对比。由图 2-24 可以看出，HTTP/3 最大的特点是底层基于 UDP，默认集成了 TLS 安全协议。

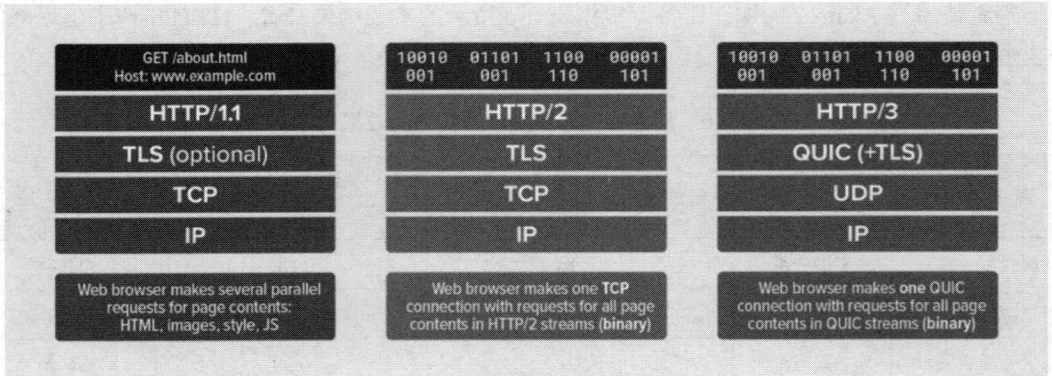

图 2-24　各个版本 HTTP 对比

2.8.1　QUIC 出现的背景

QUIC 出现之前，HTTP 采用 TCP 作为底层协议来实现可靠的数据传输。

作为 40 年前开发的传输层协议，TCP 的设计者显然没有预见今天移动设备盛行的场景。在移动网络环境中，TCP 先天设计缺陷不断被放大。

- 建立连接时延迟大：HTTPS 初次连接（TCP 握手 +TLS 握手）至少需要 3 个 RTT 才能建立。
- 队头阻塞问题：以 HTTP/2 为例，一个 TCP 连接上的所有 stream（流，HTTP/2 传输的数据单元）必须按顺序依次传输。如果一个 stream 丢失，后面的 stream 将被阻塞，直到丢失的数据重传。
- 协议僵化问题：作为一个运行了接近 40 多年的协议，许多中间设备（如防火墙和路由器）已经变得依赖某些隐式规则，打补丁或者说推动 TCP 更新脱离现实。

2.8.2　QUIC 的特点

在借鉴 TCP 设计经验并考虑当前网络环境的基础上，QUIC 基于 UDP 实现了一种全新的可靠传输机制，具备更低的延迟、更高的吞吐量。下面列举 QUIC 的部分重要特性，这些特性是 QUIC 被寄予厚望的关键。

1. 支持连接迁移

当用户的网络环境发生变化时，如从 WiFi 切换到 4G，基于四元组的 TCP 连接无法保持存活。而 QUIC 使用 Connection ID 标识连接，不受环境变化影响。因此，QUIC 可以实现网络变化的无缝切换，保证连接存活和数据正常收发，如图 2-25 所示。

2. 低时延连接

以 HTTPS 请求为例，即使是最新的 TLS 1.3 协议，初次连接也至少需要 2-RTT 才能开启数据传输。此外，像 TCP Fastopen 类补丁方案，由于协议僵化原因，实际上不会在复杂网络起到作用。

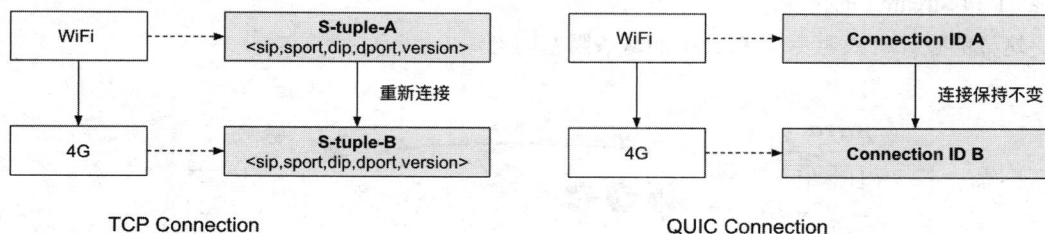

图 2-25　QUIC 支持连接迁移

QUIC 内部集成了 TLS 安全协议，无须像 TCP 先经过 3 次握手，再经过 TLS 握手才开启数据传输。QUIC 初次连接只需要 1- RTT 就能开启数据传输。

图 2-26 所示为不同协议开启数据传输时需要的 RTT 数

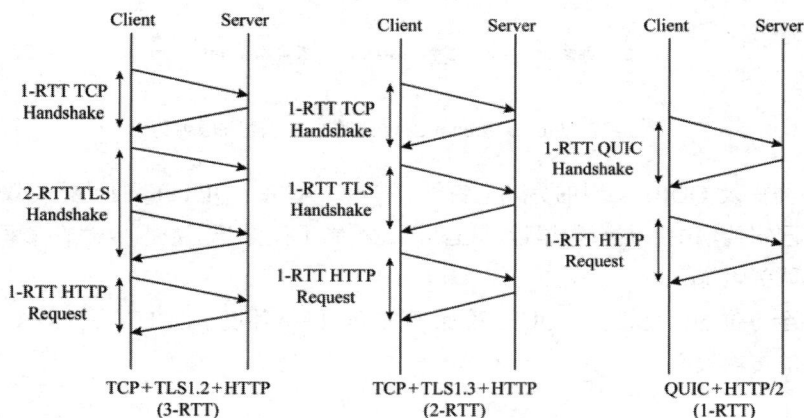

图 2-26　不同协议开启数据传输时需要的 RTT 数

3. 可插拔拥塞控制

笔者曾推动升级某核心网络系统的 TCP 拥塞控制算法，过程艰难，主要是因为需要升级操作系统内核版本。

大多数 QUIC 实现工作在用户空间，支持灵活 "插拔" 不同的拥塞控制算法，如 Cubic、BBR 和 PCC 等。这让工程师在无须深入内核开发的情况下，能灵活调整可靠传输机制和拥塞控制策略。例如 Cloudflare 开发的开源 QUIC 实现 quiche，提供了 setSendAlgorithm 方法，工程师可直接选择合适的拥塞控制算法，无须经过操作系统内核。

4. 降低对丢包的影响

如图 2-27 所示，若一个属于 Stream2 的 TCP 数据包丢失（标记为 5 的圆圈），将导致后续数据包的传输阻塞。该问题就是业界常常提到的 "队头阻塞"（head-of-line blocking）。

相比之下，QUIC 为每个 Stream 设计了独立的控制机制，Stream 之间没有先后依赖。这意味着，如果一个属于 Stream2 的 UDP 数据包丢失，只会影响 Stream2 的处理，不会阻塞 Stream1 和 Stream3 的传输。

这样的设计有效避免了 TCP 中的队头阻塞问题。

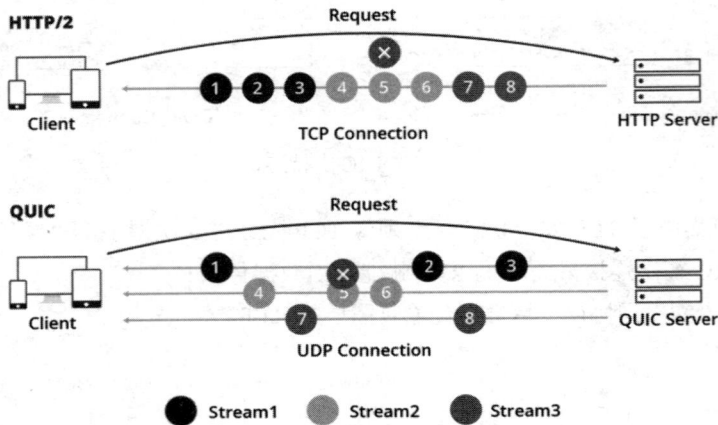

图 2-27　QUIC Stream 的设计减小了丢包的影响

此外，还需提及 QUIC 实现的另一个特性 —— QPACK。QPACK 通过更高效的头部压缩技术，减少了网络传输中的冗余数据量。这种压缩机制不仅提升了数据传输的效率，还能缓解前面提到的"队头阻塞"。

经过上述全方位的优化设计，QUIC 确保了在当今网络环境中比 TCP 更安全、更快速的连接，以及更高的传输效率。

2.8.3　QUIC 实践

撰写本书时，距 HTTP/3 发布已有 3 年之久。它的实际表现如何呢？2022 年，爱奇艺基础架构团队对 HTTP/1.1、HTTP/2 和 HTTP/3 在不同网络条件下的性能差异进行了测试。笔者将测试数据在此分享，供读者参考。

如图 2-28 所示，从请求耗时表现来看，在相同的网络质量下，HTTP/3 的耗时比 HTTP/2 降低了近一半，证明上述讨论不虚。

图 2-29 所示为不同网络质量下各协议失败率表现，可以看出，HTTP/3 的失败率明显高于 HTTP/2。笔者"猜测"有如下两方面的原因：

（1）某些网络环境下（如网络设备配置不当、防火墙限制），UDP 数据包更容易被丢弃。

（2）QUIC 作为较新的协议，在一些边缘场景（如企业内部网络、陈旧的网络设备）中，兼容性不够完善。

0: very poor		
协议类型	请求次数	平均耗时
http/1.1	3	3,842
h2	3,066	3,318.24
h3	367	1,382.75
h3-29	28	1,144.50

1: poor		
协议类型	请求次数	平均耗时
http/1.1	2	405
h2	5,119	1,603.19
h3	906	835.704
h3-29	43	893.744

2: moderate		
协议类型	请求次数	平均耗时
http/1.1	4	882.75
h2	8,288	984.73
h3	1,639	499.889
h3-29	87	724.92

3: good		
协议类型	请求次数	平均耗时
http/1.1	4	243
h2	21,453	559.103
h3	4,590	341.871
h3-29	222	281.122

4: excellent		
协议类型	请求次数	平均耗时
http/1.1	257	181.051
h2	516,511	168.865
h3	122,488	139.344
h3-29	6,238	127.382

图 2-28　不同网络质量下各协议耗时表现（耗时单位：ms）

0: very poor		
协议类型	Count	失败率
http/1.1	3	0.000%
h2	3066	0.978%
h3	367	1.907%
h3-29	28	0.000%

1: poor		
协议类型	Count	失败率
http/1.1	2	0.000%
h2	5119	0.117%
h3	906	0.552%
h3-29	43	0.000%

2: moderate		
协议类型	Count	失败率
http/1.1	4	0.000%
h2	8288	0.193%
h3	1639	0.915%
h3-29	87	0.000%

3: good		
协议类型	Count	失败率
http/1.1	4	0.000%
h2	21453	0.051%
h3	4590	0.915%
h3-29	222	1.802%

4: excellent		
协议类型	Count	失败率
http/1.1	257	0.389%
h2	516511	0.014%
h3	122488	0.952%
h3-29	6238	0.737%

图 2-29　不同网络质量下各协议失败率表现

综上所述，无论是服务端还是客户端，集成 QUIC 协议并非易事。

- 服务端层面：不仅需要适配 QUIC 协议，还要确保与 TCP 兼容。此外，TCP 经过多年的深度优化，QUIC 实际的效能表现是否能够与 TCP 相媲美？
- 客户端层面：需要在适配、收益之间进行成本权衡。采用 QUIC 协议的客户端必须具备降级容错能力，并准备长时间同时维护新旧两种网络库。

2.9　小结

本章详细分析了 HTTPS 请求过程，讲解了主要环节的原理与优化方法。相信读者对于构建足够快的网络服务，有了足够的认识。

总结来说，要构建 "足够快" 的网络服务，首先，要保证域名解析不能失败；然后，请求要足够快（使用 QUIC、Brotli 压缩）；其次，要足够安全（使用 TLS 1.3 协议 + ECC 证书，既快又安全）；还要充分利用带宽（使用 BBR 提高网络吞吐率）；最后，技术无法解决的（长链路、弱网、海外网络），那就要舍得花钱（使用 CDN、建立边缘网络、建立当地数据中心）。

说一千道一万，不如亲手做一遍。现在，你准备好在自己的业务中付诸实践了吗？

第3章
深入Linux内核网络技术

创造操作系统，就是去创造一个所有应用程序赖以运行的基础环境。从根本上来说，就是在制定规则：什么可以接受、什么可以做、什么不可以做。事实上，所有的程序都是在制定规则，只不过操作系统是在制定最根本的规则。

—— 摘自《Linus Torvalds 自传》[1]

第 2 章介绍了请求如何到达服务端系统。本章将进一步探讨请求到达 Linux 系统（服务端）后的处理过程。

本章将深入分析 Linux 内核网络技术，根据数据包的处理过程层层推进，首先解析 Linux 内核中的关键模块（将介绍 netfilter、iptables 及 conntrack）如何密切协作、如何影响应用软件的设计。接着，针对 Linux 内核在密集网络系统下的瓶颈问题，探索业内一些"跨内核"思想的解决方案（将介绍 DPDK、RDMA 和 eBPF 技术）。最后，将学习虚拟化网络技术，为后续介绍的高级应用（如负载均衡、容器编排、服务网格）储备必要的基础知识。

本章内容导读如图 3-0 所示。

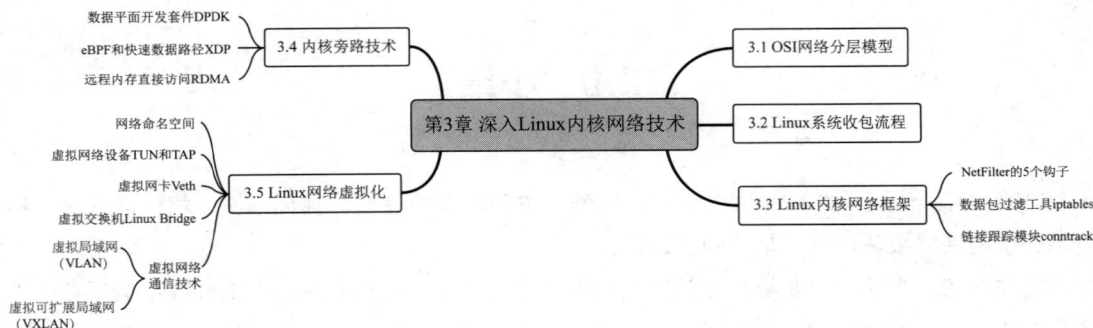

图 3-0　本章内容导读

---

[1] Linus Torvalds，业内知名度最高的程序员之一。Linus Torvalds 是 Linux 内核的最早作者，被称为"Linux 之父"。他还开发了代码版本管理工具 Git，因此也被戏称为程序员的祖师爷。

3.1　OSI 网络分层模型

本章及后续章节中会多次出现"L7""L4""二层"和"三层"之类的术语，因此有必要提前解释。

这些术语源自广为人知的 OSI 7 层模型，该模型由 ISO（国际标准化组织）于 20 世纪 80 年代提出，目的是为网络通信提供通用参考标准，使相同规范的网络能够互联。

表 3-1 所示为 OSI 网络 7 层模。OSI 模型通过"分层"思想，将网络通信拆解为 7 个独立的层次，每个层次解决特定的局部问题。本节按照从上到下的顺序，介绍各个网络分层的含义，供读者参考。

表 3-1　OSI 网络 7 层模型

层　级	名　　称	含　　义
7	应用层（Application Layer）	应用层是 OSI 模型的顶层，直接与用户的应用程序交互。该层的协议有 HTTP、FTP、SMTP 等
6	表示层（Presentation Layer）	负责数据的格式转换、加密和解密，确保发送方和接收方之间的数据格式一致。该层的协议有 SSL/TLS、JPEG、MIME 等
5	会话层（Session Layer）	管理应用程序之间的会话，负责建立、维护和终止会话
4	传输层（Transport Layer）	提供端到端的数据传输服务，负责数据分段、传输可靠性及错误恢复。该层的协议有 TCP 和 UDP
3	网络层（Network Layer）	提供逻辑地址（如 IP 地址），负责数据的路由选择和传输，解决不同网络之间的通信。该层的协议有 IPv4、IPv6、ICMP、ARP 等
2	数据链路层（Data Link Layer）	负责局域网（LAN）内的数据传输，对传输的单元（数据帧）提供错误检测和纠正功能。该层的协议有 Ethernet、PPP、HDLC 等
1	物理层（Physical Layer）	物理层是 OSI 模型的第一层，负责比特流在物理介质上的传输

通常情况下，数据链路层的数据单元称为"帧"（Frame），网络层的数据单元称为"数据包"（Packet），传输层的数据单元称为"数据段"（Segment），应用层的数据单元称为"数据"（Data）。为了简化表述，本书大部分内容不会严格区分这些术语，统一使用"数据包"泛指各层数据单元。

3.2　Linux 系统收包流程

本节介绍数据包进入网卡（eth0）后，Linux 内核中各个模块是如何协作的，对 Linux 系统的数据包处理机制有一个系统的认识。

Linux 系统收包流程如图 3-1 所示。

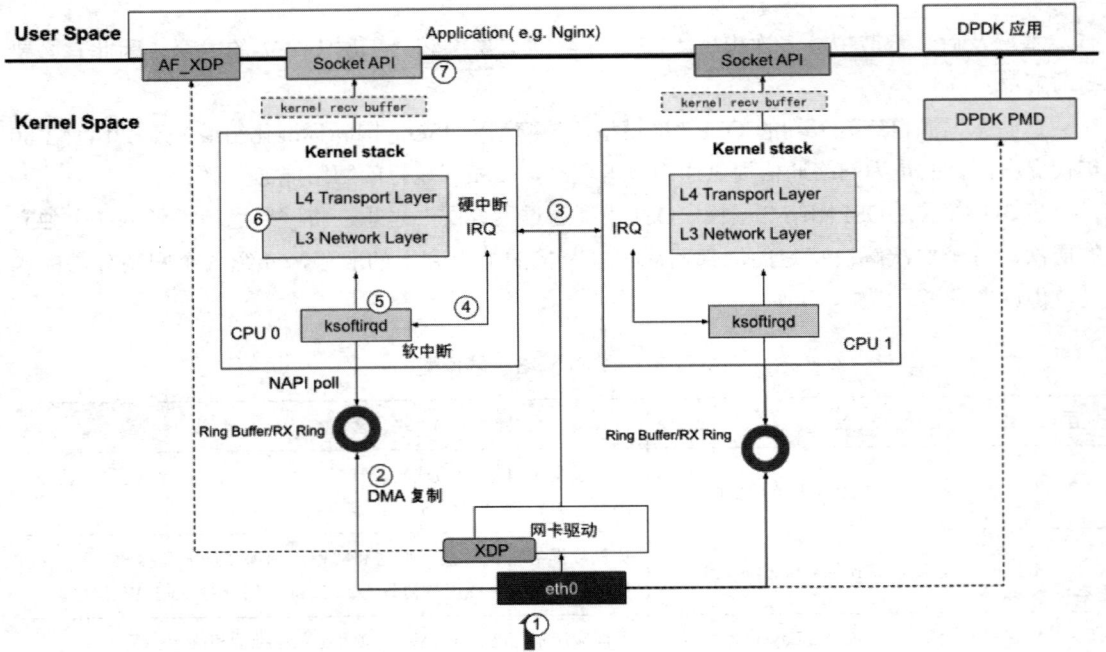

图 3-1　Linux 系统收包流程

① 外部数据包到达主机时，首先由网卡 eth0 接收。

② 网卡通过 DMA（Direct Memory Access，直接内存访问）技术，将数据包复制到内核中的 RingBuffer（环形缓冲区）等待 CPU 处理。RingBuffer 是一种首尾相接的环形数据结构，它作为缓冲区，缓解网卡接收数据的速度快于 CPU 处理数据的速度的问题。

③ 网卡产生 IRQ（Interrupt Request，硬件中断），通知内核有新的数据包到达。

④ 内核调用中断处理函数，标记新数据到达。接着，唤醒 ksoftirqd 内核线程，执行软中断（SoftIRQ）。

⑤ 软中断处理中，内核调用网卡驱动的 NAPI（New API）poll 接口，从 RingBuffer 中提取数据包，并转换为 skb（Socket Buffer）格式。skb 是描述网络数据包的核心数据结构，无论是数据包的发送、接收还是转发，Linux 内核都会以 skb 的形式来处理。

⑥ skb 被传递到内核协议栈，在多个网络层次间处理。

- 网络层（L3 Network Layer）：根据主机中的路由表，判断数据包路由到哪个网络接口（Network Interface）。这里的网络接口可能是稍后介绍的虚拟设备，也可能是物理网卡 eth0 接口。
- 传输层（L4 Transport Layer）：处理网络地址转换（NAT）、连接跟踪（conntrack）等。

⑦ 内核协议栈处理完成后，数据包被传递到 socket 接收缓冲区。应用程序利用系统调用

（如 Socket API）从缓冲区读取数据。至此，整个收包过程结束。

由上述流程可知，Linux 系统的数据包处理涉及多个网络层协议栈（如数据链路层、网络层、传输层和应用层），需要进行封包 / 解包操作，并频繁发生上下文切换（Context Switch）。在设计网络密集型系统时，Linux 内核瓶颈不可忽视，优化内核参数是不可或缺的环节。除了优化内核参数，业界还提出了"绕过内核"的解决方案，如图 3-1 所示的 XDP 和 DPDK 技术（3.4 节将详细介绍它们的原理与区别）。

接下来，将继续深入 Linux 内核网络模块，研究 Linux 内核是如何过滤、修改和转发数据的。

3.3　Linux 内核网络框架

Linux 系统处理网络数据包（见图 3-1）看似是一套固定封闭的机制，实际情况并非如此。

从 Linux 内核 2.4 版本开始，内核引入了一套通用的过滤框架 —— Netfilter，使得"外界"可以在数据包流经内核协议栈时进行干预。

Linux 系统中的各类网络功能，如地址转换、封包处理、地址伪装、协议连接跟踪、数据包过滤、透明代理、带宽限速和访问控制等，都是基于 Netfilter 提供的代码拦截机制实现的。可以说，Netfilter 是整个 Linux 网络系统最重要（没有之一）的基石。

3.3.1　Netfilter 的 5 个钩子

Netfilter 围绕网络协议栈（主要在网络层）"埋下"了 5 个钩子（也称 hook）[①]，用来干预 Linux 网络通信。Linux 内核中的其他模块（如 iptables、IPVS 等）向这些钩子注册回调函数。当数据包进入内核协议栈并经过钩子时，回调函数会自动触发，从而对数据包进行处理。

这 5 个钩子的名称与含义如下。

（1）PREROUTING：只要数据包从设备（如网卡）进入协议栈，就会触发该钩子。当需要修改数据包的"Destination IP"时，会使用到该钩子，即 PREROUTING 钩子主要用于目标网络地址转换（Destination NAT，DNAT）。

（2）FORWARD：顾名思义，指转发数据包。前面的 PREROUTING 钩子并未经过 IP 路由，不管数据包是不是发往本机的，全部照单全收。如果发现数据包不是发往本机的，则会触发 FORWARD 钩子进行处理。此时，本机就相当于一个路由器，作为网络数据包的中转站，FORWARD 钩子的作用就是处理这些被转发的数据包，以此来保护其背后真正的"后端"机器。

[①] Hook 设计模式在许多软件系统中广泛应用。例如，本书后续介绍的 eBPF 和 Kubernetes。Kubernetes 通过暴露各种接口（hook），使用户能够根据需求插入自定义代码或逻辑，从而扩展其在编排调度、网络和资源定义等方面的功能。

（3）INPUT：如果发现数据包是发往本机的，则会触发本钩子。INPUT 钩子一般用来加工发往本机的数据包，当然也可以进行数据过滤，保护本机的安全。

（4）OUTPUT：数据包送达应用层处理后，会把结果送回请求端，在经过 IP 路由之前，会触发该钩子。OUTPUT 钩子一般用于加工本地进程输出的数据包，同时也可以限制本机的访问权限，如将发往 www.example.org 的数据包都丢弃掉。

（5）POSTROUTING：数据包出协议栈之前，都会触发该钩子，无论这个数据包是转发的，还是经过本机进程处理过的。POSTROUTING 钩子一般用于源网络地址转换（Source NAT，SNAT）。

这 5 个钩子在网络协议栈的位置如图 3-2 所示。

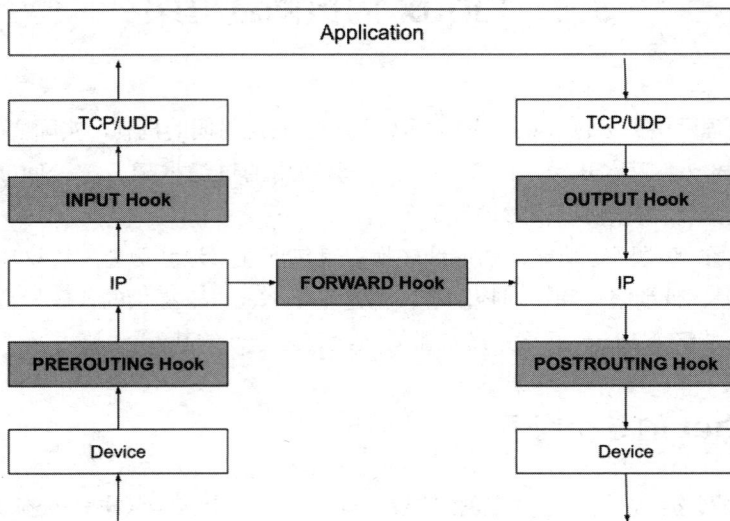

图 3-2　Netfilter 的 5 个钩子

Netfilter 允许在同一钩子上注册多个回调函数，每个回调函数都有明确的优先级，以确保按预定顺序触发。这些回调函数串联起来形成了一个"回调链"（Chained Callbacks）。这种设计使得基于 Netfilter 构建的上层应用大多带有"链"的概念，如稍后将介绍的 iptables。

3.3.2　数据包过滤工具 iptables

Netfilter 的钩子回调固然强大，但需要通过编写程序才能使用，并不适合系统管理员日常运维。为此，基于 Netfilter 框架开发的应用便出现了，如 iptables。

熟悉 Linux 的工程师通常都接触过 iptables，它常被视为 Linux 内置的防火墙管理工具。严谨地讲，iptables 能做的事情远超防火墙的范畴，它的定位应是能够代替 Netfilter 多数常规功能的 IP 包过滤工具。

1. iptables 表和链

Netfilter 中的钩子在 iptables 中对应称作"链"（Chain）。

iptables 默认包含 5 条规则链：PREROUTING、INPUT、FORWARD、OUTPUT、POSTR-OUTING，它们分别对应 Netfilter 的 5 个钩子。

iptables 将常见的数据包管理操作抽象为具体的规则动作，当数据包在内核协议栈中经过 Netfilter 钩子时（也就是 iptables 的链），iptables 会根据数据包的源 / 目的 IP 地址、传输层协议（如 TCP、UDP）及端口等信息进行匹配，并决定是否触发预定义的规则动作。

iptables 常见的动作及含义如下。

- ACCEPT：允许数据包通过，继续执行后续的规则。
- DROP：直接丢弃数据包。
- RETURN：跳出当前规则"链"（Chain，稍后解释），继续执行前一个调用链的后续规则。
- DNAT：修改数据包的目标网络地址。
- SNAT：修改数据包的源网络地址。
- REDIRECT：在本机上做端口映射，例如，将 80 端口映射到 8080，访问 80 端口的数据包将会重定向到 8080 端口对应的监听服务。
- REJECT：功能与 DROP 类似，只不过它会通过 ICMP 向发送端返回错误信息，如返回 Destination network unreachable 错误。
- MASQUERADE：地址伪装，可以理解为动态的 SNAT。通过它可以将源地址绑定到某个网卡上，因为这个网卡的 IP 可能是动态变化的，此时用 SNAT 就不好实现。
- LOG：内核对数据包进行日志记录。

在 iptables 规则体系中，不同的链用于处理数据包在协议栈中的不同阶段，将不同类型的动作归类，也更便于管理。如数据包过滤的动作（ACCEPT、DROP、RETURN、REJECT 等）可以合并到一处，数据包的修改动作（DNAT、SNAT）可以合并到另外一处，这便有了规则表的概念。

iptables 共有 5 张规则表，它们的名称与含义如下。

（1）raw 表：主要用于绕过数据包的连接追踪机制。默认情况下，内核会对数据包进行连接跟踪，而使用 raw 表可以避免 conntrack 处理，从而减少系统开销，提高数据包的转发性能。

（2）mangle 表：用于修改数据包的特定字段，主要应用于数据包头的调整。例如，可以修改 ToS（服务类型）、TTL（生存时间）或 Mark（标记）等字段，以影响 QoS 处理或路由决策。

（3）nat 表：负责网络地址转换（NAT），用于修改数据包的源地址或目的地址。当数据包进入协议栈时，nat 表中的规则决定是否及如何进行地址转换，从而影响数据包的路由。例如，可用于访问私有网络或负载均衡。

（4）filter 表：用于数据包过滤，决定数据包是放行（ACCEPT）、拒绝（REJECT）还是丢弃（DROP）。如果不指定 -t 选项，iptables 默认操作的就是 filter 表。

（5）security 表：主要用于安全策略强化，通常配合 SELinux 使用，以施加更严格的访问控制策略。除 SELinux 相关应用外，security 表并不常用。

如下命令所示，放行 TCP 22 端口的流量，即在 INPUT 链上添加 ACCEPT 动作。

```
$  iptables -A INPUT -p tcp --dport 22 -j ACCEPT
```

将规则表与链进行关联，而不是规则本身与链关联，通过一个中间层解耦了链与具体的某条规则，原本复杂的对应关系就变得简单了。

图 3-3 所示为数据包通过 Netfilter 时的流动过程。首先经过 raw 进行连接跟踪处理，接着 mangle 修改数据包字段，随后 nat 进行地址转换，最后 filter 执行最终的放行或丢弃策略，而 security 仅在 SELinux 环境下应用额外的安全规则。

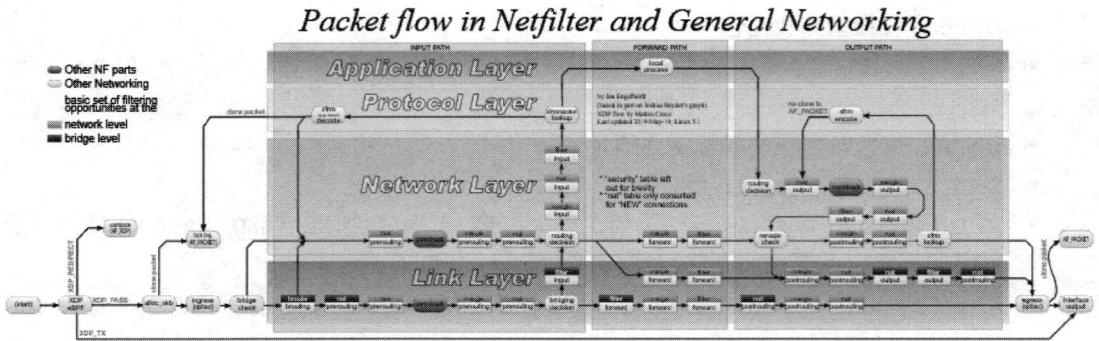

图 3-3　数据包通过 Netfilter 时的流动过程 [①]

2. iptables 自定义链与应用

除了 5 个内置链，iptables 还支持管理员创建自定义链。

自定义链可以看作对调用它的内置链的扩展。当数据包进入自定义链后，可以选择返回调用它的内置链，或继续跳转到其他自定义链，从而实现更复杂的流量处理逻辑。这种机制使 iptables 不仅仅是一个 IP 包过滤工具，还在容器网络等场景中发挥了关键作用。

例如，在 Kubernetes 中，kube-proxy 依赖 iptables 的自定义链实现 Service 负载均衡，通过规则跳转管理流量转发，从而确保容器服务的高效通信。一旦创建一个 Service，Kubernetes 就会在主机添加如下 iptable 规则：

```
-A KUBE-SERVICES -d 10.0.1.175/32 -p tcp -m tcp --dport 80 -j KUBE-SVC-NWV5X
```

这条 iptables 规则的含义如下：凡是目的地址是 10.0.1.175、目的端口是 80 的 IP 包，都应该跳转到另外一条名为 KUBE-SVC-NWV5X 的 iptables 链进行处理。10.0.1.175 其实就是 Service 的 VIP（Virtual IP Address，虚拟 IP 地址）。可以看到，它只是 iptables 中一条规则的配置，并没有任何网络设备，所以 ping 不通。

接下来的 KUBE-SVC-NWV5X 是一组规则的集合，如下所示：

```
-A KUBE-SVC-NWV5X --mode random --probability 0.33332999982 -j KUBE-SEP-WNBA2
```

①　图片来源：https://en.wikipedia.org/wiki/Netfilter。

```
-A KUBE-SVC-NWV5X --mode random --probability 0.50000000000 -j KUBE-SEP-X3P26
-A KUBE-SVC-NWV5X -j KUBE-SEP-57KPR
```

可以看到，这一组规则实际上是一组随机模式（--mode random）的自定义链，也是
Service 实现负载均衡的位置。随机转发的目的地为 KUBE-SEP-<hash> 自定义链。

查看自定义链 KUBE-SEP-<hash> 的明细，就很容易理解 Service 进行转发的具体原理
了，如下所示：

```
-A KUBE-SEP-WNBA2 -s 10.244.3.6/32  -j MARK --set-xmark 0x00004000/0x00004000
-A KUBE-SEP-WNBA2 -p tcp -m tcp -j DNAT --to-destination 10.244.3.6:9376
```

可以看到，自定义链 KUBE-SEP-<hash> 是一条 DNAT 规则。DNAT 规则的作用是
在 PREROUTING 钩子处，也就是在路由之前，将流入 IP 包的目的地址和端口改成 --to-
destination 所指定的新的目的地址和端口。目的地址和端口 10.244.3.6:9376 正是 Service 代理
Pod 的 IP 地址和端口。这样，访问 Service VIP 的 IP 包经过上述 iptables 处理之后，就已经变
成了访问具体某一个后端 Pod 的 IP 包了。

上述实现负载均衡的方式在 kube-proxy 中被称为 iptables 模式。在该模式下，所有容器间
的请求和负载均衡操作都依赖 iptables 规则进行处理，因此，其性能直接受到 iptables 机制的
影响。随着 Service 数量的增加，iptables 规则数量也呈现暴涨趋势，导致系统负担加重。

为解决 iptables 模式的性能问题，kube-proxy 新增了 IPVS 模式。该模式使用 Linux 内核 4
层负载均衡模块 IPVS 实现容器间请求和负载均衡，性能和 Service 规模无关。

需要注意的是，内核中的 IPVS 模块仅负责负载均衡和代理功能，而 Service 的完整工作
流程还依赖 iptables 进行初始流量捕获和过滤。不过，这些 iptables 规则仅用于辅助，其数量
相对有限，不会随着 Service 数量增加而指数级膨胀。

图 3-4 所示为 iptables 与 IPVS 的性能差异。可以观察到，当 Kubernetes 集群中的 Service
数量达到 1,000 个（对应约 10,000 个 Pod）时，两者的性能表现开始出现明显差异。

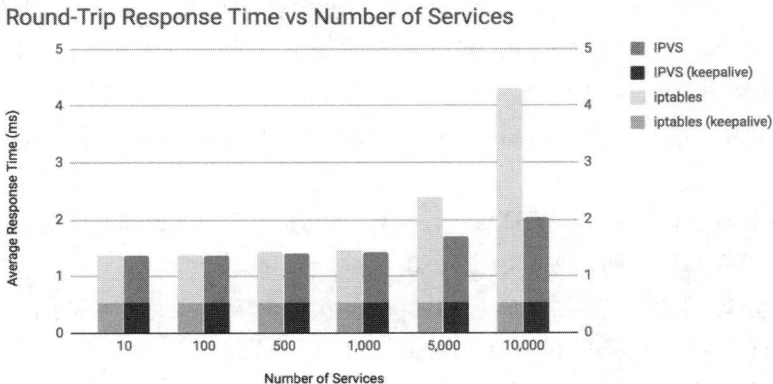

图 3-4　iptables 与 IPVS 的性能差异（结果越低，性能越好）[1]

① 图片来源：https://www.tigera.io/blog/comparing-kube-proxy-modes-iptables-or-ipvs/。

75

由图 3-4 可知，当 Kubernetes 集群规模较大时，应尽量避免使用 iptables 模式，以避免性能瓶颈。如果采用 Cilium 作为容器间通信解决方案，还可以构建无须 kube-proxy 组件的 Kubernetes 集群，利用稍后介绍的"内核旁路"技术绕过 iptables 限制，全方位提升容器网络性能。

3.3.3 连接跟踪模块 conntrack

conntrack 是"连接跟踪"（connection tracking）的缩写，顾名思义，它用于跟踪 Linux 内核中的通信连接。需要注意的是，conntrack 跟踪的"连接"不仅限于 TCP 连接，还包括 UDP、ICMP 等类型的连接。当 Linux 系统收到数据包时，conntrack 模块会为其创建一个新的连接记录，并根据数据包的类型更新连接状态，如 NEW、ESTABLISHED 等。

下面以 TCP 3 次握手为例，说明 conntrack 模块的工作原理。

（1）客户端向服务器发送一个 TCP SYN 包，发起连接请求。

（2）Linux 系统收到 SYN 包后，conntrack 模块为其创建新的连接记录，并将状态标记为 NEW。

（3）服务器回复 SYN-ACK 包，等待客户端的 ACK。一旦握手完成，连接状态变为 ESTABLISHED。

通过命令 cat /proc/net/nf_conntrack 查看连接记录，如下所示，输出了一个状态为 ESTABLISHED 的 TCP 连接。

```
$ cat /proc/net/nf_conntrack
ipv4      2 tcp      6 88 ESTABLISHED src=10.0.12.12 dst=10.0.12.14 sport=48318
dport=27017 src=10.0.12.14 dst=10.0.12.12 sport=27017 dport=48318 [ASSURED] mark=0
zone=0 use=2
```

conntrack 连接记录是 iptables 连接状态匹配的基础，也是实现 SNAT 和 DNAT 的前提。Kubernetes 的核心组件是 kube-proxy，它负责处理集群中的服务（Service）网络流量。它本质上是一个反向代理（即 NAT），当外部请求访问 Service 时，流量会被 DNAT 转发到 PodIP:Port，响应则经过 SNAT 处理。

下面举例说明。假设客户端向 my-service（IP 10.0.0.10，端口 80）发送 HTTP 请求，流程如下：

（1）节点中的 kube-proxy 收到请求后，执行 DNAT 操作，将目标地址从 10.0.0.10:80 转换为某个 Pod 的 IP 和端口（如 192.168.1.2:8080）。

（2）Pod 处理请求并返回响应，kube-proxy 执行 SNAT 操作，将响应包的源地址从 192.168.1.2:8080 转换为 Service IP 10.0.0.10:80。

conntrack 模块维护的连接记录包含从客户端到 Pod 的 DNAT 映射、从 Pod 到客户端的 SNAT 映射。这样有来有回，是一条完整的 NAT 映射关系。但是，如果客户端与 Pod 在同一主机上，如图 3-5 所示，则会出现以下问题：

- 客户端发起请求时，数据包经过网络层，conntrack 模块根据 iptables 规则判断是否需要进行 DNAT。
- 返回响应时，Linux 网桥发现目标 IP 位于同一网桥上，会直接通过链路层转发数据包，而不会触发网络层的 conntrack 模块，导致 SNAT 操作没有执行。

如图 3-5 所示，通信双方不在同一"频道"上，NAT 映射关系不完整，进而影响容器间通信，产生各种异常。

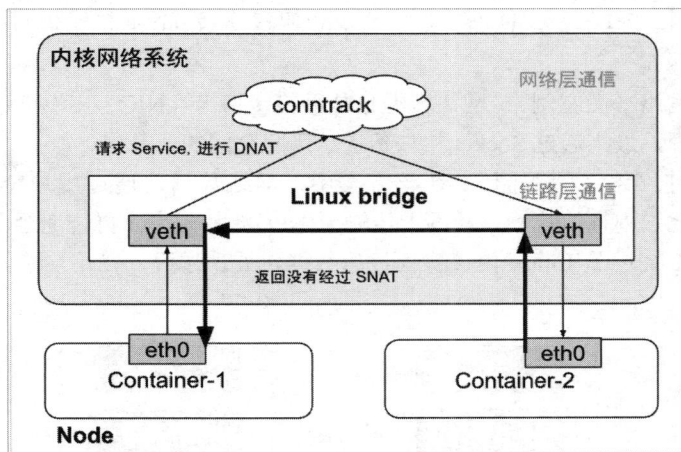

图 3-5　请求和响应不在一个"频道"上，双方通信失败

为了解决上述问题，Linux 内核引入了 bridge-nf-call-iptables 配置，决定是否在网桥中触发 iptables 匹配规则，从而保证 NAT 处理时 conntrack 连接记录的完整性。这也解释了为什么在部署 Kubernetes 集群时，必须将该配置设置为 1。

3.4　内核旁路技术

前面介绍了"Linux 系统收包流程"和内核网络框架，相信读者已经理解：对于网络密集型应用，内核态与用户态的频繁切换、复杂的网络协议栈处理，常常使 Linux 内核成为性能瓶颈。

在人们想办法提升 Linux 内核性能的同时，另外一批人抱着它不行就绕开它想法，提出了一种"内核旁路"（Kernel bypass）思想的技术方案。其中，DPDK 和 XDP 是主机内的"内核旁路"技术代表，而 RDMA 则是主机之间的"内核旁路"技术代表。

3.4.1　数据平面开发套件 DPDK

2010 年，Intel 主导开发了 DPDK（Data Plane Development Kit，数据平面开发套件），基

于"内核旁路"理念构建高性能网络应用方案，并逐步发展为一套成熟的技术体系。

最初，DPDK 是 Intel 为推销自家硬件而开发的高性能网络驱动组件，专门针对 Intel 处理器和网卡。随着 DPDK 开源，越来越多厂商开始贡献代码，DPDK 扩展了对更多硬件的支持：不仅支持 Intel 处理器，还兼容 AMD、ARM 等厂商的处理器；网卡支持范围也涵盖 Intel、Mellanox、ARM 集成网卡等。因此，DPDK 也逐渐具有广泛的适用性。

图 3-6 所示为 DPDK（Fast Path）与传统内核网络（Slow Path）对比。在 Linux 系统中，DPDK 的库和应用程序在用户空间的编译、链接和加载方式与普通程序相同，但它们的数据包传输路径却大相径庭。

- 传统内核网络（图左侧）：网络数据包从网络接口卡（NIC）出发，经驱动程序、内核协议栈处理，最终通过 Socket 接口传递给用户空间的业务层。
- DPDK 加速网络（图右侧）：在该方案中，网络数据包通过用户空间 I/O（UIO）技术，直接绕过内核协议栈，从网卡传输至 DPDK 基础库，再传递至业务逻辑。也就是说，DPDK 绕过了 Linux 内核协议栈的数据包处理过程，在用户空间直接进行收发和处理。

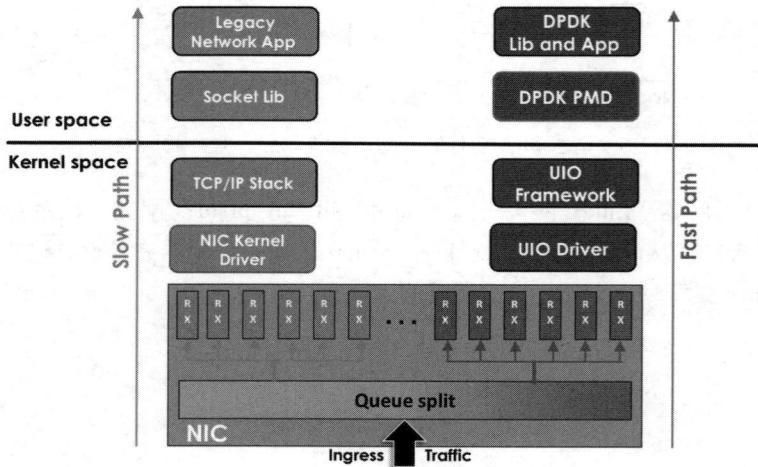

图 3-6　DPDK 与传统内核网络对比

爱奇艺开源的 DPVS 是 DPDK 技术在负载均衡领域的成功应用。图 3-7 所示为 DPVS 与标准 LVS 的性能对比。从每秒转发数据包数量（Packet Per Second，PPS）的指标来看，DPVS 的性能表现比 LVS 高 5 倍多。

对于海量用户规模的互联网应用，通常需要部署数千甚至数万台服务器。如果能将单机性能提升十倍甚至百倍，无论从硬件投入还是运营成本角度，都能实现显著的成本节约。这种技术变革带来的潜在效益非常诱人。

DPDK 是由硬件厂商主导的"内核旁路"技术。下一节将介绍由社区开发者主导的另一类"内核旁路"技术。

DPVS, lvs, maglev performance(64Byte)

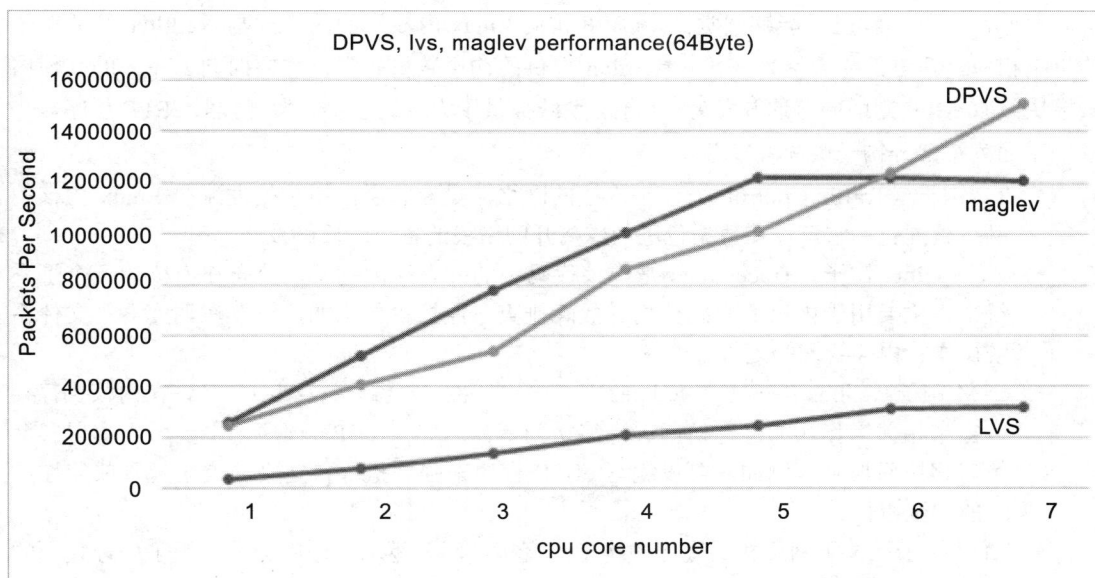

图 3-7　DPVS 与标准 LVS 的性能对比（结果越高，性能越好）[1]

3.4.2　eBPF 和快速数据路径 XDP

由于 DPDK 完全基于"内核旁路"的思想，所以，它天然无法与 Linux 内核生态很好地结合。

2016 年，在 Linux Netdev 会议上，Linux 内核开发者 David S. Miller[2] 喊出了"DPDK is not Linux"的口号。同年，随着 eBPF 技术成熟，Linux 内核终于迎来了属于自己的"高速公路"——XDP（eXpress Data Path，快速数据路径）。XDP 因媲美 DPDK 的性能、背靠 Linux 内核、无须第三方代码库和许可、无须专用 CPU 等多种优势，所以，一经推出便备受关注。

DPDK 技术完全绕过内核，直接将数据包传至用户空间处理。XDP 正好相反，它在内核空间根据用户的逻辑处理数据包。

在内核执行用户逻辑的关键在于 BPF（Berkeley Packet Filter，伯克利包过滤器）技术——一种允许在内核空间运行经过安全验证的代码的机制。Linux 内核从 2.5 版本起，Linux 系统就开始支持 BPF 技术了，但早期的 BPF 主要用于网络数据包的捕获和过滤。到了 Linux 内核 3.18 版本，开发者推出了一套全新的 BPF 架构，也就是我们今天所说的 eBPF（Extended Berkeley Packet Filter）。与早期的 BPF 相比，eBPF 的功能不再局限于网络分析，它几乎能访问所有 Linux 内核关联的资源，逐渐发展成一个多功能的通用执行引擎。

---

① 数据来源：https://github.com/iqiyi/dpvs/blob/master/test/release/v1.9.2/performance.md。

② Linux Netdev，专注于 Linux 网络栈和网络技术的会议。David S. Miller 是 Linux 内核网络子系统的主要维护者之一，也是 Linux 内核开发领域的知名人物。

至此，相信读者已经能够察觉到，eBPF 访问 Linux 内核资源的方式与 Netfilter 开放钩子的机制相似。两者的主要区别在于：Netfilter 提供的钩子数量有限，主要面向 Linux 的其他内核模块；而 eBPF 则面向普通开发者，Linux 系统提供了大量钩子供开发者挂载 eBPF 程序。

下面列举部分钩子供读者参考。

- TC 钩子（Traffic Control）：位于内核的网络流量控制层，用于处理流经 Linux 内核的网络数据包。它可以在数据包进入或离开网络栈的各个阶段触发。
- Tracepoints 钩子：Tracepoints 是内核代码中的静态探测钩子，分布在内核的各个子系统中，主要用于内核的性能分析、故障排查、监控等。例如，可以在调度器、文件系统操作、内存管理等处进行监控。
- LSM 钩子（Linux Security Modules）：位于 Linux 安全模块框架中，允许在内核执行某些安全相关操作（如文件访问、网络访问等）时触发 eBPF 程序，主要用于实现安全策略和访问控制。例如，可以编写 eBPF 程序来强制执行自定义的安全规则或监控系统的安全事件。
- XDP 钩子：位于网络栈最底层的钩子，直接在网卡驱动程序中触发，用于处理收到的网络数据包，主要用于实现超高速的数据包处理操作，如 DDoS 防护、负载均衡、数据包过滤等。

从上述钩子可见，XDP 本质上是 Linux 内核在网络路径上设置的钩子，位于网卡驱动层，在数据包进入网络协议栈之前。当 XDP 执行完 eBPF 程序后，通过"返回码"来指示数据包的最终处理决定。

XDP 的 5 种返回码及其含义如下。

（1）XDP_ABORTED：表示 XDP 程序处理数据包时遇到错误或异常。

（2）XDP_DROP：在网卡驱动层直接将该数据包丢掉，通常用于过滤无效或不需要的数据包，如实现 DDoS 防护时，丢弃恶意数据包。

（3）XDP_PASS：数据包继续送往内核的网络协议栈，与传统的处理方式一致。这使得 XDP 可以在有需要的时候，继续使用传统的内核协议栈进行处理。

（4）XDP_TX：数据包会被重新发送到入站的网络接口（通常是修改后的数据包）。这种操作可以用于实现数据包的快速转发、修改和回环测试（如用于负载均衡场景）。

（5）XDP_REDIRECT：数据包重定向到其他的网卡或 CPU，结合 AF_XDP[①] 可以将数据包直接送往用户空间。

图 3-8 所示为 XDP 钩子在 Linux 系统的位置与 5 个动作。

eBPF 运行在内核空间，能够极大地减少数据的上下文切换开销，再结合 XDP 钩子，在 Linux 系统收包的早期阶段介入处理，就能实现高性能网络数据包处理和转发。以业内知名的容器网络方案 Cilium 为例，它在 eBPF 和 XDP 钩子（也有其他的钩子）基础上，实现了一套全新的 conntrack 和 NAT 机制，并以此为基础，构建出如 L3/L4 负载均衡、网络策略、观测和安全认证等各类高级功能。

---

① 相较 AF_INET 是基于传统网络的 Linux socket，AF_XDP 则是一套基于 XDP 的高性能 Linux Socket。

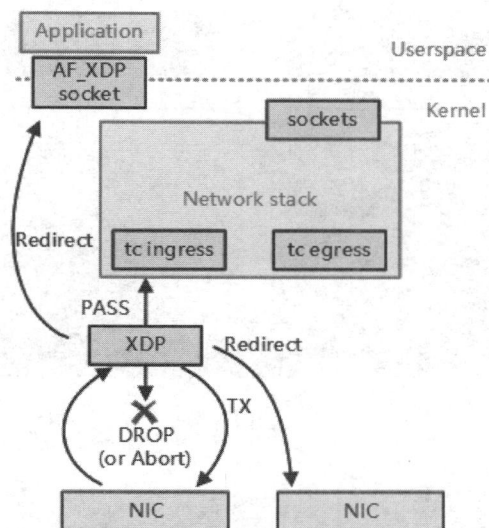

图 3-8　XDP 钩子在 Linux 系统的位置与 5 个动作

由于 Cilium 实现的底层网络功能独立于 Netfilter，它的连接追踪数据和 NAT 规则不再存储在 Linux 内核默认的 conntrack 表和 NAT 表中。因此，常规的 Linux 命令（如 conntrack、netstat、ss 和 lsof）无法查看这些数据。必须使用 Cilium 提供的查询命令，例如：

```
$ cilium bpf nat list          // 列出 Cilium 中配置的 NAT 规则
$ cilium bpf ct list global    // 列出 Cilium 中的连接追踪条目
```

3.4.3　远程直接内存访问 RDMA

近年来，人工智能、分布式训练和分布式存储技术快速发展，对网络传输性能提出了更高的要求。但传统以太网在延迟、吞吐量和 CPU 资源消耗方面存在先天不足。在这一背景下，RDMA（Remote Direct Memory Access，远程直接内存访问）技术凭借卓越的性能，逐渐成为满足高性能计算需求的优选方案。

RDMA 设计起源于 DMA（Direct Memory Access）技术 [①]，它的工作原理如图 3-9 所示，应用程序通过 RDMA Verbs API 直接访问远程主机内存，而无须经过操作系统或 CPU 参与数据复制，从而极大地降低了延迟和 CPU 开销，提高了数据传输效率。

RDMA 网络的协议实现有 3 类，它们的含义及区别如下。

（1）Infiniband（无限带宽）是一种专门为 RDMA 而生的技术，由 IBTA（InfiniBand Trade Association，InfiniBand 贸易协会）在 2000 年提出，因其极致的性能（能够实现小于 3μs 时延和 400Gbit/s 以上的网络吞吐），在高性能计算领域备受青睐。

[①] 一种内存访问技术。它允许某些计算机内部的硬件子系统（计算机外设）可以独立地直接读 / 写系统内存，而不需中央处理器（CPU）介入处理 。在同等程度的处理器负担下，DMA 是一种快速的数据传送方式。

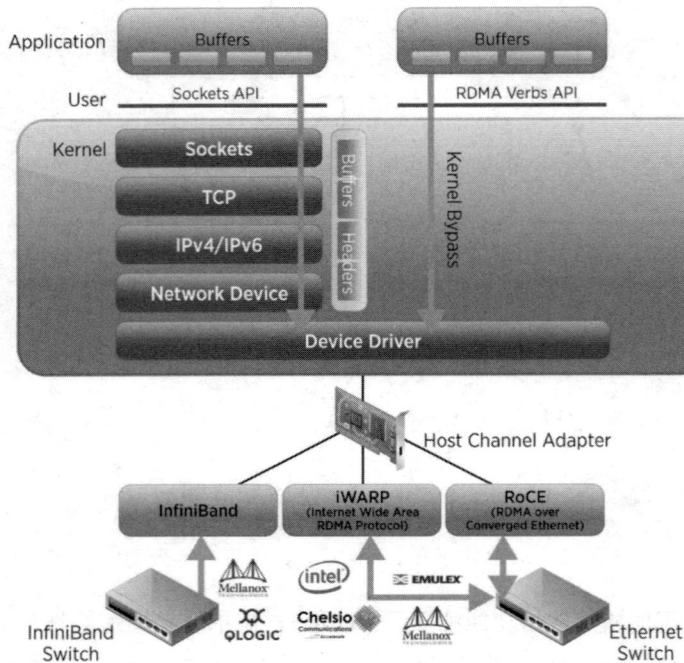

图 3-9　RDMA 的工作原理

但需要注意的是，构建 Infiniband 网络需要配置全套专用设备，如专用网卡、专用交换机和专用网线，限制了其普及性。其次，它的技术架构封闭，不兼容现有的以太网标准。这意味着，绝大多数通用数据中心都无法兼容 Infiniband 网络。

尽管存在这些局限，InfiniBand 仍因其极致的性能成为特定领域的首选。例如，全球流行的人工智能应用 ChatGPT 背后的分布式机器学习系统，就是基于 Infiniband 网络构建的。

（2）iWRAP（Internet Wide Area RDMA Protocol，互联网广域 RDMA 协议）是一种将 RDMA 封装在 TCP/IP 中的技术。RDMA 旨在提供高性能传输，而 TCP/IP 侧重于可靠性，其 3 次握手、拥塞控制等机制削弱了 iWRAP 的 RDMA 技术优势，导致其性能大幅下降。因此，iWRAP 由于先天设计上的局限性，逐渐被业界淘汰。

（3）为降低 RDMA 的使用成本，并推动其在通用数据中心的应用，IBTA 于 2010 年发布了 RoCE（RDMA over Converged Ethernet，融合以太网的远程直接内存访问）技术。RoCE 将 Infiniband 的数据格式（IB Payload）"移植"到以太网，使 RDMA 能够在标准以太网环境下运行。只需配备支持 RoCE 的专用网卡和标准以太网交换机，即可享受 RDMA 技术带来的高性能。

如图 3-10 所示，RoCE 在发展过程中演化出两个版本。
- RoCEv1：基于二层以太网，仅限于同一子网内通信，无法跨子网传输。
- RoCEv2：基于三层 IP 网络，支持跨子网通信，提高了灵活性和可扩展性。

RoCEv2 克服了 RoCEv1 不能跨子网的限制，并凭借其低成本和良好的兼容性，在分布式存储、并行计算等通用数据中心场景中得到广泛应用。根据微软 Azure 公开信息，截至 2023 年，Azure 数据中心中 RDMA 流量已占总流量的 70%[①]。

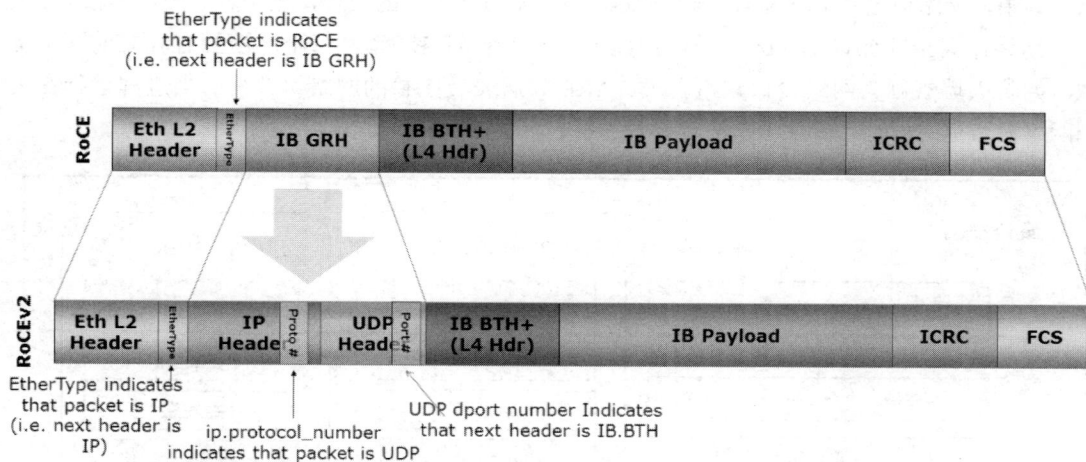

EtherType indicates
that packet is RoCE
(i.e. next header is IB GRH)

| RoCE | Eth L2 Header | EtherType | IB GRH | IB BTH+ (L4 Hdr) | IB Payload | ICRC | FCS |

| RoCEv2 | Eth L2 Header | EtherType | IP Header | Proto # | UDP Header | Port # | IB BTH+ (L4 Hdr) | IB Payload | ICRC | FCS |

EtherType indicates
that packet is IP
(i.e. next header is
IP)

ip.protocol_number
indicates that packet is UDP

UDP dport number Indicates
that next header is IB.BTH

图 3-10　RoCEv1 只能在广播域内通信，RoCEv2 支持 L3 路由

RDMA 网络对丢包极为敏感，任何数据包丢失都可能触发大量重传，严重影响传输性能。Infiniband 依赖专用设备确保网络可靠性，而 RoCE 构建在标准以太网上，实现 RDMA 通信。因此，RoCE 网络需要无损以太网支持，以避免丢包对性能造成重大影响。

目前，大多数数据中心采用 DCQCN（由微软与 Mellanox 提出）或 HPCC（由阿里巴巴提出）算法，为 RoCE 网络提供可靠性保障。这些算法涉及底层技术，超出了本书的讨论范畴，感兴趣的读者可参考其他资料以进一步了解。

3.5　Linux 网络虚拟化

Linux 网络虚拟化的核心技术主要是网络命名空间和各种虚拟网络设备，如稍后介绍的 Veth、Linux Bridge、TUN/TAP 等。这些虚拟设备由代码实现，完全模拟物理设备的功能。

近年来广泛应用的容器技术，正是基于这些虚拟网络设备，模拟物理设备之间的协作方式，将各个独立的网络命名空间连接起来，构建出不受物理环境限制的网络架构，实现容器之间、容器与宿主机之间，甚至跨数据中心的动态网络拓扑。

[①]　参见 https://www.usenix.org/system/files/nsdi23-bai.pdf。

3.5.1 网络命名空间

从 Linux 内核 2.4.19 版本开始，逐步集成了多种命名空间技术，以实现对各类资源的隔离。其中，网络命名空间（Network Namespace）是最为关键的一种，也是容器技术的核心。

网络命名空间允许 Linux 系统内创建多个独立的网络环境，每个环境拥有独立的网络资源，如防火墙规则、网络接口、路由表、ARP 邻居表及完整的网络协议栈。当进程运行在某个网络命名空间内时，就像独享一台物理主机，如图 3-11 所示。

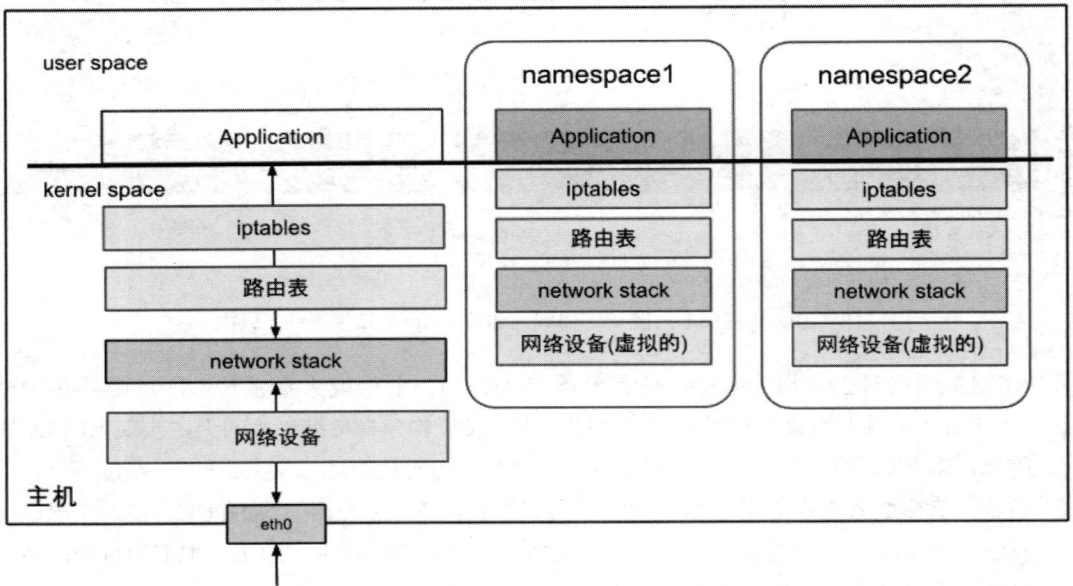

图 3-11　不同网络命名空间内的网络资源都是独立的

在 Linux 系统 中，ip 工具的子命令 netns 集成了网络命名空间的增、删、查、改等功能。接下来将使用 ip 命令演示如何操作网络命名空间，帮助读者加深理解。

首先，创建一个名为 ns1 的网络命名空间，命令如下：

```
$ ip netns add ns1
```

查询 ns1 网络命名空间内的网络设备信息。可以看到，由于没有进行任何配置，所以，该网络命名空间内只有一个名为 lo 的本地回环设备，且设备状态为 DOWN。

```
$ ip netns exec ns1 ip link list
1: lo: <LOOPBACK> mtu 65536 qdisc noop state DOWN mode DEFAULT group default qlen 1000
    link/loopback 00:00:00:00:00:00 brd 00:00:00:00:00:00
```

查看 ns1 网络命名空间下的 iptables 规则配置。可以看到，由于这是一个初始化的网络命名空间，所以，iptables 规则为空，并没有任何配置。

```
$ ip netns exec ns1 iptables -L -n
Chain INPUT (policy ACCEPT)
target      prot opt source              destination

Chain FORWARD (policy ACCEPT)
target      prot opt source              destination

Chain OUTPUT (policy ACCEPT)
target      prot opt source              destination
```

不难看出，不同的网络命名空间默认相互隔离，也无法直接通信。如果它们需要与外界（其他网络命名空间或宿主机）建立连接，该如何实现呢？

先看看物理机是怎么操作的，一台物理机如果想与外界进行通信，需要插入一块网卡，通过网线连接到以太网交换机，加入一个局域网内。被隔离的网络命名空间如果想与外界进行通信，就需要利用稍后介绍的各类虚拟网络设备。也就是，在网络命名空间中插入"虚拟网卡"，然后把"网线"的另一头桥接到"虚拟交换机"中。

这些操作完全和物理环境中的配置局域网一样，只不过全部是虚拟的、用代码实现的而已。

3.5.2　虚拟网络设备 TUN 和 TAP

TUN 和 TAP 是 Linux 内核自 2.4.x 版本引入的虚拟网卡设备，专为用户空间（User Space）与内核空间（Kernel Space）之间的数据传输而设计，两者的区别如下。

- TUN 设备：工作在网络层（Layer 3），用于处理 IP 数据包。它模拟一个网络层接口，使用户空间程序能够直接收发 IP 数据包。
- TAP 设备：工作在数据链路层（Layer 2），用于处理以太网帧。与 TUN 设备不同，TAP 设备传输完整的以太网帧（包括数据链路层头部），使用户空间程序可以处理原始以太网帧。

Linux 系统中，内核空间和用户空间之间的数据传输有多种方式，字符设备文件是其中一种。

TUN/TAP 设备对应的字符设备文件为 /dev/net/tun。当用户空间的程序打开（open）字符设备文件时，TUN/TAP 的字符设备驱动会创建并注册相应的虚拟网卡，默认命名为 tunX 或 tapX。随后，用户空间程序读 / 写该文件描述符，就可以和内核网络栈进行数据交互了。

下面以 TUN 设备构建 VPN 隧道为例，说明其工作原理。

（1）一个普通的用户程序发起一个网络请求。

（2）数据包进入内核协议栈，并路由至 tun0 设备。路由规则如下：

```
$ ip route show
default via 172.12.0.1 dev tun0              // 默认流量经过 tun0 设备
192.168.0.0/24 dev eth0  proto kernel  scope link  src 192.168.0.3
```

（3）tun0 设备的字符设备文件 /dev/net/tun 由 VPN 程序打开。因此，用户程序发送的数据包不会直接进入网络，而是被 VPN 程序读取并处理。

（4）VPN 程序对数据包进行封装操作。封装（Encapsulation）是指在原始数据包外部包裹新的数据头部，就像将一个盒子放在另一个盒子中一样。

（5）处理后的数据包再次写入内核网络栈，并通过 eth0（即物理网卡）发送到目标网络。

图 3-12 所示为 VPN 中的数据流动示意图。

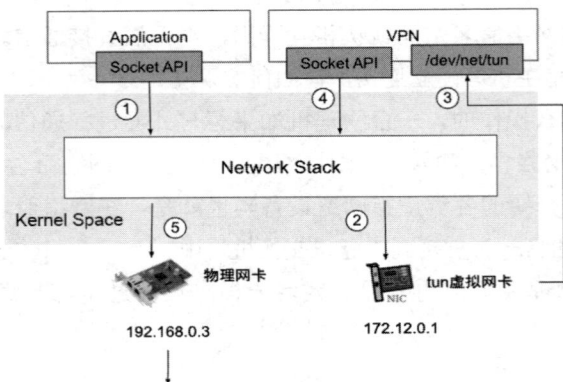

图 3-12　VPN 中的数据流动示意图

封装数据包以构建网络隧道，是实现虚拟网络的常见方式。例如，在本书第 7 章介绍的容器网络插件 Flannel 早期版本中，曾使用 TUN 设备来实现容器间的虚拟网络通信。但是，TUN 设备的数据传输需经过两次协议栈，并涉及多次封包与解包操作，导致很大的性能损耗。这也是 Flannel 后来弃用 TUN 设备的主要原因。

3.5.3　虚拟网卡 Veth

Linux 内核 2.6 版本支持网络命名空间的同时，也提供了专门的虚拟网卡 Veth（Virtual Ethernet，虚拟以太网网卡）。

Veth 的核心原理是"反转数据传输方向"，即在内核中，将发送端的数据包转换为接收端的新数据包，并重新交由内核网络协议栈处理。通俗来讲，Veth 就是一根带着两个"水晶头"的"网线"，从网线的一头发送数据，另一头就会收到数据。因此，Veth 又被称为"一对设备"（Veth-Pair）。

Veth 设备的典型应用场景是连接相互隔离的网络命名空间，使它们能够进行通信。假设存在两个网络命名空间 ns1 和 ns2，其网络拓扑结构如图 3-13 所示。接下来将通过实际操作演示 Veth 设备如何在网络命名空间之间建立通信，帮助读者加深理解。

首先，使用以下命令创建一对 Veth 设备，命名为 veth1 和 veth2。该命令会生成一对虚拟以太网设备，它们之间形成点对点连接，即数据从 veth1 发送后，会直接出现在 veth2 上，反之亦然。

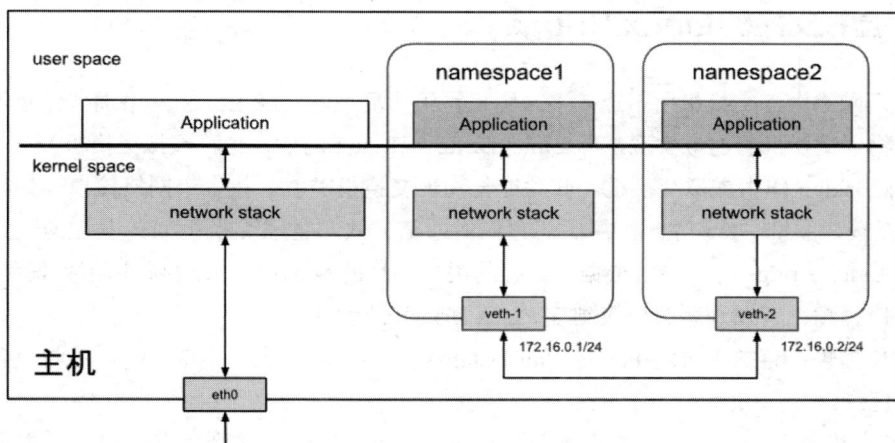

图 3-13　Veth 设备对

```
$ ip link add veth1 type veth peer name veth2
```

接下来，分别将它们分配到不同的网络命名空间。

```
$ ip link set veth1 netns ns1
$ ip link set veth2 netns ns2
```

Veth 作为虚拟网络设备，具备与物理网卡相同的特性，因此，可以配置 IP 和 MAC 地址。接下来，为 Veth 设备分配 IP 地址，使其处于同一子网 172.16.0.0/24，然后激活设备。

```
# 配置命名空间 1
$ ip netns exec ns1 ip link set veth1 up
$ ip netns exec ns1 ip addr add 172.16.0.1/24 dev veth1
# 配置命名空间 2
$ ip netns exec ns2 ip link set veth2 up
$ ip netns exec ns2 ip addr add 172.16.0.2/24 dev veth2
```

Veth 设备配置 IP 后，每个网络命名空间都会自动生成相应的路由信息，如下所示：

```
$ ip netns exec ns1 ip route
172.16.0.0/24 dev veth1  proto kernel  scope link  src 172.16.0.1
```

上述路由配置表明，所有属于 172.16.0.0/24 网段的数据包都会经由 veth1 发送，并在另一端由 veth2 接收。在 ns1 中执行 ping 测试，可以验证两个网络命名空间已经成功互通了。

```
$ ip netns exec ns1 ping -c10 172.16.0.2
PING 172.16.0.2 (172.16.0.2) 56(84) bytes of data.
64 bytes from 172.16.0.2: icmp_seq=1 ttl=64 time=0.121 ms
64 bytes from 172.16.0.2: icmp_seq=2 ttl=64 time=0.063 ms
```

最后，虽然 Veth 设备模拟网卡直连的方式解决了两个容器之间的通信问题，但面对多个容器间通信需求，如果只用 Veth 设备的话，事情就会变得非常麻烦。让每个容器都为与它通信的其他容器建立一对专用的 Veth 设备，根本不切实际。此时，迫切需要一台虚拟化交换机来解决多容器之间的通信问题，这正是前面多次提到的 Linux bridge。

3.5.4 虚拟交换机 Linux Bridge

在物理网络中，交换机用于连接多台主机，组成局域网。在 Linux 网络虚拟化技术中，同样提供了物理交换机的虚拟实现，即 Linux Bridge（Linux 网桥，也称虚拟交换机）。

Linux Bridge 作为虚拟交换机，其功能与物理交换机类似。将多个网络接口（如物理网卡 eth0，虚拟接口 veth、tap 等）桥接后，它们的通信方式与物理交换机的转发行为一致。当数据帧进入 Linux Bridge 时，系统根据数据帧的类型和目的地 MAC 地址执行以下处理。

（1）广播帧：转发到所有桥接到该 Linux Bridge 的设备。

（2）单播帧：查找 FDB（Forwarding Database，地址转发表）中 MAC 地址与设备网络接口的映射记录。

- 若未找到记录，执行"洪泛"（Flooding），将数据帧发送到所有接口，并根据响应将设备的网络接口与 MAC 地址记录到 FDB 表中。
- 若找到记录，则直接将数据帧转发到对应设备的网络接口。

以下是一个具体例子，展示如何使用 Linux Bridge 将两个网络命名空间连接到同一二层网络，如图 3-14 所示。

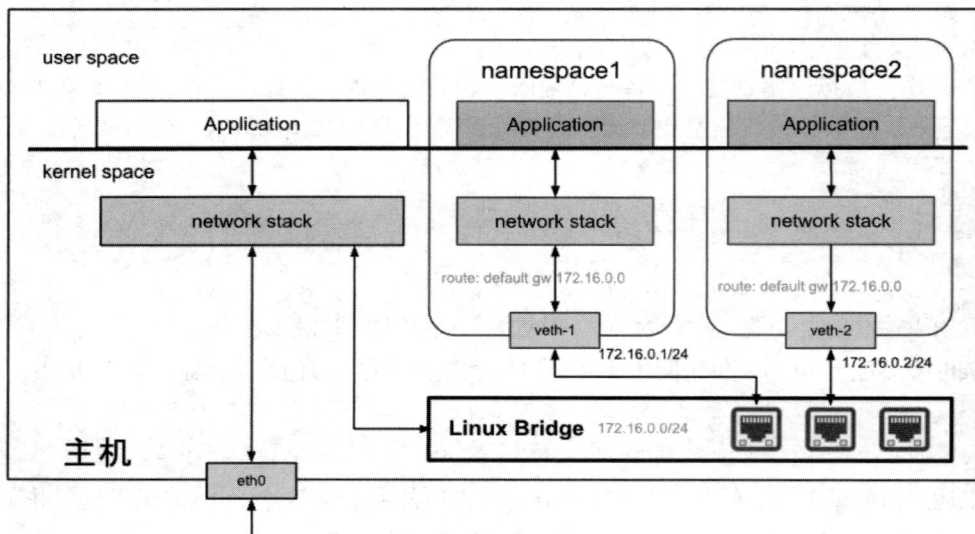

图 3-14　veth 网卡与 Linux Bridge

（1）创建一个 Linux Bridge 设备。如下命令所示，创建一个名为 br0 的虚拟交换机，并将其激活。

```
$ ip link add name br0 type bridge
$ ip link set br0 up
```

（2）创建一对 Veth 设备，并将它们分别分配给两个命名空间。

```
# 创建 veth1 和 veth2
```

```
$ ip link add veth1 type veth peer name veth2

# 将 veth1 分配到 ns1
$ ip link set veth1 netns ns1
# 将 veth2 分配到 ns2
$ ip link set veth2 netns ns2
```

（3）将 veth1 和 veth2 接入 br0 桥接设备，从而让它们成为同一二层网络的一部分。

```
# 将 veth1 添加到 br0 桥接
$ ip link set dev veth1 up
$ brctl addif br0 veth1

# 将 veth2 添加到 br0 桥接
$ ip link set dev veth2 up
$ brctl addif br0 veth2
```

（4）为每个命名空间中的 Veth 设备配置 IP 地址。

```
# 配置命名空间 1 中的 veth1
$ ip netns exec ns1 ip addr add 172.16.0.1/24 dev veth1
$ ip netns exec ns1 ip link set veth1 up

# 配置命名空间 2 中的 veth2
$ ip netns exec ns2 ip addr add 172.16.0.2/24 dev veth2
$ ip netns exec ns2 ip link set veth2 up
```

（5）在 ns1 命名空间中测试与 ns2 命名空间的通信。

```
$ ip netns exec ns1 ping 172.16.0.2
PING 172.16.0.2 (172.16.0.2) 56(84) bytes of data.
64 bytes from 172.16.0.1: icmp_seq=1 ttl=64 time=0.153 ms
64 bytes from 172.16.0.1: icmp_seq=2 ttl=64 time=0.148 ms
64 bytes from 172.16.0.1: icmp_seq=3 ttl=64 time=0.116 ms
```

通过上述步骤，创建了一个 Linux Bridge，将两个命名空间 ns1 和 ns2 通过虚拟以太网设备连接在同一个二层网络中。这样，两个命名空间之间可以通过桥接设备直接通信，实现在同一局域网内的网络互通。

需要补充的是，Linux Bridge 本质上是 Linux 系统中的虚拟网络设备，具备网卡特性，能够配置 MAC 和 IP 地址。从主机的角度来看，配置了 IP 地址的 Linux Bridge 设备就相当于一块"网卡"，能够参与数据包的 IP 路由。因此，当网络命名空间的默认网关设置为 Linux Bridge 的 IP 地址时，原本隔离的网络命名空间便能够与主机进行通信。

实现容器与主机之间的互通，是容器间通信的关键环节。7.6 节将详细阐述这方面的内容。

3.5.5　虚拟网络通信技术

基于物理设备实现的"原生"网络拓扑结构相对固定，很难跟得上云原生时代下系统频繁变动的频率。例如，容器的动态扩缩容、集群跨数据中心迁移等，都要求网络拓扑随时做出调整。正因为如此，软件定义网络（Software Defined Networking，SDN）的需求变得前所未有的迫切。

SDN 的核心思想是在现有物理网络之上构建一层虚拟网络，通过解耦控制平面（操作系统和网络控制软件）与数据平面（物理设备和通信协议），将网络服务从底层硬件中抽象出来，使其能够通过软件编程直接控制。

SDN 网络模型如图 3-15 所示，它由如下两部分组成。

（1）底层网络（Underlay 网络）：由路由器、交换机等硬件设备组成的物理网络，负责底层数据传输。

（2）覆盖网络（Overlay 网络）：基于网络虚拟化技术构建在 Underlay 之上的逻辑网络，实现虚拟机、容器等计算资源之间的互联。

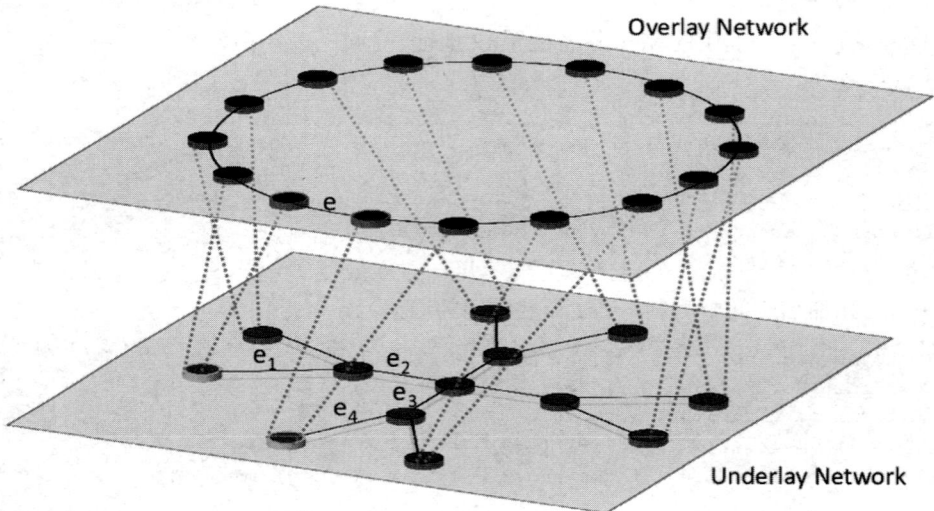

图 3-15　SDN 网络模型

SDN 的发展早于云原生十余年，在此过程中涌现出多种 Overlay 网络实现方案，如 Geneve（Generic Network Virtualization Encapsulation）、VXLAN（Virtual Extensible LAN）、STT（Stateless Transport Tunneling）等。这些技术本质上都是隧道技术，即通过"在现有物理网络上封装数据包，创建虚拟网络"。

在虚拟网络中，容器无须关注底层物理网络的路由规则，而物理网络也无须针对容器 IP 进行专门的路由配置。因此，以 VXLAN 为代表的 Overlay 网络，作为一种无须修改底层网络即可实现容器互联的方案，快速在容器领域铺开了。

学习 VXLAN 之前，有必要充分了解一些物理网络通信的基本原理。接下来将介绍 VXLAN 的前身——VLAN（Virtual Local Area Network，虚拟局域网）。

1. 虚拟局域网（VLAN）

在以太网通信中，数据帧必须包含目标 MAC 地址才能正常传输。因此，计算机在通信前通常会先广播 ARP 请求，以获取目标 MAC 地址。但是，当一个广播域内设备非常多时，ARP、DHCP、RIP 等机制会产生大量的广播帧，很容易形成广播风暴。因此，VLAN 的核心职责是划分广播域，使每个 VLAN 形成独立的广播域，从逻辑上隔离同一物理网络中的设备。

假设一个原始广播域使用网段 172.16.0.0/16，其默认情况下可以容纳 65,536 个 IP 地址（不包括保留地址）。若不进行划分，所有设备共享同一广播域，ARP 等广播流量可能引发严重的网络拥塞。如果将 172.16.0.0/16 划分为 255 个子网，每个子网对应 172.16.1.0/24、172.16.2.0/24、172.16.3.0/24，直到 172.16.255.0/24，每个子网的 VLAN ID 依次为 1，2，3，…，255。这样，每个 VLAN 拥有独立的广播域，理论上可容纳 254 台终端，广播风暴的影响指数级下降。

VLAN 划分子网的方式是在以太帧报头中添加 VLAN Tag，使广播仅在相同 VLAN Tag 的设备间生效。支持 VLAN 的交换机可识别帧内的 VLAN ID，确保数据包仅在相同 VLAN 内转发。

VLAN 划分子网虽然能有效控制广播风暴，但在既需要隔离又希望部分主机互通的场景下，仅划分 VLAN 还不够，还需建立跨 VLAN 访问的通道。由于不同 VLAN 之间完全隔离，广播域不重叠，所以，它们的通信必须依赖三层路由设备。

最简单的三层路由模式是通过单臂路由实现的。图 3-16 所示为 VLAN 单臂路由原理，路由器与交换机之间通过一条线路连接，称为 Trunk 链路。与之相对，主机与交换机之间的链路称为 Access 链路。Trunk 链路允许任何 VLAN ID 的数据包通过。当需要路由的数据包通过 Trunk 链路传输到路由器进行处理后，处理完的包会返回至交换机进行转发。所以，人们给这种拓扑起了一个形象的名字 —— 单臂路由。

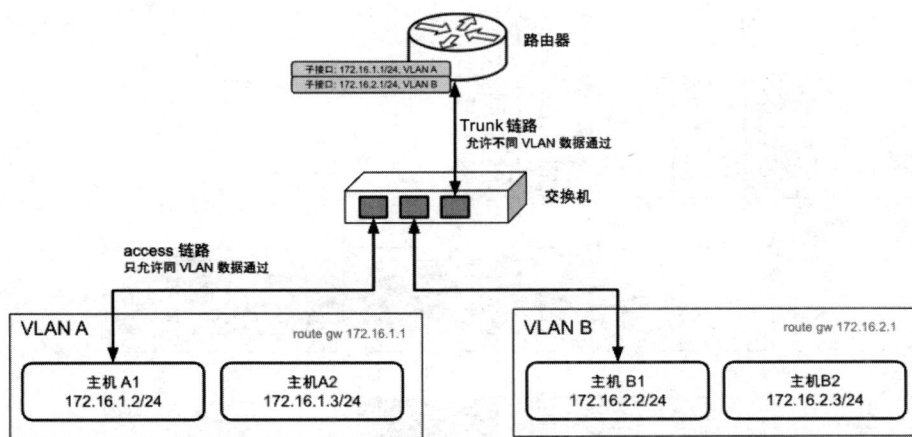

图 3-16　VLAN 单臂路由原理

单臂路由就是从哪个口进去，再从哪个口出来，而不像传统网络拓扑中数据包通过不同接口进入和离开路由器。为了实现这种单臂路由模式，802.1Q 以太网规范定义了"子接口"（Sub-Interface）的概念，使得同一物理网卡可以绑定不同 VLAN 的 IP 地址。通过将各子网的默认网关配置为相应子接口的地址，路由器可以通过修改 VLAN 标签来实现不同 VLAN 之间的跨子网数据转发。

VLAN 虽然通过划分子网来解决广播风暴，但它也有明显的缺陷。

- VLAN Tag 设计缺陷：当时的网络工程师完全未料及云计算会发展得会如此普及，只设计了 12 bit 存储 VLAN ID，因此最多只能支持 4094 个 VLAN。对于大型数据中心或运营商网络，这个数量远远不够，很容易造成 VLAN ID 枯竭。
- 跨数据中心通信困难：VLAN 是二层网络技术，而两个独立数据中心之间只能通过三层网络互通。这使得在云计算环境中，尤其是在业务跨多个数据中心部署时，传递 VLAN Tag 成为一种麻烦的工作。特别是在容器化环境中，一台物理机上可能运行数百个容器，每个容器都有独立的 IP 和 MAC 地址，这给路由器、交换机等设备带来了巨大的压力。

2. 虚拟可扩展局域网 VXLAN

为了解决 VLAN 的设计缺陷，IETF 定义了 VXLAN（Virtual eXtensible Local Area Network，虚拟可扩展局域网）规范。虽然从名字上看，VXLAN 似乎是 VLAN 的一种扩展协议，但实际上，它与 VLAN 在设计理念和实现方式上有着本质的不同。

VXLAN 属于 NVO3（Network Virtualization over Layer 3，三层虚拟化网络）的标准技术规范之一，采用隧道封装技术。其基本原理是通过"封装 / 解封"手段，将二层（L2）以太网帧封装到四层（L4）UDP 报文中，并在三层（L3）网络中进行传输。这样，不同数据中心节点之间的通信便如同在同一广播域内进行，从而解决了传统 VLAN 面临的扩展性和跨数据中心通信的限制。图 3-17 所示为 VXLAN 报文结构。

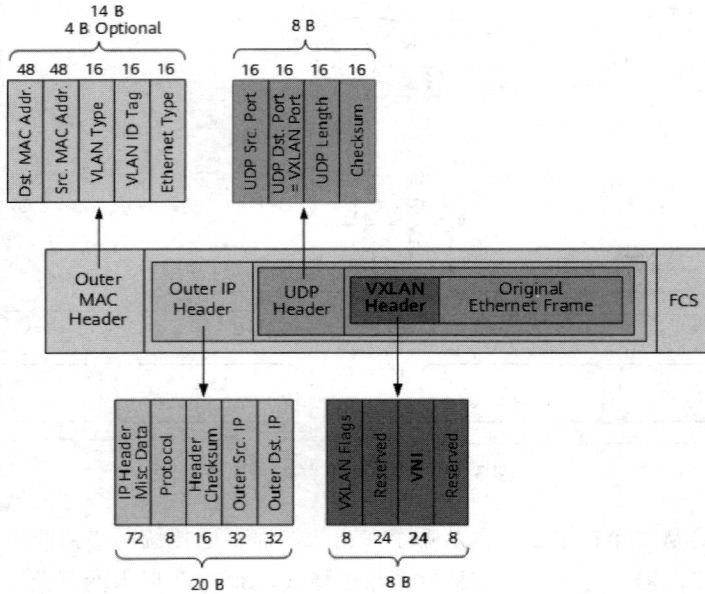

图 3-17　VXLAN 报文结构

由图 3-17 可以看到 VXLAN 报文是如何封装原始的以太网帧的（图 3-17 中的 Original

Layer2 Frame）。

- VXLAN Header：包含 24 位的 VNI（VXLAN Network Identifier）字段，用于定义 VXLAN 网络中的不同租户，支持的最大数量为 1677 万个。
- UDP Header：在 UDP 头中，目的端口号（图 3-17 中的 VXLAN Port）固定为 4789，源端口随机分配。
- Outer IP Header：封装目的 IP 地址和源 IP 地址，这里，IP 指的是宿主机的 IP 地址。
- Outer MAC Header：封装源 MAC 地址和目的 MAC 地址，这里，MAC 地址指的是宿主机 MAC 地址。

在 VXLAN 隧道网络中，负责"封装 / 解封"的设备被称为 VTEP 设备（VXLAN Tunnel Endpoints，VXLAN 隧道端点）。在 Linux 系统中，VTEP 设备实际上是一个虚拟的 VXLAN 网络接口。当源服务器中的容器发送原始数据帧时，首先由起点的 VTEP 设备将其封装为 VXLAN 格式的报文，然后通过主机的 IP 网络传输到目标服务器的 VTEP 设备。目标服务器中的 VTEP 设备解封 VXLAN 报文，恢复原始数据帧，并将其转发到目标容器。

Linux 内核 3.12 版本开始支持完备的 VXLAN 技术，包括多播模式、单播模式和 IPv6 支持等功能。现在，在三层可达的网络环境中，无须专用硬件，简单配置一下 Linux 系统，就可以构建 VXLAN 隧道网络。

下面的例子介绍了如何在 Linux 系统中配置 VXLAN 接口并将其与 Linux Bridge 绑定。

```
# 创建一个 bridge
$ brctl addbr br0

# 创建一个 VXLAN 接口，VNI 为 100，指定使用 eth0 作为物理接口
$ ip link add vxlan100 type vxlan id 100 dev eth0 dstport 4789

# 将 VXLAN 接口加入 bridge
$ brctl addif br0 vxlan100

# 启动 bridge 和 VXLAN 接口
$ ip link set up dev br0
$ ip link set up dev vxlan100
```

通过上述配置，当 vxlan100 接口接收到数据包（通过 VXLAN 隧道传输而来）时：首先，进行解封操作，移除 VXLAN 头部和 UDP 头部，提取原始的二层以太网帧；然后，将原始二层以太网帧转发至名为 br0 的 Linux bridge；最后，Linux Bridge 根据其连接的网络接口转发至某个网络命名空间。

从上述分析可以看出，VXLAN 完美弥补了 VLAN 的不足：首先，VXLAN 使用 24 位的 VNI 字段（如图 3-18 所示），理论上可支持超过 1600 万个逻辑二层网络，远超 VLAN 的 4094 个限制；其次，VXLAN 本质上构建了跨越多个物理网络的"隧道"，通过将原始 Layer 2（以太网）帧封装在 Layer 3（IP 网络）中进行传输，实现不同物理网络之间的通信，犹如处于同一个广播域。无论虚拟机或容器迁移到 VLAN B 还是 VLAN C，它们仍然处于同一个二层网络中，网络层配置无须调整。

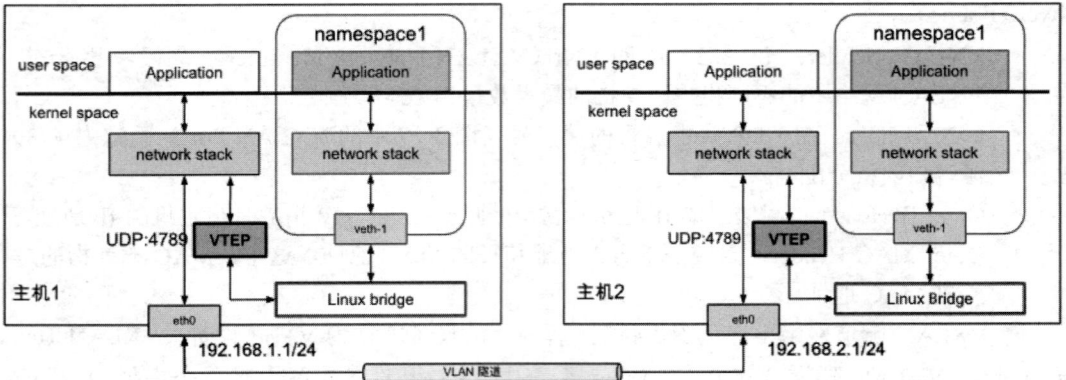

图 3-18　VXLAN 通信概览

VXLAN 具备高灵活性、可扩展性和易于管理的特点，已成为构建数据中心及容器网络的主流技术。绝大多数公有云的 VPC（虚拟私有云）及容器网络均采用 VXLAN 技术构建大型二层网络。在 7.6 节，笔者将以容器网络解决方案 Flannel 的 VXLAN 模式为例，详细阐述容器网络通信的过程及原理。

3.6　小结

道家经典《庄子》中有一则庖丁解牛的故事。梁惠王因庖丁解牛的技术惊叹："你的技术咋会高超到这种程度？"庖丁回："我所追求的是宰牛的道理啊，道理要比技艺更高一筹……"。

软件开发技术其实和解牛技术是相通的。当你不懂底层原理时，只能看到表面的现象。技术精进后，达到庖丁的境界时，就如同佩戴了透视镜，能洞察系统的内在脉络，理解各个模块的"有机"协作，进而对整个系统架构建立全局视野，把握设计与技术选型的核心。

第4章
负载均衡与代理技术

一个篮子装不下所有的鸡蛋，那么就多用几个篮子来装。

——分布式系统的基本思想。

出于扩展服务能力或提高容错性的考虑，大多数系统通常以集群形式对外提供服务。

当以集群形式提供服务时，外界的请求无论由哪台服务器处理，都应获得一致的结果；另一方面，集群还需要对外保持足够的透明度。换句话说，外界与集群交互时，应该感觉仿佛面对一台高性能、高可用的服务器。集群内部增加或删除服务器时，外界不会察觉，也无须调整任何配置。

为集群提供访问入口并实现上述职责的组件称为"负载均衡器"（或称代理）。负载均衡器是业内最活跃的领域之一，产品层出不穷（如专用网络设备、软件实现等），部署拓扑多样（如中间代理型、边缘代理型、客户端内嵌型等）。无论形式或部署拓扑如何，所有负载均衡器的核心职责无外乎"选择处理外界请求的目标"（即负载均衡算法）和"将外界请求转发至目标"（即负载均衡的工作模式）。本章将围绕这两个核心职责展开，帮助读者理解负载均衡器的工作原理。

本章内容导读如图 4-0 所示。

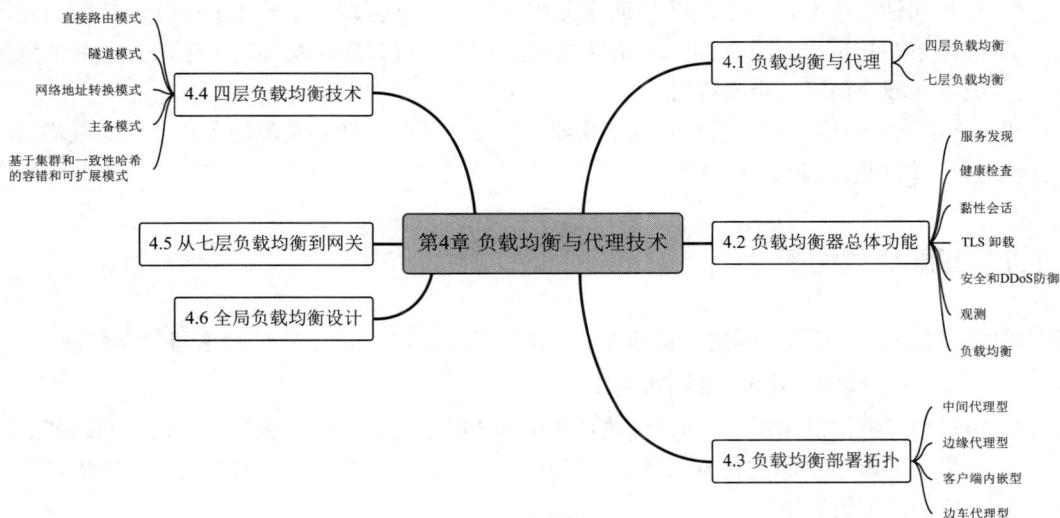

图 4-0　本章内容导读

4.1 负载均衡与代理的分类

在讨论负载均衡时,"负载均衡器"(Load Balancer)和"代理"(Proxy)这两个术语常被混用。严格来说,并非所有代理都属于负载均衡器,但大多数代理的核心功能都涵盖负载均衡。为了简化表述,本书将这两个术语视为大致等同,不作严格区分。

图 4-1 所示为负载均衡高层架构图,客户端(Client)的请求通过负载均衡器(Load Balancer)转发至某个后端服务器(Backend)。从整体架构来看,负载均衡器承担以下职责。

- 服务发现:识别系统中可用的后端服务器,并获取它们的地址,以便与后端进行通信。
- 健康检查:监测后端服务器的状态,确保只有健康的服务器能够接收请求。
- 负载均衡:根据适合的分配算法,将请求均匀分配到健康的后端服务器上,提高系统的整体性能与可靠性。

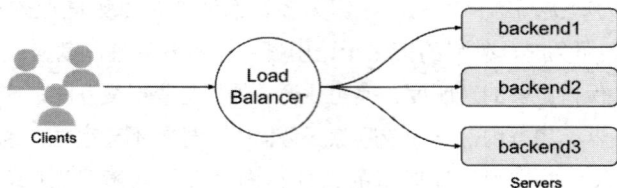

图 4-1　负载均衡高层架构图

合理使用负载均衡能为分布式系统带来如下好处。

- 命名抽象:客户端通过统一的访问机制(如 DNS 或内置库)连接到负载均衡器,无须关心后端服务器的拓扑结构或配置细节。
- 容错能力:通过健康检查和负载均衡算法,将请求分配至正常运行的后端服务器。故障服务器会被自动移出负载均衡池,为运维人员提供足够的修复窗口。
- 成本和性能收益:后端服务器通常分布在多个网络区域(Zone/Region),负载均衡器根据策略将请求保持在同一网络区域内,从而提高服务性能(减少延迟)并降低资源成本(减少跨区域带宽费用)。

从网络层次的角度来看,所有负载均衡器可以分为两类:四层负载均衡和七层负载均衡,分别对应 OSI 模型的第四层(传输层)和第七层(应用层)。

4.1.1　四层负载均衡

需要注意的是,所谓"四层负载均衡",并非严格限定于 OSI 模型的第四层(传输层)。实际上,它的工作模式涉及多个网络层次。

- 第二层(数据链路层):通过修改帧头中的 MAC 地址,将请求从一个物理网络节点转发到另一个节点。这种方式通常用于同一广播域内的转发,例如,交换机或桥接设备完成的二层转发操作。

- 第三层（网络层）：通过修改 IP 地址，实现跨子网的请求路由和转发。这是路由器的核心功能，通过修改数据包的源或目的 IP 地址，实现子网之间的通信和流量转发。
- 第四层（传输层）：通过修改 TCP/UDP 端口号或连接的目标地址，利用网络地址转换（NAT）技术隐藏内部网络结构，将请求从一个入口转发至多个后端服务。

如图 4-2 所示，上述各个网络层次的共同特点是维持了传输层协议（如 TCP、UDP）的连接特性。如果读者在其他资料中看到"二层负载均衡"或"三层负载均衡"的说法，应该理解这是负载均衡器在不同网络层次上的工作模式。

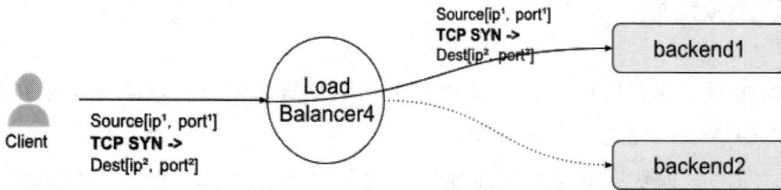

图 4-2　四层负载均衡器"转发"客户端的 TCP 连接

典型情况下，四层负载均衡器处理的是 TCP、UDP 等连接协议，它并不关心传输字节所代表的具体应用内容，这些字节可能来自 Web 应用、数据库服务或其他网络服务。因此，四层负载均衡器具有广泛的应用范围，能够适应各种不同类型的网络服务。

由于建立连接的开销较大（例如，TCP 三次握手，尤其在启用 TLS 加密时），许多网络协议（如 TCP、HTTP/2、QUIC 和 WebSockets）在演进过程中逐步引入了"多路复用"和"连接保持"等特性，也就是将同一连接或会话的流量始终转发到相同的后端服务器，从而避免频繁的连接建立过程。

如图 4-3 所示，"连接保持"机制存在潜在问题，请看下面的示例场景。

- Client A 和 Client B 两个 HTTP/2 客户端通过四层负载均衡器和后端服务器建立持久连接。
- Client A 的 TCP 连接每分钟发送 40 个 HTTP 请求，而 Client B 的 TCP 连接每秒发送 1 个 HTTP 请求。

四层负载均衡器将 Client A 的所有 TCP 请求转发至同一台服务器，导致该服务器过载，而其他服务器则处于闲置状态。这种资源利用不均的问题在电气工程领域被称为"阻抗不匹配"现象。

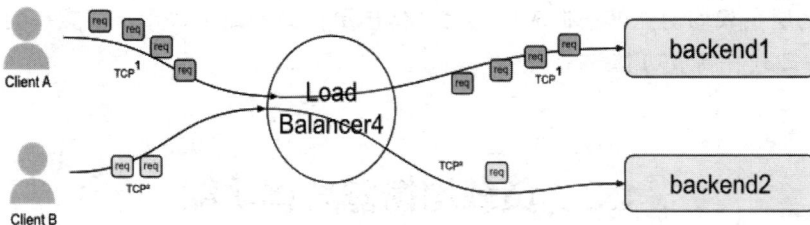

图 4-3　四层负载均衡器下的"连接保持"问题

随着用户规模扩大，四层负载均衡器面临的"阻抗不匹配"问题将变得更加明显。

不过也不要担心，可以引用计算机领域一句流传颇广的俚语："计算机科学中的所有问题都可以通过增加一个间接层来解决。如果不够，那就再加一层"。因此，在四层负载均衡器之上添加了一个二级分发器 —— 七层负载均衡。

- 四层负载均衡器工作在传输层，根据连接特性完成初步的请求转发。
- 七层负载均衡器工作在应用层，根据请求内容进一步优化请求转发。

通过两次分发，请求的"阻抗不匹配"问题就消失了。

4.1.2　七层负载均衡

七层负载均衡器工作在应用层，这意味着负载均衡器必须与后端服务器建立新的传输层连接，并将客户端的请求代理到后端服务器。

图 4-4 所示为七层负载均衡器的工作原理。当客户端发送 HTTP 请求（stream）时：

- 请求 1（stream1）被代理至第一个后端服务器。
- 请求 2（stream2）被代理至第二个后端服务器。

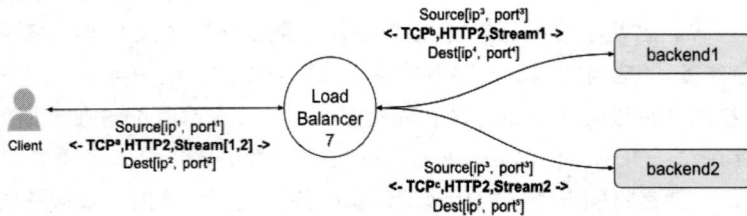

图 4-4　七层负载均衡器的工作原理

七层负载均衡器能够处理更复杂的操作，原因在于它工作在应用层，能够检测和处理请求内容，具体包括如下内容。

- 安全层 TLS 协议：TLS 的归属层次在网络领域存在争议，为便于讨论，本书假设属于应用层。
- 物理 HTTP 协议：涵盖 HTTP/1、HTTP/2、HTTP/3 等版本。
- 逻辑 HTTP 协议：包括请求的头部、主体和尾部数据。
- 消息协议：如 gRPC、RESTful API、SOAP、AMQP、MQTT 等。

因此，七层负载均衡能够根据应用层信息做出更精细的路由决策，并支持内容缓存、压缩、TLS/SSL 卸载等高级功能。

4.2　负载均衡器总体功能

现代负载均衡器的功能已远超其初衷。本节将简要介绍负载均衡器的常见功能，以帮助读者对其有一个整体性的认识。

4.2.1　服务发现

服务发现是负载均衡器识别后端服务器的一种机制，不同的实现方式差异较大，以下是几种常见的实现方式。

- 静态配置文件：通过手动维护配置来实现基础的服务发现。
- DNS：将后端服务器的 IP 地址以 SRV 记录或 A 记录形式注册到 DNS 服务器，客户端通过查询 DNS 记录获取后端服务器的 IP 地址。
- 服务注册中心（如 ZooKeeper、Etcd、Consul 等）：后端服务器启动时将服务名称、地址、端口及健康检查信息注册到这些系统中。客户端通过查询 API 获取服务信息。这些系统通常内置健康检查机制，定期监控服务状态，并自动更新服务列表。
- 服务网格领域的数据平面 API：提供标准化的数据平面接口（xDS 协议），支持跨平台、跨环境的服务发现（详见本书 8.3 节）。

4.2.2　健康检查

健康检查用于评估后端服务器是否能够正常处理请求，识别不可用的服务器并将流量重新分配。健康检查有如下两种方式。

- 主动健康检查：负载均衡器定期向后端发送健康探测请求，根据响应状态判断后端服务器是否健康。例如，某些七层负载均衡器会请求特定的健康检查路径（如 /health 或 /status），通过 HTTP 状态码来判断后端服务的健康状态。
- 被动健康检查：负载均衡器通过持续监控请求、响应和连接的状态，分析异常情况来判断后端服务器的健康状态。如果在一段时间内发现某个后端出现多次连接失败或超时等问题，负载均衡器会将该后端标记为不健康。

4.2.3　黏性会话

对于某些特定应用，确保属于同一会话的请求被路由到相同的后端服务器至关重要。

会话的定义因业务而异，可能基于 HTTP cookies、客户端地址、请求头或其他相关属性来确定。大部分七层负载均衡器支持通过配置 HTTP cookies 或 IP 哈希来实现"黏性会话"（sticky session）。

值得注意的是，黏性会话涉及缓存、临时状态管理，实现黏性会话的设计通常很脆弱（赖于特定服务器、无法动态扩展、不可预测的负载分配问题等）。一旦处理会话的后端出现故障，整个服务都会受到影响。因此，设计具有该特性的系统时，需要格外谨慎。

4.2.4　TLS 卸载

TLS 卸载（TLS Termination）是指将 TLS 加密 / 解密、证书管理等操作由负载均衡器统一处理。这样做的好处如下。

- 减轻后端负载：后端服务器无须处理加密 / 解密操作，可以专注于业务逻辑处理。
- 减少运维负担：负载均衡器集中管理 SSL 证书的配置和更新，避免每个后端服务器单独管理证书。
- 提升请求效率：负载均衡器通常具备硬件加速能力，并经过优化，能更高效地处理 TLS 连接（详见 2.5.2 节）。

4.2.5　安全和 DDoS 防御

作为集群的唯一入口，负载均衡器不仅是流量的调度中心，也是系统安全的第一道防线。

负载均衡器可以作为访问控制点，拦截来自不受信任的来源的请求，防止恶意流量进入内部系统。此外，负载均衡器可以通过部署 IP 黑 / 白名单、流量限速、请求鉴权等功能，强化对外部攻击的防护能力。

另外，负载均衡器通过支持高级安全功能（如 SSL/TLS 终端加密和 Web 应用防火墙）进一步增强了系统的安全性。在面临 DDoS 攻击时，负载均衡器能够通过流量分散、智能限速等手段，有效缓解攻击压力，保护内部资源不受影响。

4.2.6　观测

从基本的统计信息（如流量、连接数和错误率）到与微服务架构集成的调用链追踪，不同层次的负载均衡器输出的可观测性数据各异。

- 四层负载均衡器的观测数据集中在连接、流量、延迟等网络层面的分析。
- 七层负载均衡器的观测数据集中在 HTTP 请求、HTTP 错误码、会话保持、路由分配等应用层面的分析。

需要注意的是，输出可观测性数据并非没有代价，负载均衡器需要进行额外处理来生成这些数据，但所带来的收益远超过那一点性能损失。

4.2.7　负载均衡

负载均衡调度算法是一个相对活跃的研究领域，从简单的随机选择到更复杂的考虑各种延迟和后端负载状态的算法，笔者无法逐一展开，这里仅从功能和应用的角度简要介绍一些常见的负载均衡算法。

- 轮询均衡算法（Round-Robin）：按依次循环的方式将请求调度到不同的服务器上，

该算法最大的特点是实现简单。轮询均衡算法假设所有的服务器处理请求的能力都一样，调度器会将所有的请求平均分配给每个真实服务器。

- 最小连接均衡算法（Least-Connection）：该算法中调度器需要记录各个服务器已建立连接的数量，然后把新的连接请求分配到当前连接数最小的服务器。
- 最小连接均衡算法特别适合于服务器处理时间不一致的场景。例如，当某些请求可能占用较长时间，而另一些请求很快就会完成时，最小连接算法可以有效避免某些服务器因处理大量复杂请求而过载。
- 一致性哈希均衡算法（Consistency Hash）：将请求中的某些特征数据（例如，IP、MAC 或者更上层应用的某些信息）作为特征值来计算需要落在的节点。一致性哈希算法会保证同一个特征值的请求每次都会落在相同的服务器上。
- 随机均衡算法（Random）：此种负载均衡算法类似于轮询调度，不过在分配处理请求时是随机的过程。由概率论可以得知，随着客户端调用服务端的次数增多，其实际效果趋近于平均分配请求到服务端的每台服务器，也就是达到轮询的效果。

以上算法假设的是所有服务器处理能力均相等，并不管服务器的负荷和响应速度。如果集群内各个服务器处理能力不一致呢？如服务器 A 每秒可处理 10 个请求，服务器 B 每秒可处理 100 个请求，不考虑服务器的处理能力的负载均衡算法，实际上是一种"伪均衡"算法。

考虑各个服务器的处理能力存在差异，负载均衡算法又有了对服务器"加权"的补充。

加权负载均衡算法通过按权值高低分配请求，使权重较高的服务器处理更多连接，从而保证集群内后端服务器的负荷整体均衡。常用的加权负载均衡算法有加权轮询（Weighted Round Robin）、加权最小连接（Weighted Least-Connection）和加权随机（Weighted Random）等，笔者就不逐一介绍了。

4.3　负载均衡部署拓扑

本节将介绍 4 种负载均衡部署拓扑，不同的部署拓扑决定了流量如何被分配、如何实现冗余和高可用性，进而影响系统的性能、可扩展性和容错能力。

4.3.1　中间代理型

第一种是中间代理型部署拓扑，如图 4-5 所示。这是最常见的负载均衡部署方式，负载均衡器位于客户端与后端服务器之间，负责将请求转发至多个后端服务器。

在中间代理型部署拓扑中，负载均衡器可以分为以下 3 类。

- 硬件设备：由 Cisco、Juniper、F5 Networks 等公司提供的硬件负载均衡设备。
- 纯软件：如 Nginx、HAProxy、Envoy 和 Traefik 等开源软件负载均衡器。

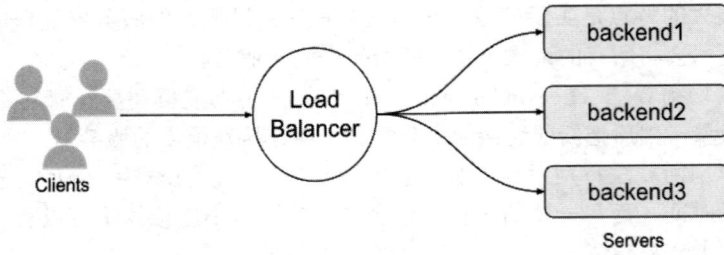

图 4-5　中间代理型部署拓扑

- 云服务：包括阿里云的 SLB（Server Load Balancer）、AWS 的 ELB（Elastic Load Balancer）、Azure 的 Load Balancer 和 Google Cloud 的 Cloud Load Balancing 等云平台提供的负载均衡服务。

中间代理型部署拓扑的优缺点如下。

- 优点：配置简便，用户只需通过 DNS 连接到负载均衡器，无须关心后端细节，使用体验简单直观。
- 缺点：存在单点故障的风险，负载均衡器一旦出现故障，会导致整个系统无法访问。

4.3.2　边缘代理型

边缘代理型实际上是中间代理型拓扑的一个变种。

一个典型的边缘代理示例是 2.7 节中提到的动态请求"加速"技术。Akamai 在全球多个数据中心部署边缘节点，这些节点具备代理功能，用户请求会被路由至最近的节点。收到请求后，边缘节点会执行安全检查（如 DDoS 防护），根据缓存策略决定是返回缓存内容（CDN 技术），或者将请求转发至源服务器（请求加速技术）。

边缘代理型部署拓扑的优缺点如下。

- 优点：通过将负载均衡、缓存和安全策略集中在网络边缘，边缘代理显著降低延迟、提高响应速度，并增强安全性（如 DDoS 防护）。
- 缺点：虽然边缘代理减少了单点故障的风险，但若某个边缘节点发生故障，仍会影响该节点服务的用户。

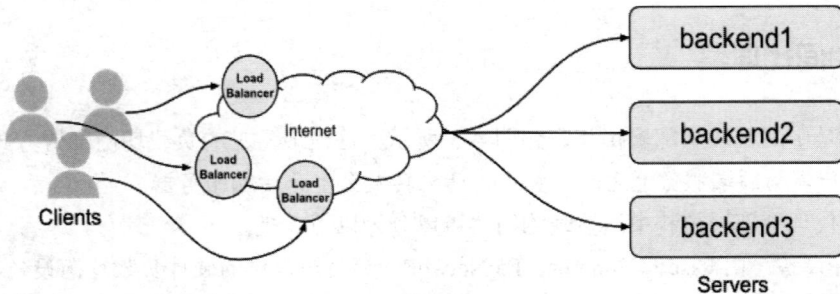

图 4-6　网络边缘型部署拓扑

4.3.3　客户端内嵌型

为解决中间代理型拓扑的单点故障问题，出现了更复杂的解决方案，其中之一是将负载均衡器以 SDK 库形式嵌入客户端，如图 4-7 所示。这些 SDK 库有 Finagle、Eureka、Ribbon 和 Hystrix 等，它们优缺点如下。

- 优点：将负载均衡器功能"转移"至客户端，避免了单点故障问题。
- 缺点：需要为每种编程语言实现相应的 SDK，且在项目复杂时，处理版本依赖和兼容性问题变得棘手（微服务框架的相关问题将在 8.2 节详细讨论，读者可进一步了解）。

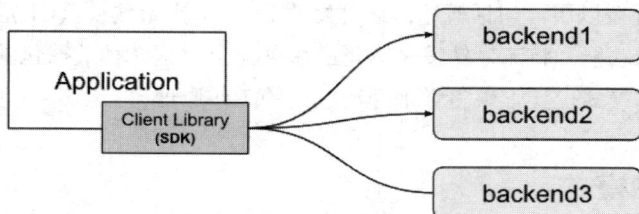

图 4-7　客户端内嵌型部署拓扑

4.3.4　边车代理型

边车代理型拓扑近年来在微服务架构中得到广泛应用，并发展为一种被称为"服务网格"（Service Mesh）的架构模式，如图 4-8 所示。

边车代理的基本原理是在应用容器或服务旁边部署一个独立的代理容器，用于实现请求的负载均衡和流量管理。目前，像 Envoy 和 Linkerd 等网络型边车代理已被广泛应用。关于服务网格的技术原理，将在第 8 章中进行详细阐述。

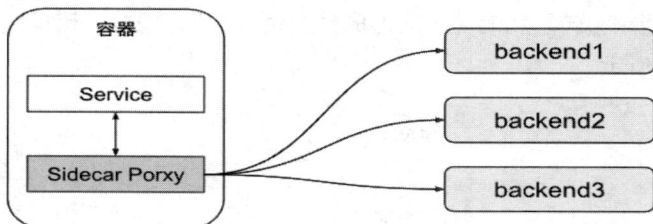

图 4-8　边车代理型部署拓扑

总体而言，中间代理型负载均衡器正逐步演变为功能更强大的"网关"，所有请求通过单一入口（即网关）进入集群。在这种架构下，负载均衡器作为网关，不仅负责基本的请求转发，还承担更高级的请求管理与安全控制，包括 TLS 卸载、请求限制、身份验证和复杂内容路由等。同时，针对东西向流量（即服务间通信），边车代理模式"透明"地接管了服务间的通信治理，正逐渐成为主流选择。

4.4　四层负载均衡技术

四层负载均衡器的典型代表是 LVS（Linux Virtual Server，Linux 虚拟服务器）。LVS 由中国程序员章文嵩于 1998 年开发。

当时，章文嵩正在读博士，他发现硬件负载均衡器价格昂贵，用了几周时间开发了 LVS（最初称为 IPVS）。2004 年，LVS（IPVS）被纳入 Linux 内核 2.4。从此之后，所有 Linux 系统都具备了变身为负载均衡器的能力。

LVS 的基本原理可以用一句话概述：通过修改 MAC 层、IP 层、TCP 层的数据包，实现一部分交换机和网关的功能，将流量转发至真正的服务器上。这 3 种数据包的修改方式分别对应 LVS 提供的 3 种工作模式，接下来将详细介绍它们的工作原理。

4.4.1　直接路由模式

LVS 的直接路由模式实际是一种链路层转发技术。

链路层负转发的原理如下：负载均衡器收到请求后，修改数据帧的目标 MAC 地址，再由交换机转发至某个"后端服务器"。

需要注意的是，后端服务器接收到的数据包中，IP 层的目标地址（即 VIP）并不属于后端服务器的物理网络接口，这些数据包会被丢弃。因此，必须将 VIP 地址绑定到本地回环接口（lo 接口）。

例如，若某个 VIP 地址为 1.1.1.1，可以通过以下命令将该 IP 绑定到后端服务器的 lo 接口：

```
$ ip addr add 1.1.1.1/32 dev lo
```

在直接路由模式中，请求通过负载均衡器转发至后端服务器，而后端服务器的响应无须再经过负载均衡器，请求、转发和响应之间形成"三角关系"，因此，该模式也被称为"三角传输模式"，如图 4-9 所示。

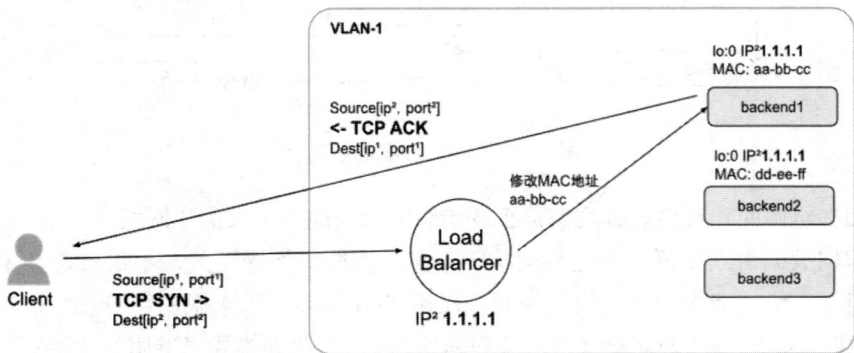

图 4-9　直接路由模式的三角传输示例

直接路由模式的优点在于，特别适合响应流量远大于请求流量的场景。例如，在典型的 HTTP 请求 / 响应模式中，请求流量可能仅占总流量的 10%，而响应流量占 90%。通过三角传输模式，负载均衡器只需处理 1/10 的总流量。这种设计不仅显著降低了带宽成本，还提升了负载均衡器的可靠性（流量越少，负载越轻，越不容易出现问题）。

直接路由模式的缺点如下。

- 监控功能受限：由于响应流量直接返回客户端，负载均衡器无法监控完整的 TCP 连接状态，这可能影响防火墙策略的实施。例如，负载均衡器只能捕获 TCP 连接的 SYN 包，而无法跟踪后续的 ACK 包。
- 网络架构要求高：负载均衡器与后端服务器之间通过链路层通信，因此，要求两者位于同一子网内，这对网络拓扑设计提出了较高的要求。

4.4.2　隧道模式

在直接路由模式中，请求通过修改链路层的 MAC 地址转发；而在网络层，也可以通过修改 IP 数据包实现请求转发。LVS 的隧道模式和 NAT 模式都属于网络层负载均衡，两者的区别是修改 IP 数据包的方式不同。

隧道模式的基本原理如下：LVS 创建一个新的 IP 数据包，将原始 IP 数据包作为"负载"（payload）嵌入其中。新数据包随后被三层交换机路由到后端服务器，后者通过拆包机制移除额外的头部，恢复原始 IP 数据包并进行处理。

假设客户端（IP 203.0.113.5）向 VIP (1.1.1.1) 发送的数据包如下：

```
{
  Source IP: 203.0.113.5,
  Destination IP: 1.1.1.1,
  Payload: "Request data"
}
```

负载均衡器收到数据包后，根据调度算法选择一台后端服务器（172.12.1.3），并对数据包进行封装处理。

封装的结构如下：

```
{
  Source IP: 172.12.1.2,
  Destination IP: 172.12.1.3,
  Payload: {
    Original Source IP: 203.0.113.5,
    Original Destination IP: 1.1.1.1,
    Original Data: "Request data"
  }
}
```

将一个 IP 数据包封装在另一个 IP 数据包内，并配合相应的解包机制，这是典型的 IP 隧道技术。在 Linux 中，IPIP 隧道实现了字面意义上的 IP in IP。由于隧道模式工作在网络层，绕过了直接路由模式的限制，因此，LVS 隧道模式可以跨越子网进行通信。

图 4-10 所示为隧道模式的工作原理。由于源数据包信息完全保留，因此，隧道模式也继承了三角传输的特性。

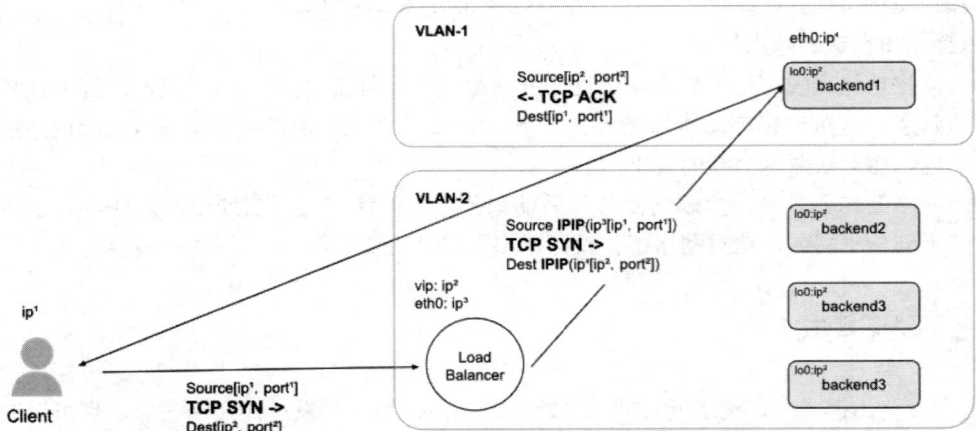

图 4-10　隧道模式的工作原理

隧道模式可以视为直接路由模式的升级版，支持跨网通信。不过，由于涉及数据包的封装与解封，后端服务器必须支持相应的隧道技术（如 IPIP 或 GRE）。其次，隧道模式继承了三角传输的特性，因此，后端服务器也需要处理虚拟 IP（VIP）与 lo 接口的关系。

4.4.3　网络地址转换模式

另一种对 IP 数据包的修改方式是直接修改原始 IP 数据包的目标地址，将其替换为后端服务器的地址。这种方式被称为网络地址转换（NAT）模式，如图 4-11 所示。

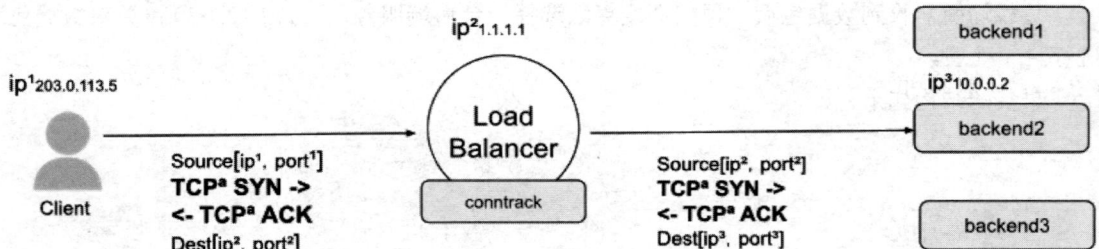

图 4-11　网络地址转换（NAT）模式

假设客户端（203.0.113.5:37118）请求负载均衡器（1.1.1.1:80），四层负载均衡器根据调度算法挑选了某个后端服务器（10.0.0.2:8080）处理请求。

此时，四层负载均衡器处理请求和响应的逻辑如下。

（1）当客户端请求到达负载均衡器时，负载均衡器执行 NAT 操作。

① 首先是 DNAT（目标地址转换）操作：将目标 IP 和端口（1.1.1.1:80）改为后端服务器的 IP 和端口（10.0.0.2:8080），这使得请求能够被路由至指定的后端服务器处理。

② 为了保持通信的完整性，负载均衡器还会执行 SNAT（源地址转换）操作。也就是原始源 IP 和端口（203.0.113.5:37118）改为四层负载均衡器的 IP 和端口（1.1.1.1: 某个随机端口）。SNAT 操作确保后端服务器认为请求是来自负载均衡器，而不是直接来自客户端。

（2）当后端服务器返回响应时，负载均衡器执行相反的 NAT 操作：

① 将源 IP 和端口改回 1.1.1.1:80。

② 将目标 IP 和端口改回客户端的 203.0.113.5:37118。

最终，客户端请求 / 接收的都是负载均衡器的 IP 和端口，并不知道实际的后端服务器信息。

从上述可见，在网络地址转换（NAT）模式下，负载均衡器代表整个服务集群接收和响应请求。因此，当流量压力较大时，系统的瓶颈就很容易体现在负载均衡器上。

4.4.4　主备模式

到目前为止，我们讨论的都是单个负载均衡器的工作模式。那么，如果负载均衡器出现故障呢？这将影响所有经过该负载均衡器的连接。为了避免因负载均衡器故障导致服务中断，负载均衡器通常以高可用模式进行部署。

图 4-12 所示为常见的主备模式，其核心在于每台节点上运行 Keepalived 软件，该软件实现了 VRRP（Virtual Router Redundancy Protocol），虚拟出一个对外提供服务的 IP 地址（VIP）。默认情况下，VIP 绑定在主节点（Master）上，由主节点处理所有流量请求。备用节点（Backup）则持续监控主节点的状态，当主节点发生故障时，备用节点会迅速接管 VIP，确保服务不中断。

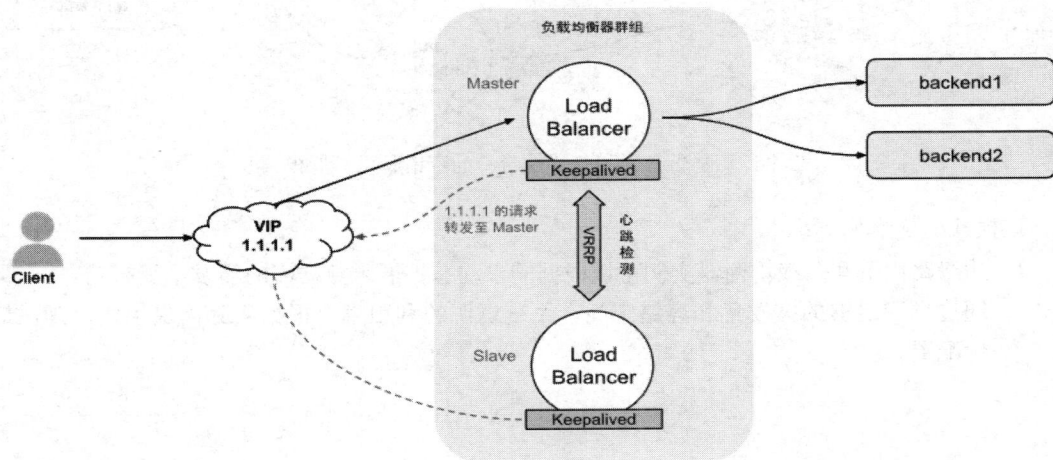

图 4-12　主备模式

主备模式的设计在现代分布式系统中非常普遍，但这种方式存在以下缺陷：

- 在正常运行时，50% 的资源处于闲置状态，备用服务器始终处于空转状态，导致资源利用率低下。
- 现代分布式系统更加注重高容错性。理想情况下，即使多个实例同时发生故障，服务仍应能持续运行。然而，在主备模式下，一旦主节点和备用节点同时发生故障，服务将完全中断。

4.4.5 基于集群和一致性哈希的容错和可扩展模式

近些年，业界开始设计全新四层负载均衡系统，其设计目标如下：

- 避免传统主备模式的缺点。
- 从依赖厂商的商业硬件方案，转向基于标准服务器和网卡的通用软件解决方案。

图 4-13 所示为基于集群和一致性哈希的容错和可扩展模式。其工作原理如下：

- N 个边缘路由器使用相同的 BGP 权重通告所有 Anycast VIP[①]，确保同一流（flow）的所有数据包都通过相同的边缘路由器。
- N 个四层负载均衡器使用相同的 BGP 权重向边缘路由器通告 VIP，确保同一流的数据包始终经过相同的四层负载均衡器。
- 每个四层负载均衡器实例通过一致性哈希算法，为每个流选择一个后端服务器。

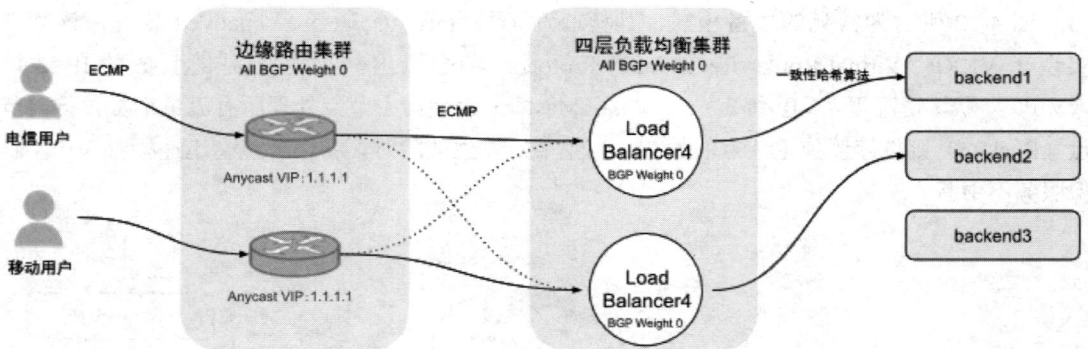

图 4-13 基于集群和一致性哈希的容错和可扩展模式

该模式的优点如下：

- 边缘路由器和负载均衡器实例可以根据需求动态扩展，数据流的转发不受影响。
- 通过预留足够的突发量和容错空间，系统资源的利用率可根据实际需求优化，确保最优配置。

---

① Anycast VIP 是一种通过 Anycast 路由协议分配的虚拟 IP 地址，用于在多个位置部署相同的 IP 地址，并根据路由选择将流量引导到最靠近的或最优的服务器节点。

- 无论是边缘路由器还是负载均衡器，都可以基于通用硬件构建，且其成本仅为传统硬件负载均衡器的一小部分。

4.5　从七层负载均衡到网关

早期的七层负载均衡器（如 Nginx）依赖静态配置，仅具备基本的请求代理功能。随着微服务架构兴起，负载均衡器开始承担更多职责，逐步从"流量工具"演变为"系统的边界控制层"——网关。

业界较流行的网关系统（高级负载均衡器）如表 4-1 所示。

表 4-1　业界较流行的网关系统

名　　　称	简　　　介
OpenResty	基于 Nginx 的高性能 Web 平台，集成了大量模块，用来处理 HTTP 请求，被许多企业作为内部网关的基础框架
Kong	构建在 OpenResty 上的网关平台，有丰富的插件体系，支持身份认证、限流、日志记录、监控等功能
Spring Cloud Gateway	Spring 框架下的 API 网关解决方案，与 Spring Cloud 生态（如 Eureka、Config Server）深度集成，广泛应用于 Java 技术栈的微服务项目
Traefik	专为容器化系统设计，可与 Kubernetes、Docker 无缝集成。支持自动服务发现、动态配置路由、请求限流、身份验证、可观测等
Envoy	Envoy 是 Lyft 开发的一款面向服务网格的高性能网络代理，支持高级的路由控制、负载均衡策略、服务发现和健康检查等。Envoy 与 Istio 紧密结合，通常作为服务网格的数据平面出现

这些网关（高级负载均衡器）各有各的特点，实现的功能也非常强大，笔者不再逐一介绍，简单列举部分功能，以便读者对"强大"有一个直观的感受。

- 协议支持：负载均衡器对应用层协议了解得越多，就可以处理越复杂的事情，包括系统可观测、高级负载均衡和内容路由等。以 Envoy 为例，它支持 HTTP/1、HTTP/2、HTTP/3（QUIC）、gRPC、TCP、TLS、WebSocket、PostgreSQL、Redis、MongoDB、DynamoDB 等协议。
- 动态配置：随着系统的动态性不断增强，需要在两个方面进行投入，一是动态控制，即实时调整系统行为；二是响应式控制，即根据环境变化做出快速反应。以 Istio 为例，它的架构分为数据平面和控制平面。
  - 数据平面：专注于动态控制，负责执行微服务之间的请求转发、负载均衡、熔断、重试、超时等流量管理策略。

◆ 控制平面：专注于响应式控制，通过集中式配置和管理，为数据平面提供统一接口，用于定义和修改流量管理策略。

- 流量治理：在分布式架构中，服务间通信治理（如超时、重试、限速、熔断、流量镜像、缓存等）是系统稳定性的重要保障。作为集群的入口，负载均衡器将服务间通信治理需求统一收敛，这极大地降低了业务系统的运维难度。

- 观测：目前，指标监控、链路追踪和日志记录已成为高级七层负载均衡器的标配功能。例如上面提到的 Envoy 和 Traefik，均支持与 Prometheus、Grafana、Jaeger 等监控系统集成。

- 可扩展：网关系统通常是插件化的，开发者可以根据需求灵活加载特定插件。例如，在 OpenResty 上，通过编写 Lua 脚本或集成第三方插件，可实现数据缓存、身份认证、安全防护、日志监控等自定义功能。

- 高可用及无状态设计：网关系统强调"无状态"（Stateless）架构设计，即每个请求都被视为独立的，不依赖于任何先前的请求或存储在服务器上的会话信息。通过消除服务器状态依赖，系统能够轻松实现水平扩展。

4.6　全局负载均衡设计

近年来，负载均衡系统的发展趋势是将单个负载均衡器视为通用的标准化组件，由一个全局控制系统统一管理。

图 4-14 所示为全局负载均衡系统。

- 边车代理（Sidecar Proxy）和位于 3 个 Zone 的后端通信。

- 边车代理、后端定期向全局负载均衡器（Global Load Balancer）汇报请求延迟、自身的负载等状态，全局负载均衡器根据状态做出最合适的配置策略。

- 全局负载均衡器向边车代理下发转发策略，可以看到 90% 的流量到了 Zone C，Zone A 和 Zone B 各只有 5%。

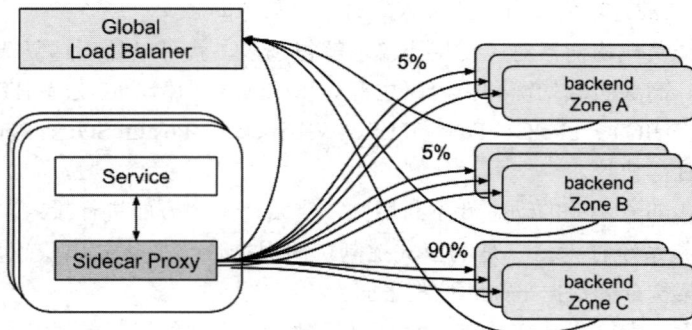

图 4-14　全局负载均衡系统

全局负载均衡器能够实现很多单个负载均衡器无法完成的功能，例如：

- 某个区域故障或负载过高时，全局负载均衡器自动将流量切换到其他可用区。
- 利用机器学习、神经网络技术检测并缓解流量异常问题，如识别并治理 DDoS 攻击。
- 收拢边车代理配置，提供全局运维视角，帮助工程师直观理解、维护整个分布式系统。

全局负载均衡器在服务网格领域表现的形式称为"控制平面"（Control Plane）。控制平面与边车代理协作的关键在于配置动态化。这部分内容将在 8.3 节详细阐述。

4.7　小结

负载均衡作为分布式系统的入口，直接影响整个系统的行为。因此，这一领域的竞争异常激烈，技术创新不断涌现。

在四层负载均衡领域，传统的硬件负载均衡设备（如 F5）正逐步被基于通用服务器和专用软件（如 IPVS、DPDK、fd.io）的解决方案所取代。例如，基于 DPDK 的流量转发和数据包处理技术，即使是普通物理机，也能轻松实现每秒百万至数千万的数据包处理能力。在七层负载均衡领域，随着微服务架构的快速发展，传统代理软件（如 Nginx、HAProxy）逐渐被更适应动态微服务环境的解决方案（如 Envoy、Traefik）所取代。

总体而言，随着技术架构逐步向云厂商主导的 IaaS、CaaS 和 FaaS 模式演进，工程师未来将很少需要关注物理网络的工作原理，隐藏在 XaaS 模式之下的各类网络技术正逐渐演变为"黑科技"。

第 5 章
数据一致性与分布式事务

网络是不稳定的，延迟是不可预测的，带宽是有限的，拓扑是动态的，一切都会失败。

—— 摘自"分布式计算八大谬论"[①]，有改动

事务（Transaction）最早指本地事务，也就是对数据库的多个读/写操作捆绑为一个操作单元。该操作单元作为一个执行整体，要么全部成功，要么全部中止，从而保证某些极端情况下（进程崩溃、网络中断、节点宕机）的数据一致性。随着分布式系统的广泛应用，所有需要保证数据一致性的应用场景，包括但不限于缓存、消息队列、存储、微服务架构之下的数据一致性保证等，都需要用到事务的机制进行处理。

在单体系统时代，如何实现事务仅仅是一个编码问题。但在分布式系统时代，事务操作跨越了多个节点，保证多个节点间的数据一致性便成了架构设计问题。2000 年以前，人们曾经希望基于"两阶段提交"（Two-Phase Commit Protocol，2PC）[②] 的事务机制，也能在现代分布式系统中良好运行，但这个愿望被 CAP 定理粉碎。本章将深入介绍分布式环境下数据一致性和可用性的矛盾，掌握各个分布式事务模型原理。

本章内容导读如图 5-0 所示。

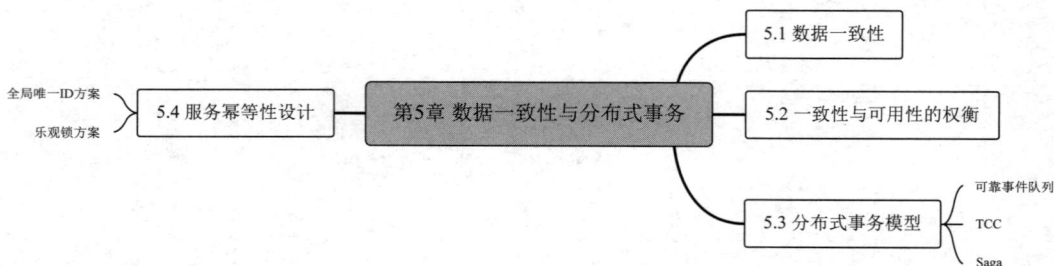

图 5-0　本章内容导图

---

① "分布式计算八大谬论"出现的背景如下：人们在设计和开发分布式系统时，常常将中心化系统的经验和假设直接应用到分布式环境中，忽视了分布式环境的复杂性和特殊需求。这些谬误可以视为分布式系统设计时需要考虑的架构需求。

② 两阶段提交（2PC）是一种在多节点之间实现事务原子提交的算法，用来确保所有的节点要么全部提交，要么全部中止。它是分布式数据中的经典算法之一。2PC 在某些数据库内部使用，或者以 XA 事务形式提供给应用程序。

5.1　数据一致性

引入事务是为了保证数据的"一致性"（Consistency）。

这里的一致性指的是，对数据有特定的预期状态，任何数据更改操作必须满足这些状态约束（或者恒等条件）。例如，处理一个转账业务，其中 A 向 B 转账 50 元。无论是转账前、转账过程中，还是转账完成后，A 和 B 的总金额要求始终保持不变。这意味着数据在整个过程中都保持一致，符合业务约束。

根据数据库的经典理论，想要达成数据的一致性，需要如下 3 个方面的努力。

（1）原子性（Atomic）："原子"通常指不可分解为更小粒度的东西。这里原子性描述的是客户端发起一个请求（请求包含多个操作）在异常情况下的行为。例如，只完成了一部分写入操作，系统出现故障了（进程崩溃、网络中断、节点宕机）。把多个操作纳入一个原子事务，万一出现上述故障导致无法完成最终提交时，则中止事务，丢弃或者撤销那些局部修改。

（2）隔离性（Isolation）：同时运行的事务不应互相干扰。例如，当一个事务执行多次写入操作时，其他事务应仅能观察到该事务的最终完成结果，而非中间状态。隔离性旨在防止多个事务交叉操作导致的数据不一致问题。

（3）持久性（Durability）：事务处理完成后，对数据的修改应当是永久性的，即使系统发生故障也不会丢失。在单节点数据库中，持久性意味着数据已写入存储设备（如硬盘或SSD）。在分布式数据库中，持久性要求数据成功复制到多个节点。为确保持久性，数据库必须在完成数据复制后，才能确认事务已成功提交。

这也就是常说的事务的"ACID 特性"。值得一提的是，对于一致性而言，更多的是指数据在应用层的外部表现。应用程序借助数据库提供的原子性、隔离性和持久性，来实现一致性目标。也就是说，A、I、D 是手段，C 是三者协作的目标，写到一块完全是为了读起来更顺口。

当事务仅涉及本地操作时，一致性通过代码实现起来水到渠成。但倘若事务的操作对象扩展到外部系统，例如，跨越多个微服务、数据源甚至数据中心时，再依赖传统的 A、I、D 手段来解决一致性问题变得非常困难。但是，一致性又是在分布式系统中不可回避且必须解决的核心问题。这种情况下，就需要转变观念，将一致性视为一个多维度的问题，而非简单的"是 /否"的二元问题。根据不同场景的需求，对一致性的强度进行分级，在确保代价可承受的前提下，尽可能保障系统的一致性。

一致性的强弱程度直接影响系统设计权衡。由此，事务从一个具体操作层面的"编程问题"转变成一个需要全局视角的"架构问题"。在探索这些架构设计的过程中，出现了许多思路和理论，其中最著名的便是一致性与可用性之间的权衡——CAP 定理。

5.2　一致性与可用性的权衡

CAP 是一致性与可用性权衡的理论，是理解分布式系统的起点。

1999 年，美国工程院院士 Eric A.Brewer 发表了论文 *Harvest, Yield and Scalable Tolerant Systems*[①]，首次提出了"CAP 原理"（CAP Principle）。不过，彼时的 CAP 仅是一种猜想，尚未得到理论上的证明。2002 年，麻省理工学院的 Seth Gilbert 和 Nancy Lynch 用严谨的数学推理证明了 CAP 的正确性。此后，CAP 从原理转变成定理，在分布式系统领域产生了深远的影响，如图 5-1 所示。

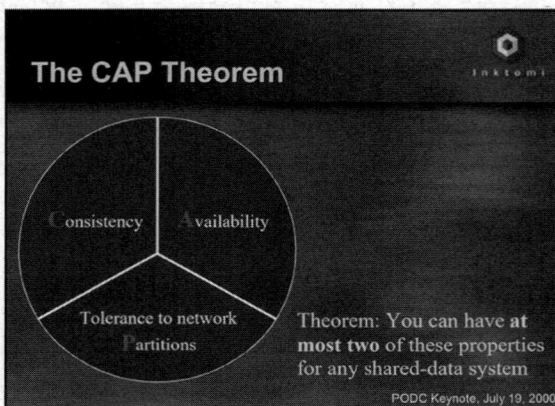

图 5-1　CAP 定理

CAP 定理描述的是一个分布式系统中，涉及共享数据问题时，以下 3 个特性最多只能满足两个。

（1）一致性（Consistency）：意味着数据在任何时刻、任何节点上看到的都是符合预期的。为了确保定义的严谨性，学术研究中通常将一致性定义为"强一致性"（Strong Consistency），也称为"线性一致性"（Linearizability）。

（2）可用性（Availability）：意味着即使部分节点故障，系统仍然能够接受和处理请求，并在有限时间内返回结果。也就是说，系统不能出现无限期的等待或超时。

（3）分区容错性（Partition tolerance）：当部分节点由于网络故障或通信中断而无法相互联系，形成"网络分区"时，系统仍能够继续正确地提供服务。

考虑到 CAP 定理已经有了严谨的证明，我们不再讨论为何 CAP 的各个特性无法同时满足，而是直接分析在舍弃 C、A 或 P 时的不同影响。

- 放弃分区容忍性（CA without P）：意味着我们将假设节点之间通信永远可靠。永远可靠的通信在分布式系统中必定不成立，只要依赖网络共享数据，分区现象就不可避免地存在。如果没有 P（分区容错性），也就谈不上是真正的分布式系统。

---

① 参见 https://ieeexplore.ieee.org/document/798396。

- 放弃可用性（CP without A）：意味着我们将假设一旦网络发生分区，节点之间的信息同步时间可以无限制延长。在现实中，选择放弃可用性系统（又称为 CP 系统）适用于对数据一致性有严格要求的场景，如金融系统、库存管理系统等。这些应用场景中，数据的一致性和准确性通常比系统的可用性更为重要。
- 放弃一致性（AP without C）：意味着在网络分区发生时，节点之间的数据可能会出现不一致。这种情况下，系统会优先保证可用性，而不是一致性。选择放弃一致性系统（又称 AP 系统）已经成为设计分布式系统的主流选择，因为分区容错性（P）是分布式网络的固有属性，不可避免；而可用性（A）通常是建设分布式系统的目标。如果系统在节点数量增加时可用性降低，则其分布式设计的价值也会受到质疑。除了像银行和证券这样的金融交易服务之外，大多数系统更倾向于在节点增多时保持高可用性，而不是牺牲可用性以维持一致性。

🔍

    对于分布式系统而言，必须实现分区容错性（P）。因此，CAP 定理实际上要求在可用性（A）和一致性（C）之间选择，即在 AP 和 CP 之间权衡取舍。

    由上述分析可以看出，原本事务的主要目的是保证"一致性"，但在分布式环境中，一致性往往不得不成为牺牲的属性，AP 类型的系统反而成为分布式系统的主流。

    但无论如何，我们设计系统终究还是要确保操作结果至少在最终交付的时刻是正确的，这个意思是允许数据中间不一致，但应该在输出时被修正过来。为此，工程师重新给一致性下了定义，将 CAP、ACID 中讨论的一致性（C）称为"强一致性"，而把牺牲了 C 的 AP 系统但又要尽可能获得正确结果的行为称为追求"弱一致性"。不过，若只是单纯地谈论"弱一致性"，通常意味着不保证一致性。在弱一致性中，工程师进一步总结出了一种较强的特例，称为"最终一致性"（Eventual Consistency），它由 eBay 的系统架构师 Dan Pritchett 在 BASE 理论中提出。

🔍

    ACID 在英文中有"酸"的含义，强调强一致性。BASE 在英文中有"碱"的含义，强调放弃强一致性，保证可用性。酸 vs 碱衍生出 AP 型可用性架构和 CP 型强一致性架构。所以，CAP 理论又被戏称为度量分布式系统的"pH 试纸"。

5.3　分布式事务模型

    既然一致性被重新定义了，事务的概念自然也被拓展了。人们把符合 ACID 特性的事务称为"刚性事务"，把后面将要介绍的可靠事件队列、TCC、Saga 实现的事务统称为"柔性事务"。

5.3.1 可靠事件队列

2008 年，eBay 架构师 Dan Pritchett 在 ACM 发表了论文 *Base: An Acid Alternative*[①]，在文中，作者总结了基于实践经验的一种独立于 ACID 的数据一致性技术方案，利用消息队列和幂等机制实现数据一致性，并首次提出了"最终一致性"这一概念。

从论文标题可以看出，最终一致性的概念与 ACID 强一致性对立。因为 ACID 在英文中有"酸"的含义，所以这一事务模型的名字刻意拼凑成 BASE（BASE 在英文中有"碱"的含义）。有了"酸 vs 碱"这个浑然天成的梗的加成，*Base: An Acid Alternative* 论文被广泛传播，BASE 理论和最终一致性的概念也被大家熟悉。

BASE 是"Basically Available""Soft State"和"Eventually Consistent"的缩写，含义如下：

- 基本可用（Basically Available）：系统保证在大多数情况下能够提供服务，即使某些节点出现故障时，仍尽可能保持可用性。这意味着系统优先保障可用性，而非一致性。
- 柔性状态（Soft state）：系统状态允许在一段时间内处于不一致状态。与 ACID 强一致性的要求不同，BASE 允许系统在更新过程处于"柔性"状态，即数据在某些节点上可以暂时不一致。
- 最终一致性（Eventually consistent）：最终一致性强调，即使在网络分区或系统故障的情况下，在经过足够的时间和多次数据同步操作后，所有节点的数据一定会一致。

BASE 理论是对 CAP 定理中 AP（可用性和分区容错性）方案的进一步发展，强调即使无法实现强一致性，分布式系统也可以通过适当的机制最终达到一致性。适当的机制可概括为基于可靠事件队列的事件驱动模式。接下来，以一个具体的例子帮助读者理解"可靠事件队列"的具体做法。

假设有一个电子商务系统，下单操作依赖于如下 3 个服务：支付服务（进行银行扣款）、仓库服务（扣减商品库存）和积分服务（为用户增加积分）。下单过程中，优先处理最核心、风险最高的服务，按照支付扣款、仓库出库、为用户增加积分的顺序执行。下单的整个流程如图 5-2 所示。

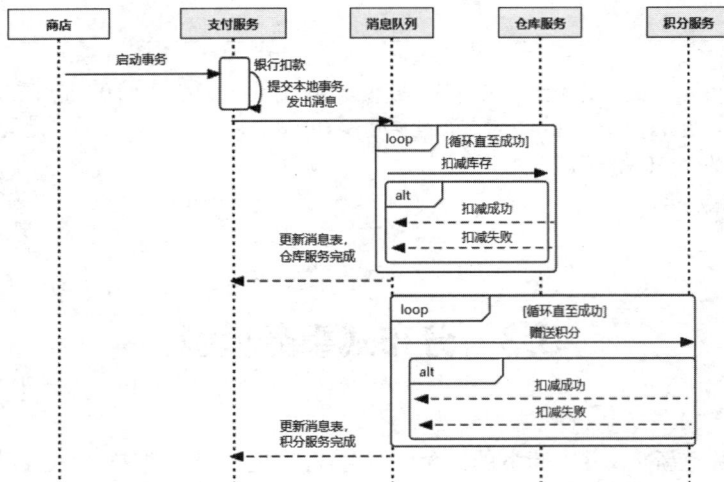

图 5-2　下单的整个流程

① 参见 https://queue.acm.org/detail.cfm?id=1394128。

116

首先，用户向商店发送了一个交易请求，如购买一件价值 100 元的商品。

接着，支付服务创建一个本地扣款事务。如果扣款事务执行成功，系统将在消息队列中新增一条待处理消息。消息的大致结构如下：

```
struct Message {
    事务 ID;
    扣款 ￥100（状态：已完成）;
    仓库出库（状态：待处理）;
    赠送积分（状态：待处理）
}
```

系统中有一个持续运行的服务，定期轮询消息队列，检查是否存在待处理的消息。如果发现待处理消息，它将通知仓库服务和积分服务进行相应的处理。

此时，会出现以下 3 种情况。

（1）仓库服务和积分服务顺利完成任务：这两个服务成功执行了出库和积分操作，并将结果反馈给支付服务。随后，支付服务将消息状态更新为"已完成"，整个事务顺利完成，最终实现一致性。

（2）网络问题导致消息未送达：如果仓库服务或积分服务因网络问题未收到支付服务的消息，此时，支付服务中的消息状态将保持为"待处理"。消息服务会在每次轮询时继续向未响应的服务节点重复发送消息，直到通信恢复正常。为了确保出库和积分操作仅被执行一次，所有接收消息的服务必须具备幂等性（有关幂等性的设计，详见 5.4 节）。

（3）服务无法完成操作：如果仓库服务或积分服务由于某种原因无法完成操作（例如，仓库库存不足），消息服务将持续发送消息，直到操作成功（如库存补充）或通过人工干预终止。

由此可见，在可靠消息队列方案中，一旦第一步扣款成功，就不再考虑失败回滚的情况，后面只有成功一条路可选。

这种依赖持续重试来确保可靠性的解决方案在计算机领域被广泛应用，它还有专有的名称——"最大努力交付"（Best-Effort Delivery）。因此，可靠事件队列也称为"最大努力一次提交"（Best-Effort 1PC）机制，也就是将最容易出错的业务通过本地事务完成后，借助不断重试的机制促使同一个事务中其他操作也顺利完成。

5.3.2　TCC

TCC（Try、Confirm、Cancel）事务模型源自 Pat Helland 在论文 *Life beyond Distributed Transactions: an Apostate's Opinion*[①] 中提出的概念。TCC 引入了一种新的事务模型，允许业务层自定义事务，并根据业务需求控制锁的粒度，从而解决了复杂业务中跨表、跨库等大粒度资源锁定的问题。

如同 TCC 事务模型的名字，它由如下 3 个阶段组成。

（1）Try 阶段：该阶段的主要任务是预留资源或执行初步操作，但不提交事务。Try 阶段

① 参见 http://adrianmarriott.net/logosroot/papers/LifeBeyondTxns.pdf。

确保所有相关操作可以成功执行且没有资源冲突。例如，在预订系统中，这一阶段可能包括检查商品库存并暂时锁定商品。

（2）Confirm 阶段：如果 Try 阶段成功，系统进入 Confirm 阶段。在此阶段，系统会提交所有操作，确保事务最终生效。由于 Try 阶段已保证资源的可用性和一致性，Confirm 阶段的执行是无条件的，不会发生失败。

（3）Cancel 阶段：如果 Try 阶段失败或需要回滚事务，系统进入 Cancel 阶段。此时，系统会撤销 Try 阶段中的所有预留操作并释放资源。Cancel 阶段确保事务无法完成时，系统能够恢复最初的状态。

用一个具体的例子帮助读者理解 TCC 事务模型。沿用 5.3.1 节下单的案例，稍微简化下单的逻辑，去除积分服务（不重要），只保留支付服务和仓库服务，如图 5-3 所示。

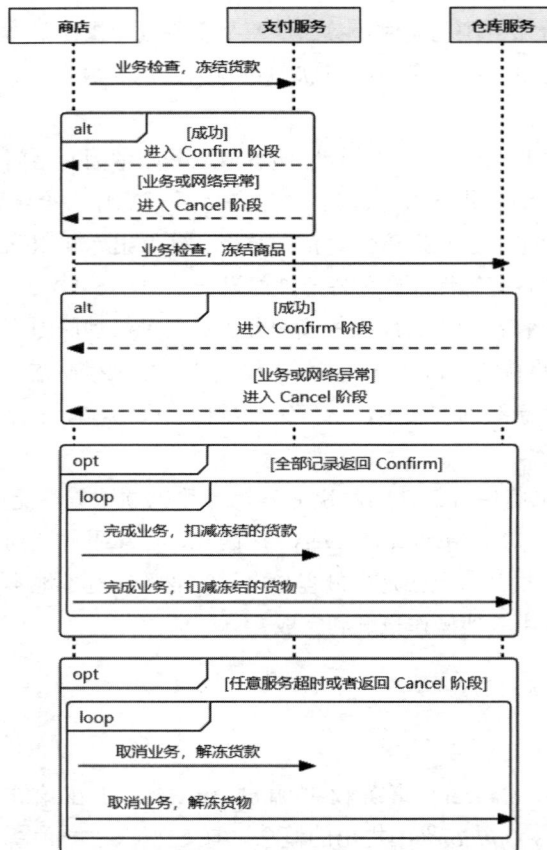

图 5-3　TCC 事务模型

首先，用户向商店发送购买某商品的交易请求，金额为 100 元。请看下面的过程。

（1）Try 阶段：创建事务，生成事务 ID，并记录在事务日志中，进入 Try 阶段。该阶段主要预留业务资源，以及做一些初始化工作。

- 与支付服务通信，确认用户是否有足够的余额。若余额足够，将用户的 100 元设置为冻结状态，并通知进行 Confirm 阶段；如果不可行，通知进入 Cancel 阶段。
- 与仓库服务通信，确认商品的库存是否满足。若库存充足，将仓库中该商品的一条库存设置为冻结状态，并通知进行 Confirm 阶段；如果不可行，通知进入 Cancel 阶段。

（2）Confirm 阶段：如果所有服务反馈业务可行，将事务日志状态更新为 Confirm，进入 Confirm 阶段。

- 支付服务：扣除冻结的 100 元。
- 仓库服务：标记冻结的库存为出库状态，并扣减库存。

（3）Cancel 阶段：如果 Try 阶段任何一方反馈失败，将事务日志状态更新为 Cancel，进入 Cancel 阶段。

- 支付服务：释放被冻结的 100 元。
- 仓库服务：释放被冻结的库存。

值得注意的是，按照 TCC 事务模型的规定，Confirm 和 Cancel 阶段只返回成功，不会返回失败。如果 Try 阶段之后，出现网络问题或者服务器宕机，那么事务管理器要不断重试 Confirm 阶段或者 Cancel 阶段，直至完成整个事务流程。

由上述操作过程可见，TCC 事务模型其实类似于两阶段提交（2PC）的准备阶段和提交阶段，但 TCC 位于业务层面，而不是数据库层面，这为它的实现带来了较高的灵活性，可以根据需要设计资源锁定的粒度。

不过，感知各个阶段的执行情况及推进执行下一个阶段需要编写大量的逻辑代码，不仅是调用一下 Confirm/Cancel 接口那么简单。通常，没必要裸编码实现 TCC 事务模型，而是利用分布式事务中间件（如 Seata、ByteTCC）降低编码工作，提升开发效率。

5.3.3　Saga

Saga 源于 1987 年普林斯顿大学的 Hector Garcia-Molina 和 Kenneth Salem 在 ACM 发表的论文 *SAGAS*[①]。该论文提出了一种改善"长时间事务"（Long Lived Transaction）效率的方法，核心思路是将大事务拆分为多个可并行执行的子事务，并在每个子事务中引入补偿操作。补偿（也称为逆向恢复）是在分布式事务发生异常时，通过一系列操作将事务状态回滚到之前的状态，从而避免不一致的情况发生。

Saga 事务模型由如下两部分组成：

一部分是将大事务 T 拆分成若干小事务，命名为 $T_1, T_2, \cdots, T_n$，每个子事务都具备原子性。如果分布式事务 T 能够正常提交，那么它对数据的影响应该与连续按顺序成功提交子事务 T_i 等价。

另一部分是为每个子事务设计对应的补偿动作，命名为 $C_1, C_2, \cdots, C_n$。T_i 与 C_i 满足以下条件：

- T_i 与 C_i 具备幂等性。

---

① 参见 https://www.cs.cornell.edu/andru/cs711/2002fa/reading/sagas.pdf。

- T_i 与 C_i 满足交换律，即无论先执行 T_i 还是先执行 C_i，其结果都是一样的。
- C_i 必须保证成功提交，即不考虑 C_i 的失败回滚情况。如果出现失败，则持续重试直至成功或者被人工介入为止。

如果 T_1 到 T_n 均执行成功，那么整个事务顺利完成，否则，根据下面两种机制之一进行事务恢复。

- 正向操作（Forward Recovery）：如果 T_i 提交失败，则一直对 T_i 进行重试，直至成功为止（使用最大努力交付机制）。这种恢复方式不需要进行补偿，适用于事务最终都要执行成功的情况。如订单服务中银行已经扣款，那么就一定要发货。
- 逆向恢复（Backward Recovery）：如果 T_i 提交失败，则执行对应的补偿 C_i，直至恢复到 T_i 之前的状态，这里要求 C_i 必须成功（使用最大努力交付机制）。

图 5-4 所示为 Saga 事务模型。

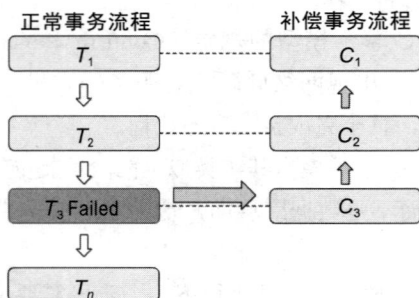

图 5-4　Saga 事务模型

Saga 非常适合处理流程较长且需要保证事务最终一致性的业务场景。例如，在一个旅游预订平台中，用户可能同时预订机票、酒店和租车服务，这些服务可能由不同的微服务或第三方供应商提供。在这种场景下，Saga 事务模型允许系统逐步执行每个操作，并在任意一个步骤失败时有序地执行补偿操作，从而确保系统的一致性并提升用户体验。

与 TCC 相比，Saga 通常采用事件驱动设计，即每个服务都是异步执行的，无须设计资源的冻结状态或处理撤销冻结的操作。但缺点是不具备隔离性，多个 Saga 小事务操作同一数据源时，无法保证操作的原子性，可能出现数据被覆盖的情况。

最后，尽管补偿操作较易实现，但确保正向操作与补偿操作的严格执行仍需要大量精力。因此，Saga 事务通常不通过裸编码实现，而是在事务中间件的支持下完成。前面提到的 Seata 中间件也支持 Saga 事务模型。

5.4　服务幂等性设计

幂等性是一个数学概念，后被引入计算机领域，用于描述某个操作可以安全地重试，并且无论执行多少次，结果始终保持一致。

在前文中提到的柔性事务通常基于"最大努力交付"机制，这意味着在网络故障、节点宕机或进程崩溃时，系统会通过重复请求来实现容错。因此，如果某些关键服务不具备幂等性，重复请求可能会导致数据不一致或其他问题。例如，重复请求一个不具备幂等性的退款接口，可能会导致重复退款。

接下来介绍两种实现服务幂等性的方法，供读者参考。

5.4.1　全局唯一 ID 方案

全局唯一 ID 方案的核心思想是为每个操作生成一个独一无二的标识符，用以判断该操作是否已经执行过，避免重复执行。

全局唯一 ID 方案的操作步骤如下。

（1）生成唯一 ID：每次执行操作前，根据业务操作生成一个全局唯一 ID，这个 ID 可以利用 UUID、雪花算法（Snowflake）、Uidgenerator 或 Leaf 等算法生成。

（2）附加到请求：将生成的唯一 ID 附加到请求中，作为请求的一个参数、HTTP 头或请求体的一部分。

（3）处理请求：服务器端接收到请求后，首先检查唯一 ID。

- 如果 ID 已存在：说明该请求已经被处理过，服务器直接返回之前的响应结果，避免重复处理。
- 如果 ID 不存在：执行请求的操作，并将操作结果和该 ID 存储在数据存储中（如数据库、缓存等），以供后续请求检查。

值得一提的是，Snowflake 算法取自世界上没有两片相同的雪花之意。使用分布式部署的 Snowflake 每秒可生成数百万个唯一且递增的 ID，广泛应用于需要生成唯一标识符的各类场景。

5.4.2　乐观锁方案

本节介绍数据库中关于修改数据的操作。

假设有一个账户表 accounts，包含字段 id（账户 ID）和 balance（账户余额）。现在要给账户 ID 为 1 的账户增加余额，SQL 语句如下：

```
UPDATE accounts SET balance = balance + 100 WHERE id = 1;
```

如果这个 SQL 语句执行一次，那么账户的余额会增加 100。但由于某些原因（如网络重试或者程序逻辑错误），这个 SQL 语句被执行了两次，账户的余额将会增加 200，而不是预期的 100。

每次执行这个语句都会对账户余额产生不同的影响，属于典型的非幂等性操作。对于此类非幂等性操作，我们来看使用乐观锁（Optimistic Locking）如何解决。

乐观锁基本思想如下：假设并发操作发生冲突的概率较低，允许多个事务或线程在不加锁的情况下同时读取数据，但在写入数据时再进行冲突检测。如果在写入前检测到数据已被其他事务修改，则放弃当前操作，避免数据不一致的情况。

结合上述增加余额的 SQL 语句，请看下面具体的操作。

- 增加版本号字段：在涉及更新的数据表中增加一个 version 字段，更新数据时，版本号随之增加。
- 更新时检查版本号：执行更新操作时，通过 WHERE 子句检查当前版本号是否与读取时的版本号一致，如果一致则执行更新，并更新版本号。
- 重试机制：如果更新操作失败，意味着数据库内的数据已经被修改。此时，业务层面请求最新的数据，更新本地 version 并发起重试，直至成功或达到最大重试次数。

请看具体的 SQL 示例：

```
UPDATE accounts
SET balance = balance + ?,
    version = version + 1
WHERE id = ? AND version = ?;
```

上述乐观锁的操作模式，是一种典型的 CAS（Compare And Swap | Compare And Set，比较并交换）操作。

CAS 有时也被称为"轻量级事务"。由于乐观锁不需要在读取和写入时持有锁，在并发冲突不频繁的情况下（也就是读多写少的场景），使用乐观锁除保证一致性外，还可提供更好的并发性能。

5.5　小结

通过本章的内容，读者是否已经领会到"分布式事务的思想"？无论是 BASE、TCC 还是 SAGA，它们的核心思想是将"事务逻辑"从数据库资源层转移到业务层，将事务拆分为多个"子事务"，减少资源锁定，从而提高系统可用性。

分布式事务能够保证数据最终达到一致性，但这种保证非常脆弱，它无法确定何时能够达到一致性。在一致性达成之前，读请求可能返回任意值或失败，这对业务工程师来说是一个重大挑战。

下一章将介绍一种实现强一致性（也称为线性一致性）的算法，该算法的特点如下：一旦写操作成功提交，所有后续的读操作将立即看到该写入的结果。这意味着，客户端成功写入数据后，其他客户端的读请求将立刻获取最新的写入值，不会再出现"最终一致性系统"中数据不一致的问题。

第6章
分布式共识及算法

世界上只有一种共识算法，就是 Paxos，其他所有的共识算法都是 Paxos 的退化版本。

—— Mike Burrows，Google Chubby 作者

分布式系统中充满了各种不可控的错误场景，网络数据包可能丢失、顺序紊乱、重复发送或者延迟，节点还可能宕机。"在充满不确定性的环境中，就某个决策达成共识"是软件工程领域最具挑战性的问题之一。

本章将迎难而上，从解决问题的角度出发理解什么是共识，沿着 Paxos 算法的思路讨论如何达成共识，以工程实践为目的学习 Raft 算法的设计思想。理解了问题及如何解题，自然能体会到 Apache Kafka、Zookeeper、etcd、Consul 等分布式系统核心组件的设计原理，掌握构建大规模分布式系统的关键要素。

本章内容导读如图 6-0 所示。

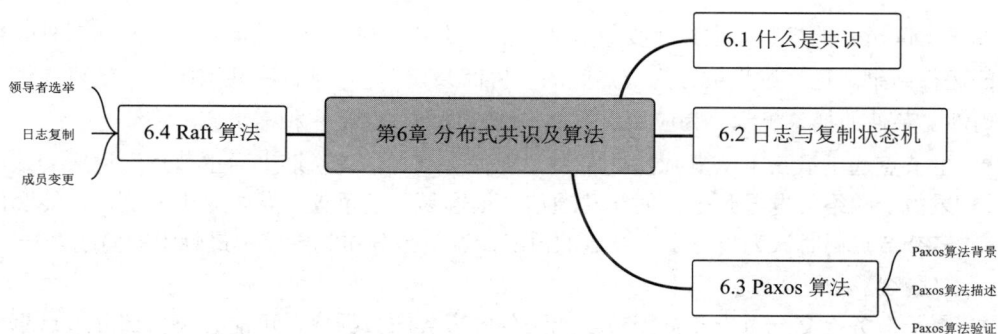

图 6-0　本章内容导图

6.1　什么是共识

业内讨论 Paxos 或 Raft 算法时，通常使用"分布式一致性协议"或"分布式一致性算

法"来描述。例如，Google Chubby 系统的作者 Mike Burrows 曾评价 Paxos："There is only one consensus protocol..."，这句话常被翻译为"世界上只有一种一致性算法"。在汉语中，"共识"和"一致"意思相似，但在计算机领域，它们具有截然不同的含义。

- 共识（Consensus）：指所有节点就某项操作（如选主、原子事务提交、日志复制、分布式锁管理等）达成一致的实现过程。
- 一致性（Consistency）：描述多个节点的数据是否保持一致，关注数据最终达到稳定状态的结果。

第 5 章介绍的 CAP 定理中的 C 和数据库 ACID 模型中的 C 描述的是数据"一致性"属性。而 Paxos、Raft 或者 ZAB 等算法研究的是如何达成一致。因此，将 Paxos 等算法归类为"共识算法"更准确。

在分布式系统中，节点故障是不可避免的，但部分节点故障不应该影响系统整体状态。通过增加节点数量，依据"少数服从多数"原则，只要多数节点（至少 N/2+1 个）达成一致，其状态即可代表整个系统。这种依赖多数节点实现容错的机制称为 Quorum 机制。

🔍 Quorum 机制

- 3 节点集群：Quorum 为 2，允许 1 个节点故障。
- 4 节点集群：Quorum 为 4/2+1 = 3，允许 1 个节点故障。
- 5 节点集群：Quorum 为 5/2+1 = 3，允许 2 个节点故障。

根据上面的例子可以看出，集群节点个数为 N，能容忍 $(N-1)/2$ 个节点故障。

读者注意到了吗？3 节点和 4 节点集群的故障容忍能力一样。因此，通常情况下，针对容错的分布式系统无须使用 4 个节点。

基于 Quorum 的机制，通过"少数服从多数"协商机制达成一致的决策，从而对外表现为一致的运行结果。这一过程被称为节点间的"协商共识"。一旦解决共识问题，便可提供一套屏蔽内部复杂性的抽象机制，为应用层提供一致性保证，满足多种需求。

- 主节点选举：在主从复制数据库中，所有节点需要就"谁来当主节点"达成一致。如果由于网络问题导致节点间无法通信，很容易引发争议。若争议未解决，可能会出现多个节点同时认为自己是主节点的情况，这就是分布式系统中最棘手的问题之一 ——"脑裂"。
- 原子事务提交：对于支持跨节点或跨分区事务的数据库，可能会发生部分节点事务成功、部分节点事务失败的情况。为维护事务的原子性（即 ACID 特性），所有节点必须就事务的最终结果达成一致。
- 分布式锁管理：当多个请求尝试访问共享资源时，共识机制可确保所有节点一致认定"谁成功获取了锁"。即使发生网络故障或节点异常，也能避免锁争议，从而防止并发冲突或数据不一致。
- 日志复制：日志复制指将主节点的操作日志同步到从节点。在这一过程中，所有节点必须确保日志条目的顺序一致，即日志条目必须以相同顺序写入（顺序非常重要，将在下一节详细说明）。

6.2　日志与复制状态机

如果统计分布式系统有多块基石，"日志"一定是其中之一。

这里"日志"并不是常见的通过 log4j 或 syslog 输出的文本，而是 MySQL 中的 binlog（Binary Log）、MongoDB 中的 Oplog（Operations Log）、Redis 中的 AOF（Append Only File）、PostgreSQL 中的 WAL（Write-Ahead Log）。它们虽然名称不同，但共同特点是只能追加、完全有序的记录序列。

图 6-1 所示为日志的结构，可以看出，日志是有序且持久化的记录序列。新记录会从末尾追加，而读取时则按"从左到右"的顺序进行扫描。

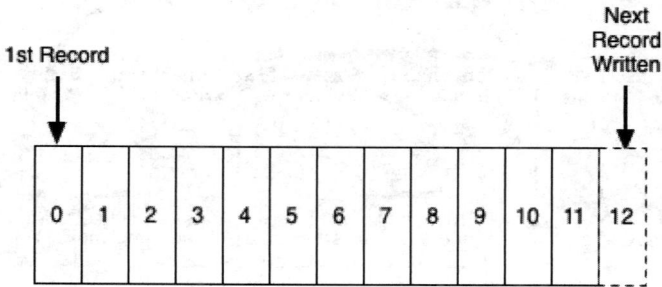

图 6-1　日志结构

有序的日志记录了"何时发生了什么"，这可以通过以下两种数据复制模型来理解，如图 6-2 所示。

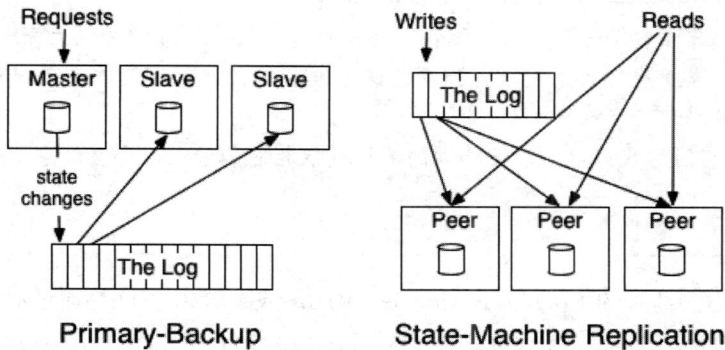

图 6-2　分布式系统的两种数据复制模型

（1）主备模型（Primary-Backup）：又称"状态转移"模型，主节点（Master）负责执行如

"+1""−2"的操作，将操作结果（如"1""3""6"）记录到日志中，备节点（Slave）根据日志直接同步结果。

（2）复制状态机模型（State-Machine Replication）：又称"操作转移"模型，日志记录的不是最终结果，而是具体的操作指令，如"+1""−2"。指令按照顺序被依次复制到各个节点（Peer）。如果每个节点按顺序执行这些指令，各个节点最终将达到一致的状态。

无论哪种模型，都揭示了"顺序是节点之间保持一致性的关键因素"。如果打乱了操作的顺序，就会得到不同的运算结果。

接下来，进一步解释基于"复制状态机"（State Machine Replication）工作模型构建的分布式系统，其基本原理如图 6-3 所示。

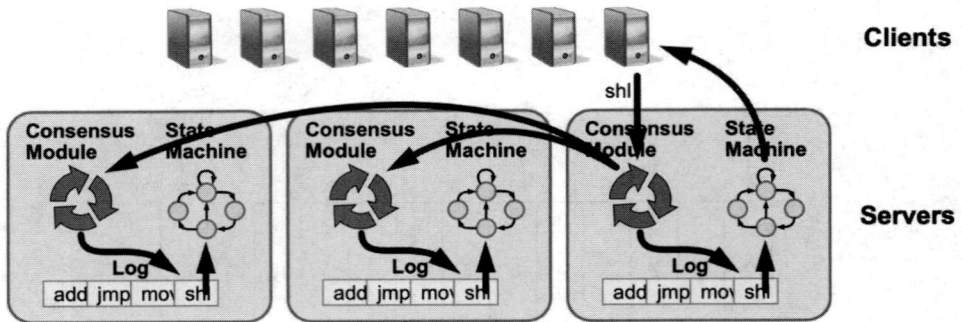

图 6-3　复制状态机工作模型 [1]

复制状态机的基本原理：

两个相同的（identical）、确定的（deterministic）进程。

- 相同的：进程的代码、逻辑及配置完全一致，它们在设计和实现上完全相同。
- 确定的：进程的行为是完全可预测的，不能有任何非确定性的逻辑，如随机数生成或不受控制的时间依赖。

如果它们以相同的状态启动，按相同的顺序获取相同的输入，那么，它们一定会达到相同的状态。

共识算法（图 6-3 中的 Consensus Module、Paxos 或者 Raft 算法）通过消息，将日志广播至所有节点，它们就日志处于什么位置、记录什么（序号为 9，执行 set x=3）达成共识。换句话说，所有的节点中，都有着相同顺序的日志序列。

```
// 日志
{ "index": 9, "command": "set x=3" }
```

_____

① 　图片来源：https://raft.github.io/raft.pdf。

节点内的进程（图 6-3 中的 State Machine）按顺序执行日志序列，操作具有全局顺序。因此，所有节点最终将达到一致的状态。多个这样的进程结合有序日志，就构成了 Apache Kafka、ZooKeeper、etcd、CockroachDB 等分布式系统中的关键组件。

6.3　Paxos 算法

Paxos 算法由 Leslie Lamport[①] 于 1990 年提出，是一种基于消息传递、具备高度容错特性的共识算法。该算法是当今分布式系统最重要的理论基础，几乎就是"共识系统"的代名词。

Paxos 算法因其复杂广为人知，围绕它发生过许多有趣的故事，这些已成为人们津津乐道的一段轶事。直接切入 Paxos 算法未免望文生畏，我们不妨从这段轶事开始学习 Paxos 算法之旅。

6.3.1　Paxos 算法起源

最初提出 Paxos 算法的论文名称为 *The Part-Time Parliament*，翻译成中文为《兼职议会》。论文的开头描述了一个虚构的古希腊岛屿考古发现的故事。如果不事先说明，你可能不会意识到这是一篇关于分布式的论文。*The Part-Time Parliament* 节选如下：

> 公元 10 世纪初，爱情海上的 Paxos 小岛是一个繁荣的商业中心。随着财富的积累，政治变得愈加复杂，Paxon 的公民用议会制政府取代了古老的神权政治。然而，商业利益高于公民义务，没人愿意将一生投入议会事务中。因此，Paxon 议会必须在议员频繁进出议会的情况下保持正常运作……

为了说明 Paxos 算法并增强演讲效果，Lamport 演讲中多次扮演《夺宝奇兵》中的主角印第安纳·琼斯。遗憾的是，Paxos 论文中采用的希腊民主议会的比喻显然不太成功。Lamport 像写小说一样，把一个复杂的数学问题写成了一篇带有考古色彩的历史小说，听众没有记住 Paxos 算法，仅仅记住了印第安纳·琼斯。

1990 年，Lamport 将 *The Part-Time Parliament* 论文提交给 TOCS 期刊。根据 Lamport 的回忆 [②]，TOCS 审稿人阅读后认为"这篇论文不怎么重要，但还有些意思"，并建议删掉与 Paxos 相关的故事背景。Lamport 对这些缺乏幽默感的审稿人颇为不爽，拒绝对论文进行修改。于是，论文的发表被搁置。

虽然论文没有发表，但不代表没有人关注这个算法。Bulter W.Lampson（1991 年图灵奖获

[①]　Lamport 在分布式系统理论方面有非常多的成就，如 Lamport 时钟、拜占庭将军问题、Paxos 算法等。除了计算机领域，其他领域的无数科研工作者也要每天和 Lamport 开发的一套软件打交道，这套软件就是目前科研行业应用最广泛的论文排版系统 —— LaTeX（名字中的 La 就是指 Lamport）。

[②]　参见 https://lamport.azurewebsites.net/pubs/pubs.html#lamport-paxos。

得者）认识到 Paxos 算法的重要性，在他的论文 *How to Build a Highly Availability System using Consensus* 对 Paxos 算法进行了讲述。后来，De Prisco、Lynch 和 Lampson 联合在《理论计算机科学》期刊发表了论文 *Revisiting the PAXOS algorithm* 对 Paxos 算法进行了详细描述和证明。经过 Lampson 等人的大力宣传，Paxos 算法逐渐被学术界重视。

另一方面，这些介绍 Paxos 算法的论文使 Lamport 觉得 *The Part-Time Parliament* 重新发表的时间到了。

或许作为玩笑的延续，或许为保留原有的工作，更直白的说法是 Lamport 认为论文描述和证明足够清晰，根本不需要任何修改，这次论文的发布仅增加了一段编辑的注解。有意思的是，编辑也风趣了一把：

> 最近在 TOCS 编辑办公室的文件柜发现了这份投稿。尽管年代久远，主编仍认为值得发表。由于作者目前在希腊的群岛进行实地考察，无法联系，委托我准备文稿以发表。作者似乎是一位考古学家，对计算机科学只有短暂的兴趣。

The Part-Time Parliament[①] 论文最终在 1998 年公开发表。

The Part-Time Parliament 论文发表之后，还是有很多人抱怨看不懂，人们只记住了那个奇怪的故事，而不是 Paxos 算法。Lamport 走到哪都要被人抱怨一通。于是他忍无可忍，在 2001 年使用计算机领域的概念重新描述了一遍算法，发表了论文 *Paxos Made Simple*[②]。

这是一篇很短的论文，摘要只有一句话："The Paxos algorithm, when presented in plain English, is very simple."，如图 6-4 所示。语气完全无法掩盖作者对 Paxos 的策略没有奏效的失望。

然而，这篇论文还是非常难以理解，引用斯坦福大学学者 Diego Ongaro 和 John Ousterhout 在设计 Raft 时的论文 *In Search of an Understandable Consensus Algorithm*[③] 中对 Paxos 的描述：

> Unfortunately, Paxos has two significant drawbacks. The first drawback is that Paxos is exceptionally difficult to understand...
>
> we were not able to understand the complete protocol until after reading several simplified explanations and designing our own alternative protocol, a process that took almost a year.

上面描述的大致含义是"Paxos 真的太难懂了……"。

连斯坦福大学的教授和博士都感觉难以理解，所以，他们的论文取名为 *In Search of an Understandable Consensus Algorithm*，意思是"易懂的共识算法还在寻找中"，根本不像 Lamport 说得那么简单。

---

① 参见 https://lamport.azurewebsites.net/pubs/lamport-paxos.pdf。
② 参见 https://lamport.azurewebsites.net/pubs/paxos-simple.pdf。
③ 参见 https://raft.github.io/raft.pdf。

Abstract

The Paxos algorithm, when presented in plain English, is very simple.

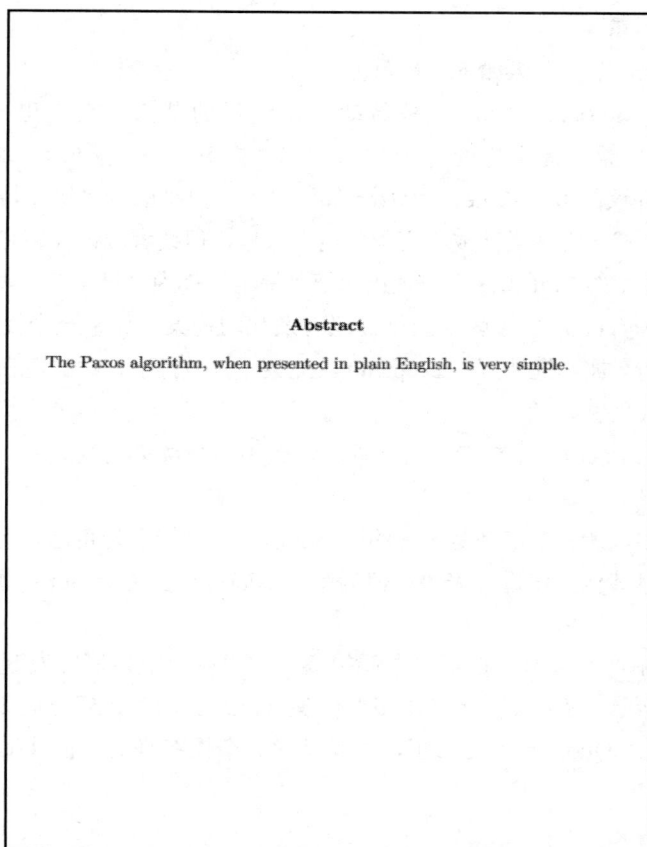

图 6-4　*Paxos Made Simple* 论文摘要

注意，Raft 论文发表于 2013 年，而论文 *Paxos Made Simple* 是 2001 年发表的。也就是说，Paxos 算法已经被研究了十几年。直到 Google 的分布式锁服务 Chubby 横空出世，Chubby 使用 Paxos 共识算法实现强一致性，帮助 Google 解决了分布式系统中的资源协调问题。得益于 Google 的行业影响力，辅以 Chubby 作者 Mike Burrows 那略显夸张但足够吸引眼球的评价推波助澜，Paxos 算法从理论进入工业实践，逐渐被大家熟知和认可。

最终，Lamport 凭借他在分布式领域的贡献，于 2013 年获得图灵奖。

6.3.2　Paxos 算法详述

希望读者没有对前篇 Paxos 的"复杂"做的铺垫所吓倒，共识问题算是一个古老的领域，30 余年间已经有无数简洁直白的视频、论文等资料进行过解读 [1]。接下来，首先了解 Paxos 基本背景，然后直面 Paxos 算法细节，最后用具体的例子验证 Paxos 算法。

---

[1]　讲解作者是斯坦福大学的教授 John Ousterhunt，他还指导了 Diego Ongaro 写出了 Raft 的论文。本章配图也多来源于 John Ousterhunt 所发表的内容。

1. Paxos 算法背景

在 Paxos 算法中，节点分为如下 3 种角色。

（1）提议者（Proposer）：提议者是启动共识过程的节点，它提出一个值，请求其他节点对这个值进行投票，提出值的行为称为发起"提案"（Proposal），提案包含提案编号（Proposal ID）和提议的值（Value）。Paxos 算法是一个典型的为"操作转移"模型设计的算法，为简化表述，本书把提案类比成"变量赋值"操作，但读者应该理解它是"操作日志"相似的概念，而后面介绍的 Raft 算法中，直接把"提案"称为"日志"了。

（2）决策者（Acceptor）：接受或拒绝提议者发起的提案，如果一个提案被超过半数的决策者接受，意味着提案被"批准"（Accepted）。提案一旦被批准，意味着在所有节点中达成共识，便不可改变、永久生效。

（3）记录者（Learner）：记录者不发起提案，也不参与决策提案，它们学习、记录被批准的提案。

在 Paxos 算法中，所有节点都是平等的，能够承担一种或多种角色。例如，提议者既可以发起提案，也可以对其他提案进行表决。但为了更明确地计算 Quorum，通常建议表决提案的节点数为奇数。

在 Paxos 算法中，所有节点都可以发起提案。如果两个节点同时发起提案，就会导致提案冲突。如图 6-5 所示，S_1 向 S_1、S_2、S_3 发起提案（red）。同时，S_5 也向 S_3、S_4、S_5 发起提案（blue）。它们的提案 Quorum 都达成了，也就是说一个提案有两个值被批准，这显然破坏了一致性原则。

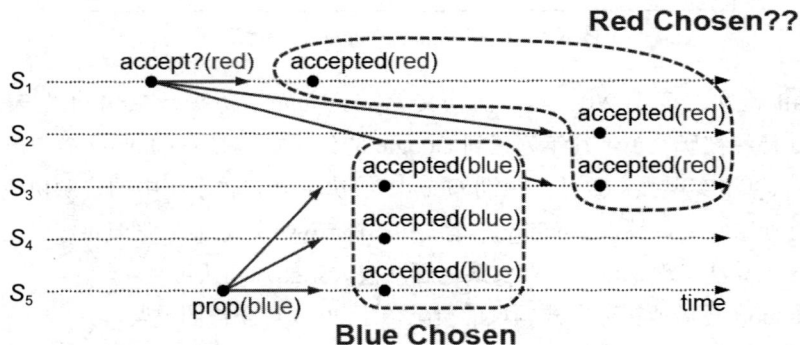

图 6-5 网络延迟导致冲突

根据图 6-5，会发现提案冲突发生在 S_3，S_3 是两个 Quorum 的交集点，它的时间线上有两个不同的值被批准。

设计程序的一个基本常识如下：如果多个线程同时操作某个共享变量，一定要加上互斥锁，不然会出现各种意外情况。不难发现，S_3 问题的本质是"在分布式环境下并发操作共享变量的问题"。

由于分布式环境中随时可能发生通信故障，不能粗暴"套用"进程加锁机制来解决 S_3 的问题。例如，如果一个节点在获得锁后故障，且在释放锁之前发生故障，整个系统可能会陷入无限期的阻塞状态。

解决上述问题的关键在于，需要有一种可供其他节点抢占锁的机制，避免因通信故障导致死锁。5.2 节介绍了"乐观锁"。分布式抢占锁的设计思想与"乐观锁"有异曲同工之妙。回顾乐观锁的示例 SQL，WHERE 条件用于判断在操作之前数据是否已被修改。如果数据已被修改，则请求最新的数据，更新版本号，并通过重试机制再次进行修改。

```
UPDATE accounts
SET balance = balance + ?,
    version = version + 1
WHERE id = ? AND version = ?;
```

可以借鉴"乐观锁"的思路，尝试解决图 6-5 所示的冲突问题。

首先，S_1 发起提案，S_3 收到 S_1 提案时，应该意识到 S_5 发起的提案（blue）的 Quorum 已经达成，S_1 提案（red）已经失效。根据先到先得原则，S_1 应该更新自己的提案值（red 替换为 blue），这个操作相当于对提案编号（乐观锁中的 version）"锁定"，防止之后出现多个冲突的提案编号。

一旦了解了哪些提案被接受，接下来的处理就变得简单了。现在，可以具体了解 Paxos 算法的细节了。

2. Paxos 算法描述

Paxos 算法本质上是一个支持多次重复的二阶段提交协议。

Paxos 算法的第一个阶段称为"准备阶段"（Prepare）。提议者选择一个提案编号 N（通常是单调递增的数字，相当于乐观锁中的 version，更高的编号意味着更高的优先级），向所有的决策者广播许可申请（称为 Prepare(N) 请求），如果决策者：

- 尚未承诺 ≥ N 编号的提案，则"承诺"（Promise）不再接受任何编号小于 N 的提案，返回一个响应，其中包含承诺的提案编号及对应的提案值（如果有）。
- 已承诺 ≥ N 编号的提案，拒绝 Prepare 请求，不返回任何响应。

提议者从多数决策者获得了"承诺"（Promise），则"准备阶段"达成。接着，决策者选择提案值：如果决策者的响应中返回了提案值，从中选择编号最高的提案值；如果没有提案值返回，则使用决策者初始提案值。完成以上操作后，进入下一个阶段。

Paxos 算法的第二个阶段称为"批准阶段"（Accept）。提议者向所有决策者广播批准申请（称为 accept(N, V) 请求），请求批准："提案编号 N 提案值 V"。如果决策者发现提案编号 N 不小于它已承诺的最大编号，则"批准"（Accepted）该提案；否则，拒绝该提案。当多数决策者批准提案时，提议者认为本轮提案成功、共识达成。一旦提案成功，提议者会将最终的决议广播给所有记录者节点，供它们学习、记录最终结果。

图 6-6 所示为 Paxos 算法流程。

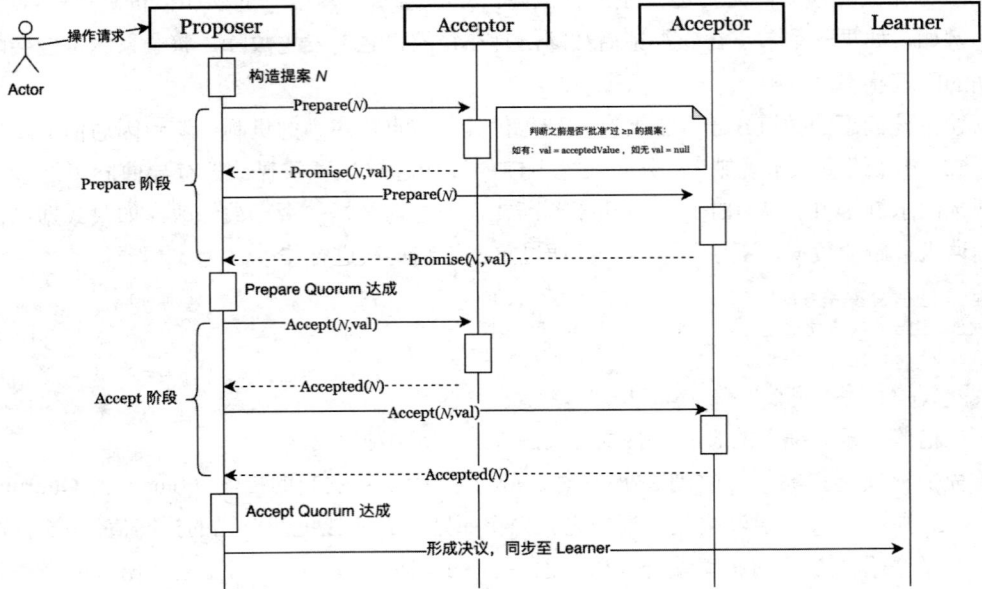

图 6-6　Paxos 算法流程

3. Paxos 算法验证

证明 Paxos 算法的正确性比重新实现 Paxos 算法还难。没必要推导 Paxos 算法的正确性，通过以下几个例子来验证 Paxos 算法。

下面的示例中，X、Y 代表客户端，$S_1 \sim S_5$ 是服务端，它们既是提议者又是决策者，P 代表 "准备阶段"，A 代表 "批准阶段"。为了便于理解，提案编号 N 由自增序号和 Server ID 组成。例如，S_1 的提案编号为 1.1、2.1、3.1……

现在来分析 S_1、S_5 同时发起提案，会出现什么情况。

情况一：提案已批准。如图 6-7 所示，S_1 收到客户端的请求，于是 S_1 作为提议者，向 $S_1 \sim S_3$ 广播 Prepare(3.1) 消息，决策者 $S_1 \sim S_3$ 没有接受过任何提案，所以接受该提案。接着，S_1 广播 Accept(3.1, X) 消息，提案 X 成功被批准。

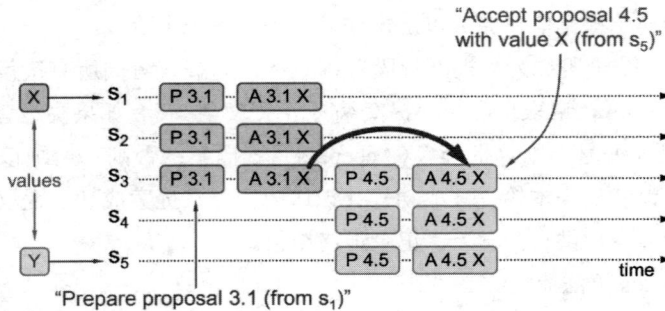

图 6-7　提案已批准

在提案 X 被批准后，S_5 收到客户端的提案 Y，S_5 作为提议者向 $S_3 \sim S_5$ 广播 Prepare(4.5) 消息。对 S_3 来说，4.5 比 3.1 大，且已经接受了 X，它回复提案 (3.1, X)。S_5 收到 $S_3 \sim S_5$ 的回复后，使用 X 替换自己的 Y，接着进入批准阶段，广播 Accept(4.5, X) 消息。$S_3 \sim S_5$ 批准提案，所有决策者就 X 达成一致。

情况二：事实上，对于情况一，也就是"取值为 X"，并不一定需要多数派批准，S_5 发起提案时，准备阶段的应答中是否包含了批准过 X 的决策者也影响决策。如图 6-8 所示，S_3 接受了提案 (3.1, X)，但 S_1、S_2 还没有收到 Accept(3.1, X) 消息。此时 $S_3 \sim S_5$ 收到 Prepare(4.5) 消息，S_3 回复已经接受的提案 (3.1, X)，S_5 将提案值 Y 替换成 X，广播 Accept(4.5, X) 消息给 $S_3 \sim S_5$，对 S_3 来说，编号 4.5 大于 3.1，所以，批准提案 X，最终共识的结果仍然是 X。

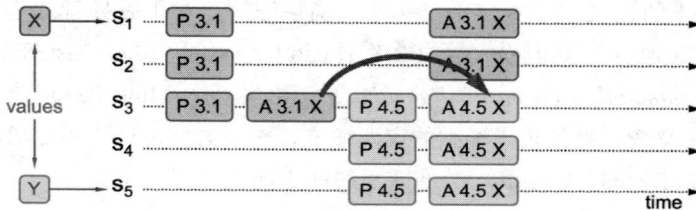

图 6-8　提案部分接受，新提议者可见

情况三：一种可能的情况是 S_5 发起提案时，准备阶段的应答中未包含批准过 X 的决策节点。如图 6-9 所示，S_1 接受了提案 (3.1, X)，S_3 先收到 Prepare(4.5) 消息，后收到 Accept(3.1, X) 消息，由于 3.1 小于 4.5，所以会直接拒绝这个提案。提案 X 没有收到多数的回复，X 提案就被阻止了。提案 Y 顺利通过，整个系统最终对"取值为 Y"达成一致。

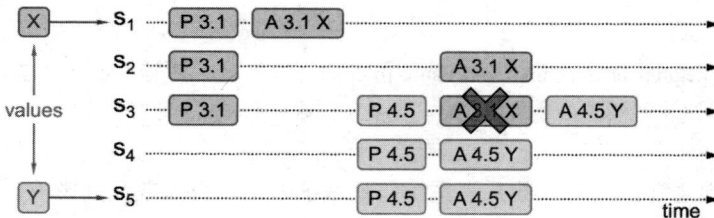

图 6-9　提案部分接受，新提议者不可见

情况四：从情况三可以推导出另一种极端的情况，如图 6-10 所示，多个提议者同时发起提案，在准备阶段互相抢占，反复刷新决策者上的提案编号，导致任何一方都无法达到多数派决议，这个过程理论上可以无限持续下去，形成"活锁"（livelock）。

解决这个问题并不复杂，将重试时间随机化，就能减少这种巧合。

以上就是整个 Paxos 算法的工作原理。

Paxos 算法只能处理单个提案，达成共识至少需要两次网络往返，高并发情况下还可能导致活锁。因此，Paxos 算法主要用于理论研究，很少直接用于工程实践。后来，Lamport 在论文 *Paxos Made Simple* 中提出了 Paxos 的变体 —— Multi Paxos。Multi Paxos 引入了"选主"机制，通过多轮运行 Paxos 算法来处理多个提案。

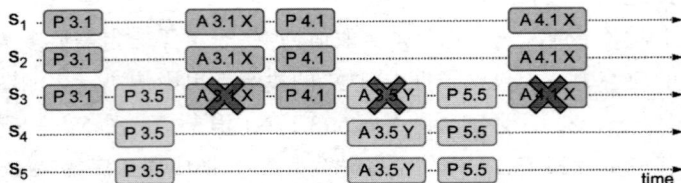

图 6-10　出现活锁问题

不过，Lamport 的论文主要聚焦于 Paxos 正确性证明，对于领导者选举、多轮提案并没有给出实现细节。2014 年，斯坦福大学的学者 Diego Ongaro 和 John Ousterhout 发表了论文 *In Search of an Understandable Consensus Algorithm*，该论文基于 Multi Paxos 思想，提出了"选主""日志复制"的概念，并给出了详细的实现细节。该论文斩获 USENIX ATC 2014 大会 Best Paper 荣誉，成为后来 etcd、Consul 等分布式系统的实现基础。

6.4　Raft 算法

不可否认，Paxos 是一个划时代的共识算法。

🔍

  Raft 是 Re{liable|plicated|dundant} And Fault-Tolerant，即可靠、复制、冗余和容错组合起来的单词。同时，Raft 在英文有"筏"的含义，隐喻一艘帮助你逃离 Paxos 小岛的救生筏。

Raft 算法出现之前，绝大多数共识系统都是基于 Paxos 算法或受其影响。同时，Paxos 算法也成为教学领域讲解共识问题时的范例。不幸的是，Paxos 算法理解起来非常晦涩。此外，论文虽然提到了 Multi Paxos，但缺少实现细节。因此，无论是学术界还是工业界，普遍对 Paxos 算法感到十分头疼。

那段时期，虽然所有的共识系统都是从 Paxos 算法开始的，但工程师实现过程中有很多难以逾越的难题，往往不得已开发出与 Paxos 完全不一样的算法，这导致 Lamport 的证明并没有太大价值。所以，很长一段时间内，实际上并没有一个被大众广泛认同的 Paxos 算法。Chubby 作者评论 Paxos 如下：

🔍

　　Paxos 算法的理论描述与实际工程实现之间存在巨大鸿沟，最终实现的系统往往建立在一个尚未完全证明的算法基础之上。

　　考虑到共识问题在分布式系统的重要性，同时为了提供一种更易于理解的教学方法，斯坦福大学的学者决定重新设计一个替代 Paxos 的共识算法。

　　2013 年，斯坦福大学的学者 Diego Ongaro 和 John Ousterhout 发表了论文 *In Search of an Understandable Consensus Algorithm*[①]（节选如下），提出了 Raft 算法。Raft 论文开篇描述了 Raft 的证明和 Paxos 等价，详细阐述了算法如何实现。也就是说，Raft 天生就是 Paxos 算法的工程化。

　　Raft is a consensus algorithm for managing a replicated log. It produces a result equivalent to (multi-)Paxos, and it is as efficient as Paxos, but its structure is different from Paxos;

　　此后，Raft 算法成为分布式系统领域的首选共识算法。

　　接下来，笔者将从领导选举、日志复制、成员变更 3 个方面展开，讨论 Raft 算法是如何妥善解决分布式系统一致性需求的。

6.4.1　领导者选举

　　Paxos 算法中"节点众生平等"，每个节点都可以发起提案。多个提议者并行发起提案，是活锁及其他异常问题的源头。如何不破坏 Paxos 的"节点众生平等"基本原则，又能在提案节点中实现主次之分，约束提案权利？

　　要想理解上面的问题，首先应搞清楚 Raft 算法中节点的分类。Raft 提出了领导者角色，通过选举机制"分享"提案权利。

　　（1）领导者（Leader）：负责处理所有客户端请求，将请求转换为"日志"，复制到其他节点，不断向所有节点广播心跳消息——"你们的领导还在，不要发起新的选举"。

　　（2）跟随者（Follower）：接收、处理领导者的消息，并向领导者反馈日志的写入情况。当领导者心跳超时时，他会主动站起来，推荐自己成为候选人。

　　（3）候选人（Candidate）：候选人属于过渡角色，它向所有的节点广播投票消息，如果他赢得多数选票，那么它将晋升为领导者。

　　联想到现实世界中的领导人都有一段不等的任期。自然，Raft 算法中也对应的概念——"任期"（Term）。Raft 中的任期是一个递增的数字，贯穿于 Raft 的选举、日志复制和一致性维护过程中，如图 6-11 所示。

---

① 论文参见 https://raft.github.io/raft.pdf。

- 选举过程：任期确保了领导者的唯一性。在一次任期内，只有获得多数选票的节点才能成为领导者。
- 日志一致性：任期号会附加到每条日志条目中，帮助集群判断日志的最新程度。
- 冲突检测：通过比较任期号，节点可以快速判断自己是否落后，并切换到跟随者状态。

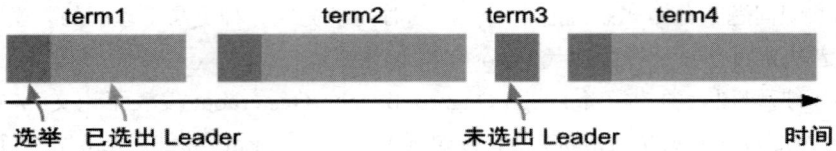

图 6-11　Raft 中的任期

图 6-12 所示为 Raft 集群 Leader 选举过程。

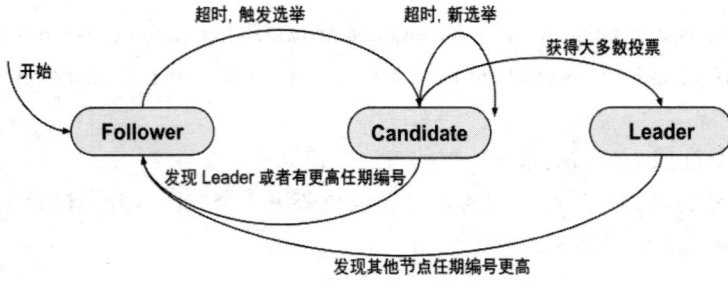

图 6-12　Raft 选举过程

初始状态下，所有的节点处于跟随者状态。如果跟随者在某个时限（通常是 150 ～ 300ms 的随机超时时间）未收到领导者心跳，则触发触发选举。节点的角色转为候选者，任期号递增，然后向其他节点广播"投票给我"的消息（RequestVote RPC）。

RequestVote RPC 消息示例如下：

```
{
    "term": 5,                  // 候选者的当前任期号，用于通知接收方当前选举属于哪个任期
    "candidateId": 3,           // 候选者的节点 ID，标识请求投票的节点
    "lastLogIndex": 12,         // 候选者日志的最后一条日志的索引，用于比较日志的完整性
    "lastLogTerm": 4            // 候选者日志的最后一条日志的任期号，用于进一步比较日志的新旧程度
}
```

其他节点收到投票消息后，根据下面的条件判断是否投票：

- 候选者的日志至少与投票者的日志一样新（根据最后一条日志的任期号和索引号判断）。
- 当前节点尚未在本任期投票。

RequestVote 响应的示例如下：

```
{
    "term": 5,                  // 接收方的当前任期号，用于告知候选者最新的任期号。如果候选者发现
该值比自己大，会转为跟随者
    "voteGranted": true         // 是否投票给候选者，true 表示同意，false 表示拒绝
}
```

如果候选者获得多数（超过半数）投票，即成为领导者。之后，领导者向其他节点广播心
跳消息，维持领导者地位。如果没有获得多数票，进入下一轮选举，任期号递增，重新发起投
票。如果选举过程中收到任期号更高的心跳或投票请求，则转为跟随者。

基于"少数服从多数"原则，获得多数选票的领导者代表了整个集群的意志。现在思考：
代表集群意志的领导者发起提案时，是否还需要 Paxos 第一轮中的"准备阶段"？

6.4.2　日志复制

一旦选出一个公认的领导者，领导者顺理成章地承担起"处理系统发生的所有变更，并将
变更复制到所有跟随者节点"的职责。

在 Raft 算法中，日志承载着系统所有变更。图 6-13 所示为 Raft 集群的日志模型，每个
"日志条目"（Log Entry）包含索引、任期、指令等关键信息。

- 指令：表示客户端请求的具体操作内容，也就是待"状态机"（State Machine）执行的
操作。
- 索引值：日志条目在仓库中的索引值，是单调递增的数字。
- 任期编号：日志条目是在哪个任期中创建的，用于解决"脑裂"或日志不一致问题。

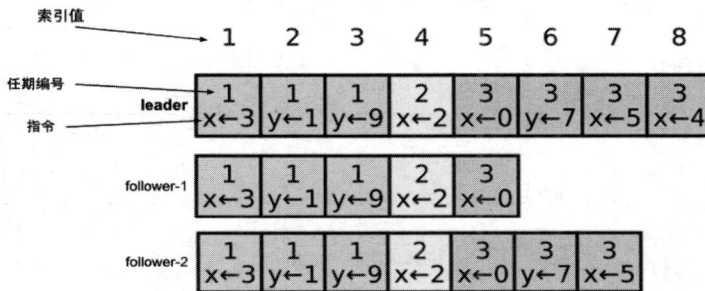

图 6-13　Raft 集群的日志模型（其中 x ← 3 代表 x 赋值为 3）

在 Raft 算法中，领导者通过广播消息（AppendEntries RPC）将日志条目复制到所有跟随
者。AppendEntries RPC 的示例如下：

```
{
  "term": 5,                                     // 领导者的任期号
  "leaderId": "leader-123",
  "prevLogIndex": 8,                             // 前一日志条目的索引
  "prevLogTerm": 4,                              // 前一日志条目的任期
  "entries": [
    { "index": 9, "term": 5, "command": "set x=4" },   // 要复制的日志条目
  ],
  "leaderCommit": 7                              // Leader 的"已提交"状态的日志条目索引号
}
```

图 6-14 所示为日志复制的过程，当 Raft 集群收到客户端请求（如 set x=4）时，日志复制

的过程如下。

（1）若当前节点为非领导者，将请求转发至领导者。

（2）领导者接收请求后：

- 将请求转化为日志条目，写入本地存储系统，初始状态为"未提交"（Uncommitted）。
- 生成日志复制消息（AppendEntries RPC），并广播至所有跟随者。

（3）跟随者收到日志复制消息后，验证任期（确保本地任期不大于领导者任期）、日志一致性（通过 prevLogIndex 检查日志是否匹配）。若验证通过，跟随者将日志条目追加至本地存储系统，并发送确认响应。

（4）领导者确认日志条目已成功复制至多数节点后，将其状态标记为"已提交"（Committed），并向客户端返回结果。已提交的日志条目不可回滚，指令永久生效，且可安全地"应用"（Apply）至状态机。

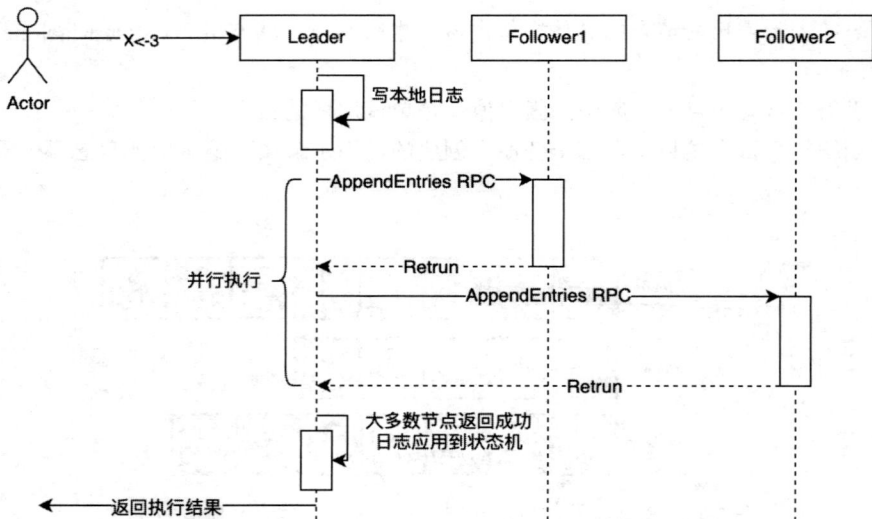

图 6-14   日志复制的过程

领导者向客户端返回结果，并不意味着日志复制过程已完全结束，跟随者尚不清楚日志条目是否已被大多数节点确认。Raft 的设计通过心跳或后续日志复制请求中携带更新的提交索引（LeaderCommit），通知跟随者提交日志。此机制将"达成共识的过程"优化为一个阶段，减少了客户端约一半的等待时间。

🔍**如何选择节点的数量**

Raft 日志复制过程需要等待多数节点确认。节点越多，等待的延迟也相应增加。所以说，以 Raft 构建的分布式系统并不是节点越多越好。如 etcd，推荐使用 3 个节点，对高可用性要求较高，且能容忍稍高的性能开销，可增至 5 个节点，如果超出 5 个节点，可能得不偿失。

下面介绍日志复制的另一种情况。在上述例子中，只有 follower-1 成功追加日志，follower-2 因为日志不连续，追加失败。日志的连续性至关重要，如果日志条目没有按正确顺序应用到状态机，各个 follower 节点的状态肯定不一致。

日志不连续的问题是这样解决的：follower-2 收到日志复制请求后，会通过 prevLogIndex 和 prevLogTerm 检查本地日志的连续性。如果日志缺失或存在冲突，follower-2 返回失败响应，指明与领导者日志不一致的部分。

```
{
  "success": false,
  "term": 4,
  "conflictIndex": 4,        // 表示发生缺失的日志索引，Follower 的日志中最大索引为 3，
                             // 所以缺失的索引是 4
  "conflictTerm": 3          // 缺失日志的 " 上一个有效日志条目 " 的任期号
}
```

当领导者收到失败响应，根据 conflictIndex 和 conflictTerm 找到与跟随者日志的最大匹配索引（如 6）。随后，领导者从该索引开始重新向跟随者（如 follower-2）发送日志条目，逐步修复日志的不一致性，直至同步完成。

6.4.3　成员变更

在前面的内容中，假设集群节点数固定，即集群的 Quorum 也保持不变。然而，在生产环境中，集群通常需要进行节点变更，如因故障移除节点或扩容增加节点等。对于旨在实现容错能力的算法来说，显然不能通过"关闭集群、更新配置并重启系统"的方式来实现。

在讨论如何实现成员动态变更之前，需要先搞明白 Raft 集群中"配置"（Configuration）的概念：

> 配置说明集群由哪些节点组成。例如，一个集群有 3 个节点（Server 1、Server 2、Server 3），该集群的配置就是 [Server1、Server2、Server3]。

如果把"配置"当成 Raft 中的"特殊日志"，那么成员动态变更需求就可以转化为"配置日志"的一致性问题。但需要注意的是，各个节点中的日志"应用"（Apply）到状态机是异步的，不可能同时操作。这种情况下，apply"配置日志"很容易导致"脑裂"问题。

假设有一个由 3 个节点 [Server1、Server2 和 Server3] 组成的 Raft 集群，当前的配置为 C_{old}。现在，计划增加两个节点 [Server1、Server2、Server3、Server4、Server5]，新的配置为 C_{new}。

由于日志提交是异步处理的，假设 Server1 和 Server2 比较迟钝，仍在使用老配置 C_{old}，而 Server3、Server4、Server5 的状态机已经应用了新配置 C_{new}。

- 假设 Server5 触发选举并赢得 Server3、Server4、Server5 的投票（满足 C_{new} 配置下的 Quorum 3 要求），成为领导者。

- 同时，假设 Server1 也触发选举并赢得 Server1、Server2 的投票（满足 C_{old} 配置下的 Quorum 2 要求），成为领导者。

一个集群存在两个领导者，也就是"脑裂"，同一个日志索引可能会对应不同的日志条目，最终导致集群数据不一致。

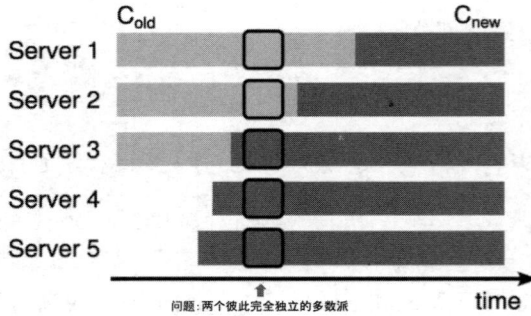

图 6-15　某一时刻，集群存在两个 Quorum

上述问题的根本原因在于，成员变更过程中形成了两个没有交集的 Quorum，即 [Server1, Server2] 和 [Server3, Server4, Server5] 各自为营。

Raft 的论文中，对此提出过一种基于两阶段的"联合共识"（Joint Consensus）成员变更方案，但这种方案实现较为复杂，Diego Ongaro 后来又提出一种更为简化的方案——"单成员变更"（Single Server Changes）。该方案思想的核心如下：既然同时提交多个成员变更可能引发问题，那么每次只提交一个成员变更，需要添加多个成员，就执行多次单成员变更操作。这样就没有问题了。

单成员变更方案很容易穷举所有情况，图 6-16 所示为穷举奇 / 偶数集群下节点添加 / 删除情况。如果每次只操作一个节点，C_{old} 的 Quorum 和 C_{new} 的 Quorum 一定存在交集。交集节点只会进行一次投票，要么投票给 C_{old}，要么投票给 C_{new}。因此，不可能出现两个符合条件的 Quorum，也就不会出现两个领导者。

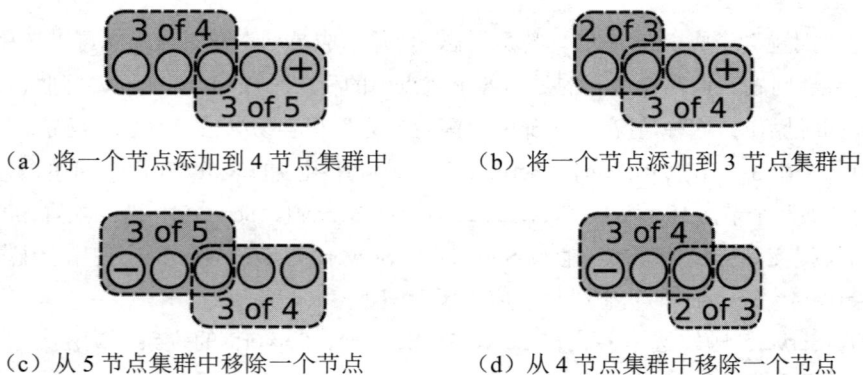

（a）将一个节点添加到 4 节点集群中　　　（b）将一个节点添加到 3 节点集群中

（c）从 5 节点集群中移除一个节点　　　（d）从 4 节点集群中移除一个节点

图 6-16　穷举奇 / 偶数集群下节点添加 / 删除情况

以图 6-16 中的第二种情况为例，C_{old} 为 [Server1、Server2、Server3]，该配置的 Quorum 为 2，C_{new} 为 [Server1、Server2、Server3、Server4]，该配置的 Quorum 为 3。假设 Server1、Server2 比较迟钝，还在用 C_{old}，其他节点的状态机已经应用 C_{new}。

- 假设 Server1 触发选举，赢得 Server1 和 Server2 的投票，满足 C_{old} Quorum 要求，当选领导者。
- 假设 Server3 也触发选举，赢得 Server3 和 Server4 的投票，但不满足 C_{new} 的 Quorum 要求，选举失效。

目前，绝大多数 Raft 算法的实现和系统，如 HashiCorp Raft 和 etcd，均采用单节点变更方案。由于联合共识方案的复杂性和实现难度，本文不再深入讨论，有兴趣的读者可以参考 Raft 论文以了解更多细节。

6.5　小结

尽管 Paxos 算法已提出几十年，但它为分布式系统中的一致性与容错性问题提供了理论框架，开创了分布式共识研究的先河。

Paxos 基于"少数服从多数"（Quorum 机制）原则，通过"请求阶段"和"批准阶段"，在不确定环境下，解决了单个"提案"的共识问题。多次运行 Paxos，便可实现一系列"提案"的共识，这就是 Multi-Paxos 的核心思想。Raft 算法在 Multi-Paxos 的基础上，在一致性、安全性和可理解性之间找到平衡，成为业界广泛采用的主流选择。

接下来，再思考一个问题：Raft 算法属于"强领导者"（Strong Leader）模型，领导者负责所有写入操作，它的写瓶颈就是 Raft 集群的写瓶颈。那么，该如何突破 Raft 集群的写瓶颈呢？

一种方法是使用哈希算法将数据划分成多个独立部分（分片）。例如，将一个 100TB 规模数据的系统分成 10 部分，每部分只需处理 10TB。这种根据规则（范围或哈希）将数据分散处理的策略，称为"分片机制"（Sharding）。分片机制广泛应用于 Prometheus、Elasticsearch、ClickHouse 等大数据系统（详见本书第 9 章）。理论上，只要机器数量足够，分片机制就能支持任意规模的数据。

第7章
容器编排技术

世界上有两个设计软件的方法，一种方法是设计得尽量简单，以至于明显没有什么缺陷，另一种方法是使它尽量复杂，以至于其缺陷不那么明显。

—— 计算机科学家 C.A.R. Hoare[①]

随着容器化架构大规模应用，手动管理大量容器的方式变得异常艰难。为了减轻管理容器的心智负担，实现容器调度、扩展、故障恢复等自动化机制，容器编排系统应运而生。

过去十年间，Kubernetes 发展成为容器编排系统的事实标准，也成为大数据分析、机器学习及在线服务等领域广泛认可的最佳技术底座。然而，Kubernetes 在解决复杂问题的同时，本身也演变成当今最复杂的软件系统之一。目前，包括官方文档在内的大多数 Kubernetes 资料都聚焦于"怎么做"，鲜有解释"为什么这么做"。自 2015 年起，Google 陆续发布了 *Borg, Omega and Kubernetes* 及 *Large-scale cluster management at Google with Borg* 等论文，分享了 Google 内部开发 Borg、Omega 和 Kubernetes 系统的经验与教训。本章将从这几篇论文展开，讨论容器编排系统中关于网络通信、持久化存储、资源模型和编排调度等方面的设计原理和应用。

本章内容导读如图 7-0 所示。

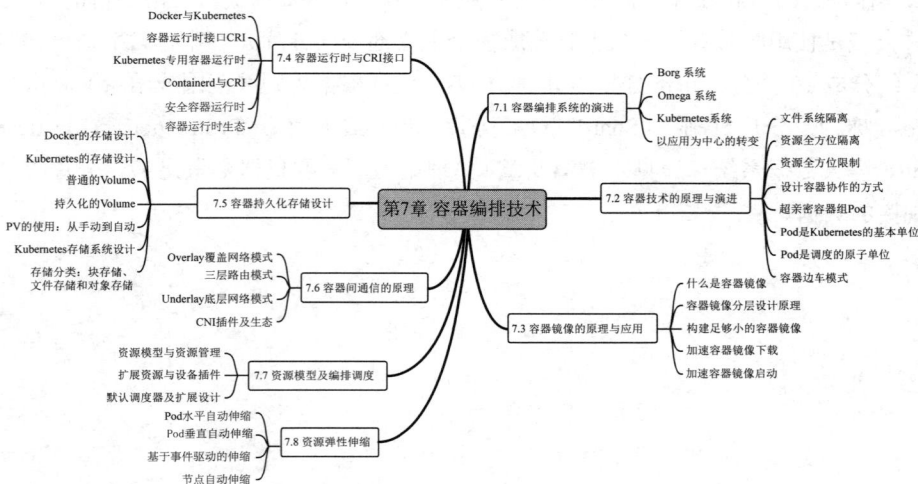

图 7-0　本章内容导图

---

① Charles Antony Richard Hoare（缩写为 C. A. R. Hoare），著名的计算科学家，图灵奖获得者，以设计快速排序算法、霍尔逻辑、通信顺序进程闻名。

7.1　容器编排系统的演进

近几年，业界对容器技术的兴趣越来越大，大量的公司开始逐步将虚拟机替换成容器。

实际上，早在十几年前，Google 内部就已开始大规模地实践容器技术了。Google 先后设计了 3 套不同的容器管理系统——Borg、Omega 和 Kubernetes，并向外界分享了大量的设计思想、论文和源码，直接促进了容器技术的普及和发展，对整个行业的技术演进产生了深远的影响。

7.1.1　Borg 系统

Google 内部第一代容器管理系统名为 Borg。

Borg 的架构如图 7-1 所示，是典型的 Master（图中 BorgMaster）+ Agent（图中的 Borglet）架构。用户通过命令行或浏览器将任务提交给 BorgMaster，后者负责记录任务与节点的映射关系（如"任务 A 运行在节点 X 上"）。随后，节点中的 Borglet 与 BorgMaster 进行通信，获取分配给自己的任务，然后启动容器执行。

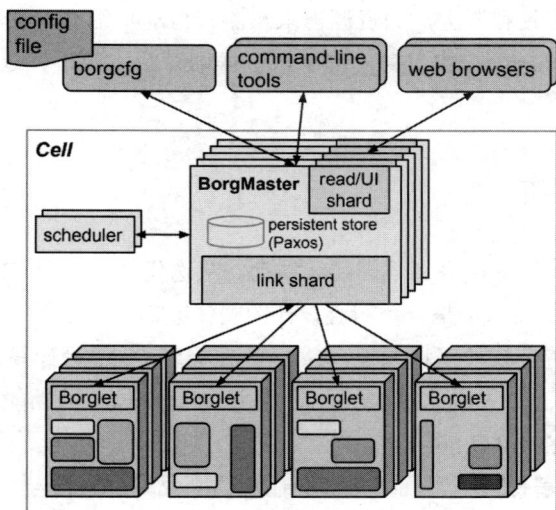

图 7-1　Borg 架构图 [①]

开发 Borg 的过程中，Google 的工程师为 Borg 设计了如下两种工作负载（Workload）。

（1）长期运行服务（Long-Running Service）：通常是对请求延迟敏感的在线业务，例如，Gmail、Google Docs、Web 搜索及内部基础设施服务。

（2）批处理任务（Batch Job）：用于一次性处理大量数据、需要较长的运行时间和较多的计算资源的"批处理任务"（Batch Job）。典型如 Apache Hadoop 或 Spark 框架执行的各类离线

① 图片来源：https://research.google/pubs/large-scale-cluster-management-at-google-with-borg/。

计算任务。

区分两种不同类型工作负载的原因如下。

- 两者运行状态不同：长期运行服务存在"环境准备 ok，但进程没有启动""健康检查失败"等状态，这些状态是批处理任务没有的。运行状态不同，决定了两类应用程序生命周期管理、监控、资源分配操作的机制不同。
- 关注点与优化方向不一样：一般而言，长期运行服务关注的是"可用性"，批处理任务关注的是"吞吐量"（Throughput），即单位时间内系统能够处理的任务数量或数据量。两者关注点不同，进一步导致内部实现机制的分化。

在 Borg 系统中，大多数长期运行的服务（Long-Running Service）被赋予高优先级（此类任务在 Borg 中称为 prod），而批处理任务（Batch Job）则被赋予低优先级（此类任务在 Borg 中称为 non-prod）。Borg 的任务优先级设计基于"资源抢占"模型，即高优先级的 prod 任务可以抢占低优先级的 non-prod 任务所占用的资源。

这一设计的底层技术由 Google 贡献给 Linux 内核的 cgroups 支撑。cgroups 是容器技术的基础之一，提供了对网络、计算、存储等各类资源的隔离（7.2 节将详细介绍 cgroups 技术）。Borg 通过 cgroups 技术，实现了不同类型工作负载的混合部署，共享主机资源同时互不干扰。

随着 Google 内部越来越多的应用程序被部署到 Borg 上，业务团队与基础架构团队开发了大量围绕 Borg 的管理工具和服务，如资源需求预测、自动扩缩容、服务发现与负载均衡、监控系统（Brogmon，Prometheus 的前身，第 9 章将详细介绍）等，并逐渐形成了基于 Borg 的内部生态系统。

7.1.2　Omega 系统

Borg 生态的发展由 Google 内部不同团队推动。从迭代结果来看，Borg 生态是一系列异构且自发形成的工具和系统，而不是一个精心设计的整体架构。

为使 Borg 生态更符合软件工程规范，Google 在汲取 Borg 设计与运维经验的基础上开发了 Omega 系统。相比 Borg，Omega 的最大改进是将 BorgMaster 的功能拆分为多个交互组件，而不再是一个单体、中心化的 Master。

此外，Omega 还显著提升了大规模集群的任务调度效率。

- Omega 基于 Paxos 算法实现了一套分布式一致性和高可用的键值存储（内部称为 Store），集群的所有状态都保存在 Store 中。
- 拆分后的组件（如容器编排调度器、中央控制器）可以直接访问 Store，共享集群状态数据。
- 基于 Store，Omega 提出了一种共享状态的双循环调度策略，解决了大规模集群的任务调度效率问题。此设计反哺了 Borg 系统，又延续到了 Kubernetes 之中（将在 7.7.3 节详细介绍）。

如图 7-2 所示，改进后的 Borg 和 Omega 系统成为 Google 整套基础设施最核心的依赖。

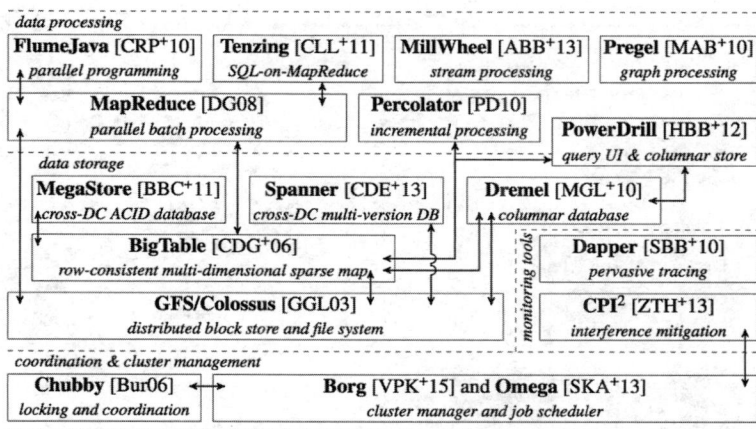

图 7-2　Borg 与 Omega 是 Google 最关键的基础设施 [1]

7.1.3　Kubernetes 系统

Google 开发的第三套容器管理系统是 Kubernetes，其背景如下：

- 全球越来越多的开发者开始对 Linux 容器产生兴趣（Linux 容器是 Google "家底"，但提到容器，开发者首先想到的是 Docker。Google 并没有吃到容器技术的红利）。
- Google 将公有云服务作为业务重点并实现持续增长（虽然 Google 提出了云计算的概念，但市场被 AWS 抢占先机）。

2013 年夏，Google 的工程师开始讨论借鉴 Borg 的经验开发新一代容器编排系统，希望通过十几年的技术积累影响云计算市场格局。Kubernetes 项目获批后，2014 年 6 月，Google 在 DockerCon 大会上宣布将其开源。

通过图 7-3 观察 Kubernetes 架构，能看出大量设计来源于 Borg/Omega 系统。

- Master 系统由多个分布式组件构成，包括 API Server、Scheduler、Controller Manager 和 Cloud Controller Manager。
- Kubernetes 的最小运行单元是 Pod，其原型是 Borg 系统对物理资源的抽象 Alloc。
- 工作节点上的 kubelet 组件，其设计来源于 Borg 系统中各节点中的 Borglet 组件。
- 基于 Raft 算法实现的分布式一致性键值存储 Etcd，对应 Omega 系统中基于 Paxos 算法实现的 Store。

为了降低用户使用的门槛，并最终达成 Google 从底层进军云计算市场意图，Kubernetes 的设计目标是享受容器带来的资源利用率改善，同时让支撑分布式系统的基础设施标准化、操作更简单。

---

[1]　图片来源：https://cs.brown.edu/~malte/pub/dissertations/phd-final.pdf。

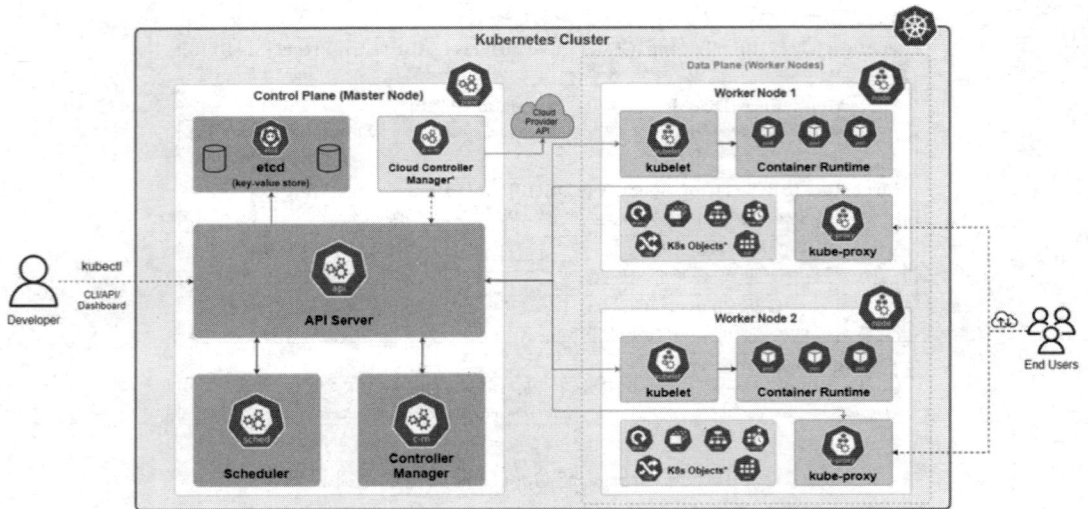

图 7-3　Kubernetes 架构及组件概览 [①]

为了进一步理解基础设施的标准化，下面来看 Kubernetes 从一开始就提供的东西——用于描述各种资源需求的 API。

- 描述 Pod、Container 等计算资源需求的 API。
- 描述 Service、Ingress 等网络功能的 API。
- 描述 Volumes 之类的持久存储的 API。
- Service Account 之类的服务身份的 API 等。

各云厂商已经将 Kubernetes 结构和语义对接到它们各自的原生 API 上。所以，Kubernetes 描述资源需求的 API 是跨公有云、私有云和各家云厂商的，也就是说，只要基于 Kubernetes 的规范管理应用程序，应用程序就能无缝迁移到任何云中。

提供一套跨厂商的标准结构和语义来声明核心基础设施是 Kubernetes 设计的关键。在此基础上，它又通过 CRD（Custom Resource Define，自定义资源定义）将这个设计扩展到几乎所有的基础设施资源。

有了 CRD，用户不仅能声明 Kubernetes API 预定义的计算、存储、网络服务，还能声明数据库、Task Runner、消息总线、数字证书等任何云厂商能想到的东西。随着 Kubernetes 资源模型越来越广泛地传播，现在已经能够用一组 Kubernetes 资源来描述整个软件定义计算环境。

就像用 docker run 可以启动单个程序一样，现在用 kubectl apply -f 就能部署和运行一个分布式应用程序，无须关心是在私有云、公有云或者具体哪家云厂商上。

7.1.4　以应用为中心的转变

从 Borg 到 Kubernetes，容器技术的价值早已超越了单纯提升资源利用率。更深远的影响

---

① 图片来源：https://link.medium.com/oWobLWzCQJb。

在于，系统开发和运维的理念从"以机器为中心"转变为"以应用为中心"。

- 容器封装了应用程序的运行环境，屏蔽了操作系统和硬件的细节，使得业务开发者不再需要关注底层实现。
- 基础设施团队可以更灵活地引入新硬件或升级操作系统，最大限度减少对线上应用和开发者的影响。
- 每个设计良好的容器通常代表一个应用，因此，管理容器就等于管理应用，而非管理机器。
- 将收集的性能指标（如 CPU 使用率、内存用量、QPS 等）与应用程序而非物理机器关联，显著提高了应用监控的精确度和可观测性。

7.2　容器技术的原理与演进

字面上，"容器"这一术语往往让人难以直观地理解其真正含义，Kubernetes 中最核心的概念——"Pod"也是如此。

单纯的几句话解释并不足以帮助读者充分理解这些概念，甚至可能引起误解。例如，业内常将容器与轻量级虚拟机混为一谈。如果容器真的类似于虚拟机，那么应该能够有一种通用的方法，轻松将虚拟机中的应用迁移到容器中。但现实中并不存在这种方法，迁移过程仍然需要大量的改造工作。

本节将从文件系统隔离的起源出发，逐步讲解容器技术的发展历程，帮助读者深入理解 Kubernetes 的核心概念——Pod 的设计背景与应用。

7.2.1　文件系统隔离

容器的起源可以追溯到 1979 年。那时，UNIX 系统刚引入 chroot 命令 [1]。

chroot 是 change root 的缩写，它允许管理员将进程的根目录锁定在特定位置，从而限制进程对文件系统的访问范围。chroot 的隔离功能对安全性至关重要。例如，它可以用于创建一个"蜜罐"，用于安全地运行和监控可疑代码或程序。由于它的隔离作用，chroot 环境也被形象地称为 jail（监狱），从 chroot 逃逸的过程则被称为"越狱"。

即便时至今日，chroot 命令仍然活跃于主流的 Linux 系统中。在绝大部分 Linux 系统中，只需简单几步操作，就可以为进程创建一个基本的文件隔离环境，代码如下：

```
$ mkdir -p new-root/{bin,lib64,root}
$ cp /bin/bash new-root/bin
```

---

[1] 2000 年，Linux 内核 2.3 版本引入 pivot_root 技术来实现更安全的文件隔离。如今的容器技术 LXC、Docker 等都是使用 pivot_root 来实现文件隔离的。

```
$ cp /lib64/{ld-linux-x86-64.so*,libc.so*,libdl.so.2,libreadline.so*,libtinfo.
so*} new-root/lib64
$ sudo chroot new-root
```

虽然这个隔离环境功能有限，仅提供了 bash 和一些内置函数，但足以说明其作用：运行在 new-root 根目录下的进程，其文件系统与宿主机隔离了。

```
bash-4.2# cd bin
bash-4.2# pwd
/bin
```

🔍

除了 /bin 之外，如果将程序依赖的 /etc、/proc 等目录一同打包进去，就得到了一个 rootfs 文件。因为 rootfs 包含的不仅是应用，还有整个操作系统的文件和目录，这意味着应用及其所有依赖都被封装在一起，这正是容器被广泛宣传为一致性解决方案的由来。

再运行一个 docker 容器，观察两者之间的区别。

```
$ docker run -t -i ubuntu:18.04 /bin/bash
root@028f46a5b7db:/# cd bin
root@028f46a5b7db:/bin# pwd
/bin
```

虽然 chroot 看起来与容器相似，都是创建与宿主机隔离的文件系统环境，但这并不意味着 chroot 就是容器。

chroot 只是改变了进程的根目录，并未创建真正独立、安全的隔离环境。在 Linux 系统中，从低层次的资源（如网络、磁盘、内存、处理器）到操作系统控制的高层次资源（如 UNIX 分时、进程 ID、用户 ID、进程间通信），都存在大量非文件暴露的操作入口。

因此，无论是 chroot，还是针对 chroot 安全问题改进后的 pivot_root，都无法实现对资源的完美隔离。

7.2.2　资源全方位隔离

chroot 的最初目的是实现文件系统的隔离，并非专门为容器设计。

后来，Linux 吸收了 chroot 的设计理念，并在 2.4.19 版本中引入了 Mount 命名空间，使得文件系统挂载可以被隔离开来。随着容器技术的发展，发现进程间通信也需要隔离，因此引入了 IPC（Inter-Process Communication）命名空间。此外，容器还需要一个独立的主机名来在网络中标识自己，这便催生了 UTS（UNIX Time-Sharing）命名空间。有了独立的主机名，自然需要独立的 IP、端口、路由等，因此，Network 命名空间也随之诞生。

从 Linux 内核 2.6.19 起，逐步引入了 UTS、IPC、PID、Network 和 User 等命名空间功能。到了 3.8 版本，Linux 实现了容器所需的 6 项最基本的资源隔离机制。

表 7-1 所示为 Linux 系统目前支持的 8 类命令空间。

表 7-1　Linux 系统目前支持的 8 类命名空间

命名空间	隔离的资源	内核版本
Mount	隔离文件系统挂载点，功能大致类似于 chroot	2.4.19
IPC	隔离进程间通信，使进程拥有独立消息队列、共享内存和信号量	2.6.19
UTS	隔离主机的 Hostname、Domain names，这样容器就可以拥有独立的主机名和域名，在网络中可以被视作一个独立的节点	2.6.19
PID	隔离进程号，对进程 PID 重新编码，不同命名空间下的进程可以有相同的 PID	2.6.24
Network	隔离网络资源，包括网络设备、协议栈（IPv4、IPv6）、IP 路由表、iptables、套接字（socket）等	2.6.29
User	隔离用户和用户组	3.8
Cgroup	使进程拥有一个独立的 cgroup 控制组。cgroup 非常重要，稍后笔者详细介绍	4.6
Time	隔离系统时间，Linux 5.6 内核版本起支持进程独立设置系统时间	5.6

注：从 Linux 4.6 版本起，新增了 Cgroup 和 Time 命名空间。

在 Linux 中，为进程设置各种命名空间非常简单，只需通过系统调用函数 clone 并指定相应的 flags 参数即可。clone 函数允许创建一个新的进程，并在创建时指定多个资源隔离的选项。clone 函数的声明如下：

```
int clone(int (*fn)(void *), void *child_stack,
        int flags, void *arg, ...
        /* pid_t *ptid, struct user_desc *tls, pid_t *ctid */ );
```

例如，下面的代码展示了如何通过调用 clone 函数并指定多个 CLONE_NEW 标志来创建一个子进程，该进程将"看到"一个全新的系统环境。所有的资源，包括进程挂载的文件目录、进程 PID、进程间通信资源、网络设备、主机名等，都将与宿主机进行隔离。

```
int flags = CLONE_NEWNS | CLONE_NEWPID | CLONE_NEWIPC | CLONE_NEWNET | CLONE_
NEWUTS;
int pid = clone(main_function, stack_size, flags | SIGCHLD, NULL);
```

7.2.3　资源全方位限制

进程的资源隔离已经完成，如果再对使用资源进行额度限制，就能对进程的运行环境实现"近乎完美"的隔离。这就要用 Linux 内核的第二项技术 —— Linux Control Cgroup（Linux 控制组群，简称 cgroups）。

cgroups 是 Linux 内核用于隔离、分配并限制进程组使用资源配额的机制。例如，它可以控制进程的 CPU 占用时间、内存大小、磁盘 I/O 速度等。该项目最初由 Google 工程师 Paul

Menage 和 Rohit Seth 于 2000 年发起,当时称之为"进程容器"(Process Container)。由于"容器"这一名词在 Linux 内核中有不同含义,为避免混淆,最终将其重命名为 cgroups。

2008 年,cgroups 被合并到 Linux 内核 2.6.24 版本中,标志着第一代 cgroups 的发布。2016 年 3 月,Linux 内核 4.5 引入了由 Facebook 工程师 Tejun Heo 重写的第二代 cgroups。相比第一代,第二代提供了更加统一的资源控制接口,使得对 CPU、内存、I/O 等资源的限制更加一致。不过,考虑兼容性和稳定性,大多数容器运行时(Container Runtime)目前仍默认使用第一代 cgroups。

在 Linux 系统中,cgroups 通过文件系统向用户暴露其操作接口。这些接口以文件和目录的形式组织在 /sys/fs/cgroup 路径下。

在 Linux 中执行 ls /sys/fs/cgroup 命令,可以看到在该路径下有许多子目录,如 blkio、cpu、memory 等。

```
$ ll /sys/fs/cgroup
总用量 0
drwxr-xr-x 2 root root  0 2月  17 2023 blkio
lrwxrwxrwx 1 root root 11 2月  17 2023 cpu -> cpu,cpuacct
lrwxrwxrwx 1 root root 11 2月  17 2023 cpuacct -> cpu,cpuacct
drwxr-xr-x 3 root root  0 2月  17 2023 memory
...
```

在 cgroups 中,每个子目录被称为"控制组子系统"(Control Group Subsystems),它们对应于不同类型的资源限制。每个子系统有多个配置文件,如内存子系统:

```
$ ls /sys/fs/cgroup/memory
cgroup.clone_children          memory.memsw.failcnt
cgroup.event_control           memory.memsw.limit_in_bytes
cgroup.procs                   memory.memsw.max_usage_in_bytes
cgroup.sane_behavior           memory.memsw.usage_in_bytes
```

这些文件各自有不同的功能。例如,memory.kmem.limit_in_bytes 用于限制应用程序的总内存使用;memory.stat 用于统计内存使用情况;memory.failcnt 文件报告内存使用达到了 memory.limit_in_bytes 限制值的次数等。

目前,主流的 Linux 系统支持的控制组群子系统如表 7-2 所示。

表 7-2　cgroups 控制组群子系统

控制组群子系统	功　能
blkio	控制并监控 cgroups 中的任务对块设备(如磁盘、USB 等)I/O 的存取
cpu	控制 cgroups 中进程的 CPU 占用率
cpuacct	自动生成报告来显示 cgroups 中的进程所使用的 CPU 资源
cpuset	可以为 cgroups 中的进程分配独立 CPU 和内存节点
devices	控制 cgroups 中进程对某个设备的访问权限

续表

控制组群子系统	功　　能
freezer	暂停或者恢复 cgroups 中的任务
memory	自动生成 cgroups 任务使用内存资源的报告，并限定这些任务所用内存的大小
net_cls	使用等级识别符（classid）标记网络数据包，这让 Linux 流量管控器（tc）可以识别从特定 cgroups 中生成的数据包，可配置流量管控器，让其为不同 cgroups 中的数据包设定不同的优先级
net_prio	可以为各个 cgroups 中的应用程序动态配置每个网络接口的流量优先级
perf_event	允许使用 perf 工具对 crgoups 中的进程和线程监控

Linux cgroups 的设计简洁易用。在 Docker 等容器系统中，只需为每个容器在每个子系统下创建一个控制组（通过创建目录），然后在容器进程启动后，将进程的 PID 写入相应子系统的 tasks 文件。

下面的代码创建了一个内存控制组子系统（目录名为 $hostname），并将 PID 为 3892 的进程的内存限制为 1 GB，同时限制其 CPU 使用时间为 1/4。

```
/sys/fs/cgroup/memory/$hostname/memory.limit_in_bytes=1GB  // 容器进程及其子进程使用的
总内存不超过 1GB
/sys/fs/cgroup/cpu/$hostname/cpu.shares=256 // CPU 时间总数为 1024，设置 256 后，限制
进程最多只能占用 1/4 的 CPU 时间

echo 3892 > /sys/fs/cgroup/cpu/$hostname/tasks
```

值得补充的是，cgroups 在资源限制方面仍有不完善之处。例如，/proc 文件系统记录了进程对 CPU、内存等资源的占用情况，这些数据是 top 命令查看系统信息的主要来源。然而，/proc 文件系统并未关联 cgroups 对进程的限制。因此，当在容器内部执行 top 命令时，显示的是宿主机的资源占用状态，而不是容器内的状态。为了解决这个问题，业内通常采用 LXCFS（LXC 用的 FUSE 文件系统）技术，维护一套专门用于容器的 /proc 文件系统，从而准确反映容器内的资源使用情况。

至此，相信读者已经理解容器的概念。容器并不是轻量化的虚拟机，也不是一个完全的沙盒（容器共享宿主机内核，实现的是一种"软隔离"）。本质上，容器是通过命名空间、cgroups 等技术实现资源隔离和限制，并拥有独立根目录（rootfs）的特殊进程。

7.2.4　设计容器协作的方式

既然容器是一个特殊的进程，真正的操作系统内大部分进程也并非独自运行，而是以进程组的形式被有序地组织和协作，完成特定任务。

例如，登录到 Linux 机器后，执行 pstree -g 命令可以查看当前系统中的进程树状结构。

```
$ pstree -g
   |-rsyslogd(1089)-+-{in:imklog}(1089)
   |              |-{in:imuxsock} S 1(1089)
   |              `-{rs:main Q:Reg}(1089)
```

如命令输出所示，rsyslogd 程序的进程树状结构展示了其主程序 main 和内核日志模块 imklog 都属于进程组 1089。它们共享资源，共同完成 rsyslogd 的任务。对于操作系统而言，这种进程组管理更加方便。例如，Linux 操作系统可以通过向一个进程组发送信号（如 SIGKILL），使该进程组中的所有进程同时终止运行。

现在，假设要将上述进程用容器改造，该如何设计呢？如果使用 Docker，通常会想到在容器内运行如下两个进程：

- rsyslogd 负责业务逻辑。
- imklog 处理日志。

但这种设计会遇到一个问题：容器中的 PID=1 进程应该是谁？在 Linux 系统中，PID 为 1 的进程是 init，它作为所有其他进程的祖先进程，负责监控进程状态，并处理孤儿进程。因此，容器中的第一个进程也需要具备类似的功能，能够处理 SIGTERM、SIGINT 等信号，优雅地终止容器内的其他进程。

Docker 的设计核心在于采用的是"单进程"模型。Docker 通过监控 PID 为 1 的进程的状态来判断容器的健康状态（在 Dockerfile 中用 ENTRYPOINT 指定启动的进程）。如果确实需要在一个 Docker 容器中运行多个进程，首个启动的进程应该具备资源监控和管理能力，例如，使用专为容器开发的 tinit 程序。

虽然通过 Docker 可以勉强实现容器内运行多个进程，但进程间的协作远不止于资源回收那么简单。要让容器像操作系统中的进程组一样进行协作，下一步的演进是找到类似"进程组"的概念。这是实现容器从"隔离"到"协作"的第一步。

7.2.5 超亲密容器组 Pod

在 Kubernetes 中，与"进程组"对应的设计概念是 Pod。Pod 是一组紧密关联的容器集合，它们共享 IPC、Network 和 UTS 等命名空间，是 Kubernetes 管理的最基本单位。

容器之间原本通过命名空间和 cgroups 进行隔离，Pod 的设计目标是打破这种隔离，使 Pod 内的容器能够像进程组一样共享资源和数据。为实现这一点，Kubernetes 引入了一个特殊容器 —— Infra Container。

如图 7-4 所示，Infra Container 是 Pod 内第一个启动的容器，体积非常小（约 300 KB）。它主要负责为 Pod 内的容器申请共享的 UTS、IPC 和网络等命名空间。Pod 内的其他容器通过 setns（Linux 系统调用，用于将进程加入指定命名空间）来共享 Infra Container 的命名空间。此外，Infra Container 也可以作为 init 进程，管理子进程和回收资源。

> Infra Container 启动后，执行一个永远循环的 pause() 方法，因此又被称为"pause 容器"。

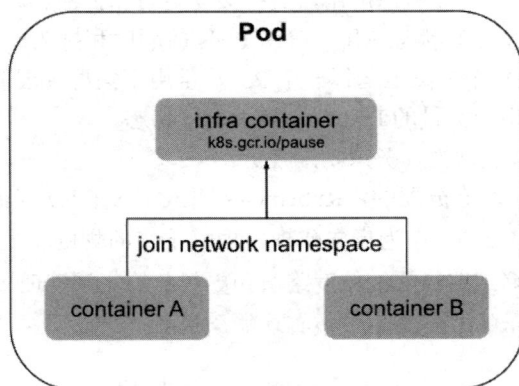

图 7-4 Pod 内的容器通过 Infra Container 共享网络命名空间

通过 Infra Container，Pod 内的容器可以共享 UTS、Network、IPC 和 Time 命名空间。不过，PID 命名空间和文件系统命名空间默认依然是隔离的，原因如下。

- 文件系统隔离：容器需要独立的文件系统，以避免冲突。如果容器之间需要共享文件，Kubernetes 提供了 Volume 支持（将在 7.5 节介绍）。
- PID 隔离：PID 命名空间隔离是为了避免某些容器进程没有 PID=1 的问题，这可能导致容器启动失败（例如，使用 systemd 的容器）。

如果需要共享 PID 命名空间，可以在 Pod 声明中设置 shareProcessNamespace: true。Pod 的 YAML 配置如下：

```
apiVersion: v1
kind: Pod
metadata:
  name: example-pod
spec:
  shareProcessNamespace: true
  containers:
    - name: container1
      image: myimage1
    ...
```

在共享 PID 命名空间的 Pod 中，Infra Container 将承担 PID=1 进程的职责，负责处理信号和回收子进程资源等操作。

7.2.6 Pod 是 Kubernetes 的基本单位

解决了容器的资源隔离、限制及容器间协作问题，Kubernetes 的功能开始围绕容器和 Pod

不断向实际应用的场景扩展。

由于一个 Pod 不会仅有一个实例，所以，Kubernetes 引入了更高层次的抽象来管理多个 Pod 实例，例如：

- Deployment：用于管理无状态应用，支持滚动更新和扩缩容。
- StatefulSet：用于管理有状态应用，确保 Pods 的顺序和持久性。
- DaemonSet：确保每个节点上运行一个 Pod，常用于集群管理或监控。
- ReplicaSet：确保指定数量的 Pod 副本处于运行状态。
- Job/CronJob：管理一次性任务或定期任务。

鉴于 Pod 的 IP 地址是动态分配的，Kubernetes 引入了 Service 来提供稳定的网络访问入口并实现负载均衡。此外，Ingress 作为反向代理，根据定义的规则将流量路由至后端的 Service 或 Pod，从而实现基于域名或路径的细粒度路由和更复杂的流量管理。围绕 Pod 的设计不断衍生，最终绘制出图 7-5 所示的 Kubernetes 核心功能全景图。

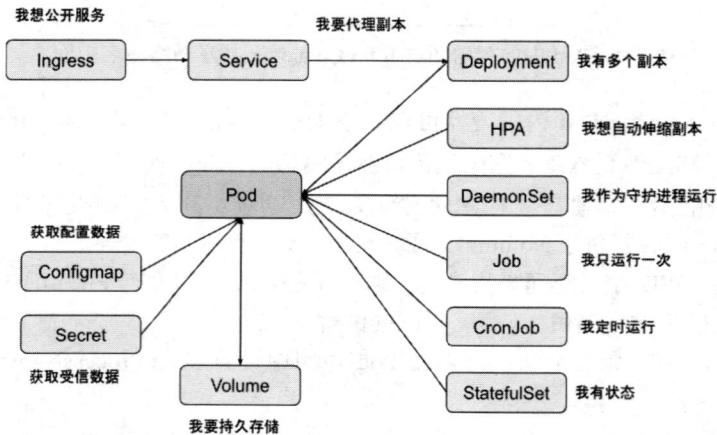

图 7-5　Kubernetes 核心功能全景图

7.2.7　Pod 是调度的原子单元

Pod 还承担着作为调度单元的关键职责。

调度（特别是协同调度）是非常麻烦的事情。假设有如下两个具有亲和性的容器。

- Nginx（资源需求：1GB 内存）：负责接收请求并将其写入主机的日志文件。
- LogCollector（资源需求：0.5GB 内存）：负责读取日志并将其转发到 Elasticsearch 集群。

假设当前集群的资源情况如下。

- Node1：1.25GB 可用内存。
- Node2：2GB 可用内存。

如果这两个容器必须协作并在同一台机器上运行，调度器可能会将 Nginx 调度到 Node1。

然而，Node1 上只有 1.25GB 内存，而 Nginx 占用了 1GB，导致 LogCollector 无法在该节点上运行，从而阻塞了调度。尽管重新调度可以解决这个问题，但如果需要协调数以万计的容器呢？

以下是两种典型的解决方案。

（1）成组调度：集群等到足够的资源满足容器需求后，统一调度。这种方法可能导致调度效率降低、资源利用不足，并可能出现互相等待而导致死锁的问题。

（2）提高单个调度效率：通过提升单任务调度效率解决。像 Google 的 Omega 系统采用了基于共享状态的乐观绑定（Optimistic Binding）来优化大规模调度效率。但这种方案实现起来较为复杂，笔者将在 7.7.3 节中详细探讨。

在 Pod 上直接声明资源需求，并以 Pod 作为原子单元来实现调度，Pod 与 Pod 之间不存在超亲密的关系，如果有关系，就通过网络通信实现关联。复杂的协同调度问题在 Kubernetes 中直接消失了。

7.2.8　容器边车模式

组合多种不同角色的容器，共享资源并统一调度编排，在 Kubernetes 中是一种经典的容器设计模式 —— 边车（Sidecar）模式。

如图 7-6 所示，在边车模式下，一个主容器（负责业务逻辑处理）与一个或多个边车容器共同运行在同一个 Pod 内。边车容器负责处理非业务逻辑的任务，如日志记录、监控、安全保障或数据同步。边车容器将这些职能从主业务容器中分离，使得开发更加高内聚、低耦合的软件变得更加容易。

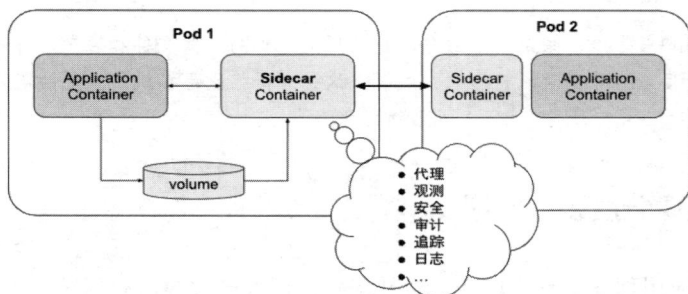

图 7-6　容器 Sidecar 设计模式

第 8 章将以代理型边车为例，进一步阐述这种设计模式的优点。

7.3　容器镜像的原理与应用

容器镜像是 Docker 革命性的创新，它在短短几年就迅速改变了整个云计算领域的发展历程。

本节将深入分析镜像技术原理，并探讨其在下载加速、启动加速、存储优化等场景中的最佳实践。

7.3.1　什么是容器镜像

所谓"容器镜像"，其实就是一个"特殊的压缩包"，它将应用及其依赖（包括操作系统中的库和配置）打包在一起，形成一个自包含的环境。

很多开发者通常将应用依赖局限于编程语言层面。例如，某个 Java 应用依赖特定版本的 JDK、Python 应用依赖 Python 2.7。但一个常被忽视的事实是"操作系统本身才是应用运行所需的最完整依赖环境"。制作容器镜像的过程，实际上就是创建一个符合特定要求的操作系统快照。在 Docker 中，这个操作如下：

```
$ docker build 镜像名称
```

一旦镜像创建完成，用户便可通过 Docker 创建一个"沙盒"，解压镜像并将其作为根文件系统（rootfs）挂载，容器内的应用程序和依赖就可以顺利运行。在 Docker 中，这个操作如下：

```
$ docker run 镜像名称
```

上述的"沙盒"，其实就是第 6 章介绍的 namespace 和 cgroups 技术创建出来的隔离环境。

由于镜像打包的是"整个操作系统"，应用程序与运行依赖全部封装在了一起，从而赋予了容器最核心的一致性能力。无论是在本地，还是在云端某个虚拟机，只要解压打包好的容器镜像，应用程序运行所依赖的环境就能完美重现。

🔍

严格来讲，rootfs 只是操作系统的一部分，是按规则组织的一些文件和目录，并不包括操作系统内核。如果容器内的进程与内核交互，将影响宿主机，这是容器相比虚拟机的主要缺陷之一（不安全）。

7.3.2　容器镜像分层设计原理

rootfs 解决了应用程序运行环境的一致性问题，但并未解决所有问题。

例如，当应用程序升级或运行环境发生变动时，是否需要重新制作一次 rootfs？将整个 rootfs 直接打包不仅无法复用，还会浪费大量存储空间。例如，笔者基于 CentOS ISO 制作了一个 rootfs，配置了 Java 运行环境。那么，笔者的同事发布 Java 应用时，肯定想复用之前安装过 Java 运行环境的 rootfs，而不是重新制作一个。此外，如果每个人都重新制作 rootfs，考虑到一台主机通常运行几十个容器，将会占用巨大的存储空间。

分析上述 Java 应用对 rootfs 的需求，发现底层的 rootfs（如 CentOS + JDK）其实是固定的。那么，是否可以通过增量修改的方式来支持不同应用的依赖？例如，维护一个共同的"基础 rootfs"，然后根据应用的不同依赖制作不同的镜像，如 CentOS + JDK + app-1、CentOS +

JDK + app-2 和 CentOS + Python + app-3 等。

　　增量修改的思路当然可行，这也是 Docker 镜像设计的核心。与传统的 rootfs 制作流程不同，Docker 引入了"层"（Layer）的概念，每次创建镜像时，都会生成一个新的层，即一个增量式的 rootfs。

　　Docker 镜像的分层设计依赖于 UnionFS（联合文件系统）技术，UnionFS 允许将多个目录联合挂载到同一目录下，呈现给用户的是一个统一的文件系统视图，而非多个分散的目录。

　　UnionFS 有多种实现，如 OverlayFS、Btrfs 和 AUFS 等。在 Linux 内核 3.18 版本中，OverlayFS 被合并进主分支，并逐渐成为各大主流 Linux 发行版的默认联合文件系统。

　　OverlayFS 的使用非常简便，只需通过 mount 命令，指定文件系统类型为 overlay，并配置以下相关参数。

- lowerdir：OverlayFS 的只读层，通常用于提供基础文件系统，可以指定多个目录。
- upperdir：OverlayFS 的读写层，用于存储用户的增量修改。
- merged：挂载完成后，展示给用户的统一文件系统视图。

下面举一个具体的例子供读者参考，代码如下：

```
#!/bin/bash

umount ./merged
rm upper lower merged work -r

mkdir upper lower merged work
echo "I'm from lower!" > lower/in_lower.txt
echo "I'm from upper!" > upper/in_upper.txt
# `in_both` is in both directories
echo "I'm from lower!" > lower/in_both.txt
echo "I'm from upper!" > upper/in_both.txt

// 使用 mount 命令将 lower、upper 挂载到 merged

$ sudo mount -t overlay overlay \
 -o lowerdir=./lower,upperdir=./upper,workdir=./work \
 ./merged
```

使用 mount 命令，指定文件系统类型为 overlay，挂载后的文件系统如图 7-7 所示。

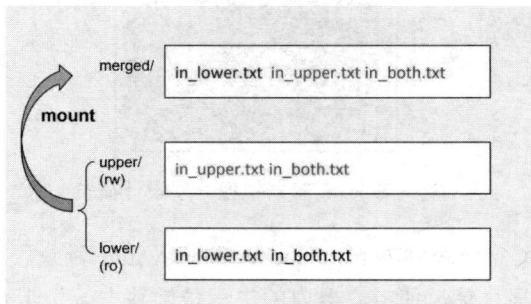

图 7-7　OverlayFS 挂载后的文件系统

当在 merged 目录中执行增删改操作时，OverlayFS 文件系统会触发写时复制（Copy-On-Write，CoW）策略。

下面通过一系列操作来解释 CoW 的基本原理。

- 新建文件时：文件会被写入 upper 目录中。
- 删除文件时：
  - 如果删除 in_upper.txt，该文件会从 upper 目录中移除。
  - 如果删除 in_lower.txt，lower 目录中的 in_lower.txt 文件保持不变，但 upper 目录会新增一个特殊文件，标记 in_lower.txt 在 merged 目录中已被删除。
- 修改文件时：如果修改 in_lower.txt，upper 目录会创建一个新的 in_lower.txt 文件，包含更新后的内容，而 lower 目录中的原始文件保持不变。

再来看 Docker 镜像利用联合文件系统的分层设计。如图 7-8 所示，整个镜像从下往上由 6 个层组成。

- 底层是基础镜像 Debian Stretch，相当于 base rootfs，所有容器可以共享这一层。
- 接下来的 3 层是通过 Dockerfile 中的 ADD、ENV、CMD 等指令生成的只读层。
- Init Layer 位于只读层和可写层之间，存放可能会被修改的文件，如 /etc/hosts、/etc/resolv.conf 等。这些文件原本属于 Debian 镜像，但容器启动时，用户往往会写入一些指定的配置，因此 Docker 为其单独创建了这一层。
- 最上层是通过 CoW（写时复制）技术创建的可写层（Read/Write Layer）。容器内的所有增、删、改操作都发生在此层。但该层的数据不具备持久性，容器销毁时，所有写入的数据也会丢失。容器镜像内无法写入任何数据，是不可变基础设施的思想的体现，无论容器重启多少次或在任何机器上运行，只要使用相同的镜像，启动的服务始终保持一致。

图 7-8 所示为 Docker 容器镜像分层设计概览。

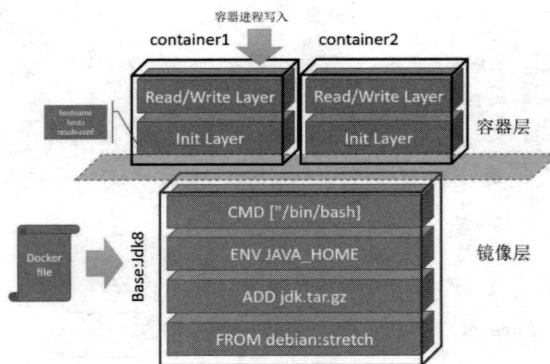

图 7-8　Docker 容器镜像分层设计概览

最终，这 6 个层被联合挂载到 /var/lib/docker/overlay/mnt 目录。容器系统通过系统调用 chroot 和 pivot_root 切换根目录，使得容器内的进程仿佛独占一个带有 Java 环境的 Debian 操作系统。

通过镜像分层设计，以 Docker 镜像为核心，不同公司和团队的开发人员可以紧密协作。每个人不仅可以发布基础镜像，还可以基于他人的基础镜像构建和发布自己的软件。镜像的增量操作使得拉取和推送内容也是增量的，这远比操作虚拟机动辄数吉比特（GB）的 ISO 镜像要更敏捷。更重要的是，容器镜像一旦发布，全球任何地方的用户都能下载并复现应用所需的完整环境，打通了"开发—测试—部署"流程中的每个环节。

7.3.3　构建足够小的容器镜像

容器镜像的一大挑战是尽量减小镜像体积。较小的镜像在部署、故障转移和存储成本等方面具有显著优势。构建足够小镜像的方法如下。

- 选用精简的基础镜像：基础镜像应只包含运行应用程序所必需的最小系统环境和依赖。选择 Alpine Linux 这样的轻量级发行版作为基础镜像，镜像体积会比 CentOS 这样的大而全的基础镜像要小得多。
- 使用多阶段构建镜像：在构建过程中，编译缓存、临时文件和工具等不必要的内容可能被包含在镜像中。通过多阶段构建，可以只打包编译后的可执行文件，从而得到更加精简的镜像。

以下是通过多阶段构建一个精简 Nginx 镜像的示例，供读者参考。

```
// dockerfile
# 第 1 阶段
FROM skillfir/alpine:gcc AS builder01
RUN wget https://nginx.org/download/nginx-1.24.0.tar.gz -O nginx.tar.gz && \
tar -zxf nginx.tar.gz && \
rm -f nginx.tar.gz && \
cd /usr/src/nginx-1.24.0 && \
 ./configure --prefix=/app/nginx --sbin-path=/app/nginx/sbin/nginx && \
 make && make install

# 第 2 阶段 只打包最终可执行文件
FROM skillfir/alpine:glibc
RUN apk update && apk upgrade && apk add pcre openssl-dev pcre-dev zlib-dev

COPY --from=builder01 /app/nginx /app/nginx
WORKDIR /app/nginx
EXPOSE 80
CMD ["./sbin/nginx","-g","daemon off;"]
```

使用 docker build 命令构建镜像并查看生成的镜像，最终大小为 23.4 MB。

```
$ docker build -t alpine:nginx .
$ docker images
REPOSITORY          TAG          IMAGE ID          CREATED           SIZE
alpine              nginx        ca338a969cf7      17 seconds ago    23.4MB
```

7.3.4 加速容器镜像下载

当容器启动时，如果本地没有镜像文件，它将从远程仓库（Repository）下载。镜像下载效率受限于网络带宽和仓库服务质量，镜像越大，下载时间越长，容器启动也因此变慢。

为了解决镜像拉取速度慢和带宽浪费的问题，阿里巴巴技术团队在 2018 年开源了 Dragonfly 项目。

Dragonfly 的工作原理如图 7-9 所示。首先，Dragonfly 在多个节点上启动 Peer 服务（类似 P2P 节点）。当容器系统下载镜像时，下载请求通过 Peer 转发到 Scheduler（类似于 P2P 调度器），Scheduler 判断该镜像是否为首次下载。

- 首次下载：Scheduler 启动回源操作，从源服务器获取镜像文件，并将镜像文件切割成多个"块"（Piece）。每个块会缓存到不同节点，相关配置信息上报给 Scheduler，供后续调度决策使用；
- 非首次下载：Scheduler 根据配置，生成一个包含所有镜像块的下载调度指令。

最终，Peer 根据调度策略从集群中的不同节点下载所有块，并将它们拼接成完整的镜像文件。

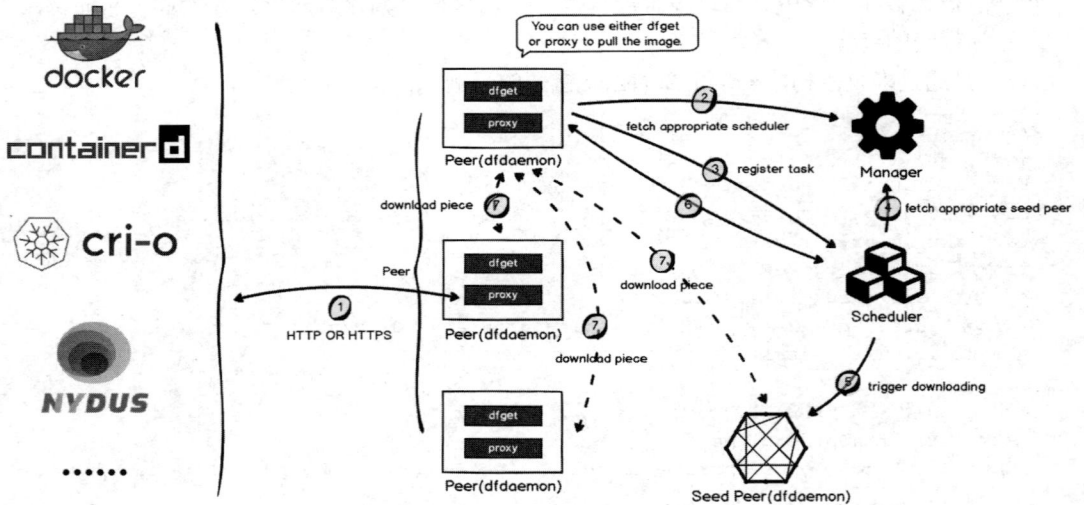

图 7-9　Dragonfly 的工作原理 [①]

可以看出，Dragonfly 的镜像下载加速流程与 P2P 下载加速非常相似，二者都是通过分布式节点和智能调度来加速大文件的传输与重组。

7.3.5 加速容器镜像启动

容器镜像的大小直接影响启动时间，一些大型软件的镜像可能超过数吉比特（GB）。例如，机器学习框架 TensorFlow 的镜像大小为 1.83 GB，冷启动时至少需要 3 分钟。大型镜像不

[①]　图片来源：https://d7y.io/zh/docs/。

仅启动缓慢，镜像内的文件往往也未被充分利用（业内研究表明，通常镜像中只有 6% 的内容被实际使用）[①]。

2020 年，阿里巴巴技术团队发布了 Nydus 项目，它将镜像层的数据（blobs）与元数据（bootstrap）分离，容器第一次启动时，首先拉取元数据，再按需拉取 blobs 数据。相较于拉取整个镜像层，Nydus 下载的数据量大大减少。值得一提的是，Nydus 还使用 FUSE 技术（Filesystem in Userspace，用户态文件系统）重构文件系统，用户几乎无须任何特殊配置（感知不到 Nydus 的存在），即可按需从远程镜像中心拉取数据，加速容器镜像启动，如图 7-10 所示。

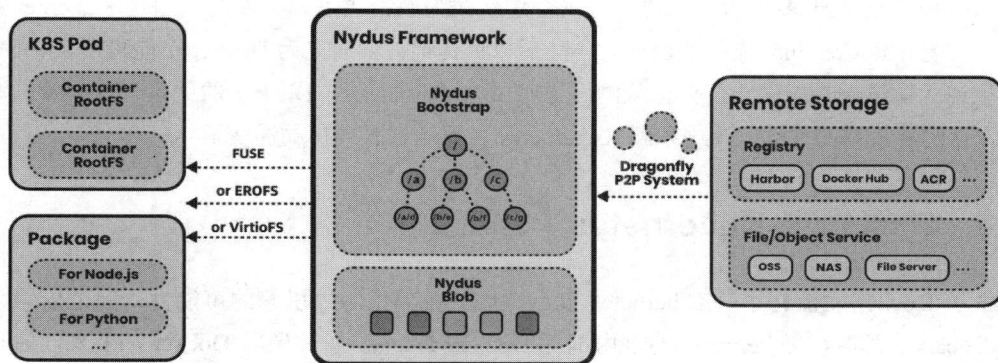

图 7-10　Nydus 的工作原理[②]

图 7-11 所示为传统镜像格式（OCIv1）与 Nydus 镜像格式的启动时间对比。Nydus 将常见应用镜像的启动时间从几分钟缩短至仅几秒。

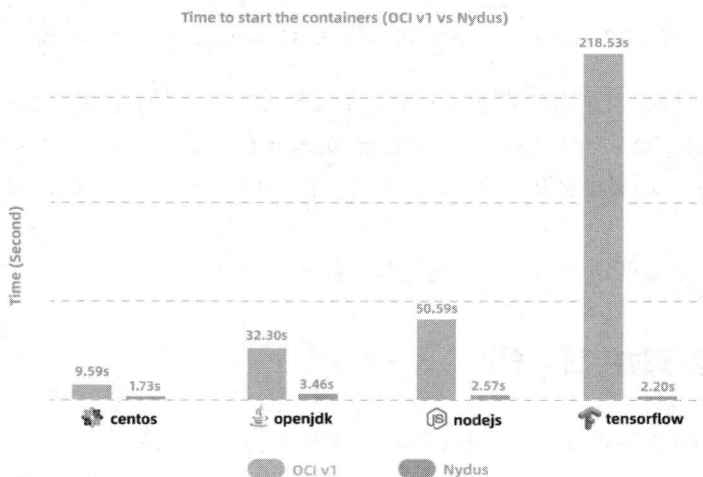

图 7-11　OCIv1 与 Nydus 镜像启动时间对比

---

① 参见 https://indico.cern.ch/event/567550/papers/2627182/files/6153-paper.pdf。
② 图片来源：https://d7y.io/zh/blog/2022/06/06/evolution-of-nydus/。

综合来讲，上述优化措施对于大规模集群或对扩容延迟有严格要求的场景（如大促扩容、游戏服务器扩容等）来说，不仅能显著降低容器启动时间，还能大幅节省网络和存储成本。值得一提的是，这些技术调整对业务工程师完全透明，不会影响原有的业务流程。

7.4　容器运行时与 CRI 接口

Docker 在诞生十多年后，未曾料到仍会重新成为舆论焦点。事件的起因是 Kubernetes 宣布将进入废弃 dockershim 支持的倒计时，随后以讹传讹被人误以为 Docker 不能再用了。

虽说此次事件是场误会，但也从侧面说明了 Kubernetes 与 Docker 的关系十分微妙。本节将把握这两者关系的变化，从中理解 Kubernetes 容器运行时接口的演变。

7.4.1　Docker 与 Kubernetes

由于 Docker 太流行了，Kubernetes 没有考虑支持其他容器引擎的可能性，完全依赖并绑定于 Docker。那时，Kubernetes 通过内部的 DockerManager 组件调用 Docker API 来创建和管理容器，如图 7-12 所示。

图 7-12　Kubernetes 通过内部的 DockerManager 组件管理容器

随着市场上出现越来越多的容器运行时，如 CoreOS[①] 推出的开源容器引擎 Rocket（简称 rkt），Kubernetes 在 rkt 发布后采用类似强绑定 Docker 的方式，添加了对 rkt 的支持。随着容器技术的快速发展，如果继续采用与 Docker 类似的强绑定方式，Kubernetes 的维护工作将变得无比庞大。

Kubernetes 需要重新审视与各种容器运行时的适配问题。

7.4.2　容器运行时接口 CRI

从 Kubernetes 1.5 版本开始，Kubernetes 在遵循 OCI 标准的基础上，将容器管理操作抽象为一系列接口。这些接口作为 Kubelet（Kubernetes 节点代理）与容器运行时之间的桥梁，使

---

① CoreOS 是一款产品，也是一个公司的名称，后来产品改名 Container Linux。除了 Container Linux，CoreOS 还开发了 Etcd、Flannel、CNI 这些影响深远的项目。2018 年 1 月 30 日，CoreOS 被 RedHat 以 2.5 亿美元的价格收购（当时 CoreOS 的员工才 130 人）。

Kubelet 能通过发送接口请求来管理容器。

管理容器的接口称为"CRI 接口"（Container Runtime Interface，容器运行时接口）。如下面的代码所示，CRI 接口其实是一套通过 Protocol Buffer 定义的 API。

```
//https://github.com/kubernetes/cri-api/blob/master/pkg/apis/services.go
// RuntimeService 定义了管理容器的 API
service RuntimeService {

    // CreateContainer 在指定的 PodSandbox 中创建一个新的容器
    rpc CreateContainer(CreateContainerRequest) returns (CreateContainerResponse) {}
    // StartContainer 启动容器
    rpc StartContainer(StartContainerRequest) returns (StartContainerResponse) {}
    // StopContainer 停止正在运行的容器
    rpc StopContainer(StopContainerRequest) returns (StopContainerResponse) {}
    ...
}

// ImageService 定义了管理镜像的 API
service ImageService {
    // ListImages 列出现有的镜像
    rpc ListImages(ListImagesRequest) returns (ListImagesResponse) {}
    // PullImage 使用认证配置拉取镜像
    rpc PullImage(PullImageRequest) returns (PullImageResponse) {}
    // RemoveImage 删除镜像
    rpc RemoveImage(RemoveImageRequest) returns (RemoveImageResponse) {}
    ...
}
```

图 7-13 所示为 CRI 的工作原理。CRI 的实现由 3 个主要组件协作完成：gRPC Client、gRPC Server 和具体的容器运行时。

- Kubelet 充当 gRPC Client，调用 CRI 接口。
- CRI shim 作为 gRPC Server，响应 CRI 请求，并将其转换为具体的容器运行时管理操作。

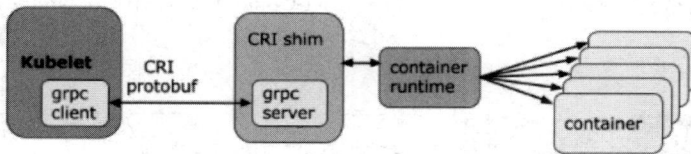

图 7-13　CRI 的工作原理

由此，市场上的各类容器运行时，只需按照规范实现 CRI 接口，就可以无缝接入 Kubernetes 生态。

7.4.3　Kubernetes 专用容器运行时

2017 年，Google、RedHat、Intel、SUSE 和 IBM 一众大厂联合发布了 CRI-O（Container Runtime Interface Orchestrator）项目，如图 7-14 所示。从名称可以看出，CRI-O 的目标是兼容

CRI 和 OCI，使 Kubernetes 能在不依赖传统容器引擎（如 Docker）的情况下，仍能有效管理容器。

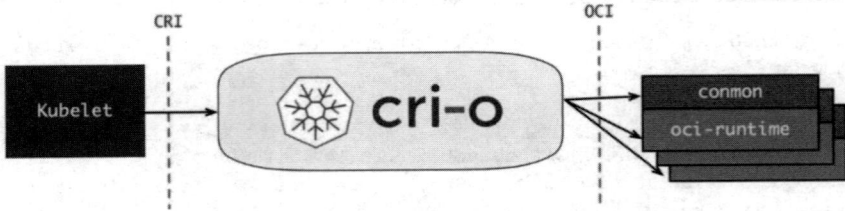

图 7-14　Kubernetes 专用的轻量运行时 CRI-O

Google 推出 CRI-O 的意图明显，即削弱 Docker 在容器编排领域的主导地位。但彼时 Docker 在容器生态中的市场份额仍占绝对优势。对于普通用户而言，如果没有明确的收益，并不会把 Docker 换成其他容器引擎。

不过，我们也可以想象，Docker 当时的内心一定充满了被抛弃的焦虑。

7.4.4　Containerd 与 CRI

Docker 并没有"坐以待毙"，开始主动进行革新。回顾 1.5.1 节关于 Docker 演进的内容，Docker 从 1.1 版本起开始重构，并拆分出了 Containerd。

早期，Containerd 单独开源，并未捐赠给 CNCF，还适配了其他容器编排系统，如 Swarm，因此，并未直接实现 CRI 接口。出于诸多原因的考虑，Docker 对外部开放的接口也依然保持不变。在这种背景下，Kubernetes 中出现了如下两种调用链（如图 7-15 所示）。

（1）通过适配器 dockershim 调用：首先 dockershim 调用 Docker，然后 Docker 调用 Containerd，最后 Containerd 操作容器。

（2）通过适配器 CRI-Containerd 调用：首先 CRI-Containerd 调用 Containerd，随后 Containerd 操作容器。

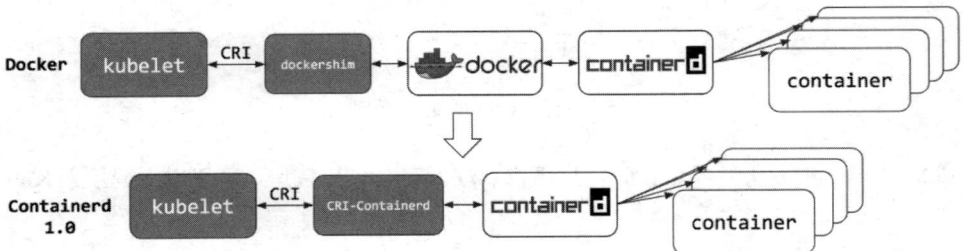

图 7-15　早期的 Containerd 和 Docker，都不支持直接与 CRI 交互

在这一阶段，Kubelet 和 dockershim 的代码都托管在同一个仓库中，意味着 dockershim 由 Kubernetes 负责组织、开发和维护。因此，每当 Docker 发布新版本时，Kubernetes 必须集

中精力快速更新 dockershim。此外，Docker 作为容器运行时显得过于庞大。Kubernetes 弃用 dockershim 有了充分的理由和动力。

再来看 Docker。2018 年，Docker 将 Containerd 捐赠给 CNCF，并在 CNC 的支持下发布了 1.1 版。与 1.0 版相比，1.1 版的最大变化在于完全支持 CRI 标准，如图 7-16 所示，这意味着原本作为 CRI 适配器的 CRI-Containerd 也不再需要。

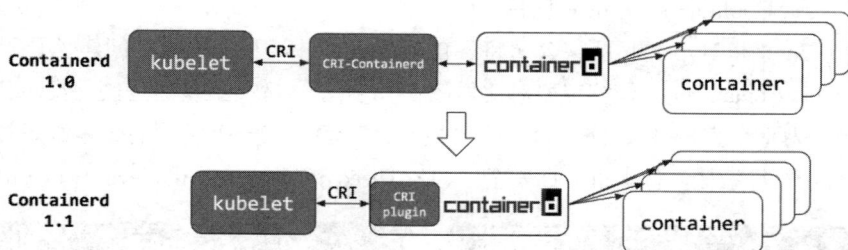

图 7-16　从 Containerd 1.1 起，开始支持 CRI

Kubernetes v1.24 版本正式移除 dockershim，实质上是废弃了内置的 dockershim 功能，转而直接对接 Containerd。此时，再观察 Kubernetes 与容器运行时之间的调用链，可以发现，与 DockerShim 和 CRI-containerd 的交互相比，调用步骤最多减少了两步。

- 用户只需抛弃 Docker 的情怀，容器编排至少可以省略一次调用，获得性能上的收益。
- 对 Kubernetes 而言，选择 Containerd 作为容器运行时，调用链更短、更稳定、占用的资源更少。

根据 Kubernetes 官方提供的性能测试数据 [①]，如图 7-17 所示，Containerd 1.1 相比 Docker 18.03，Pod 的启动延迟降低了 20%，CPU 使用率降低了 68%，内存使用率降低了 12%。这是一个相当显著的性能改善。

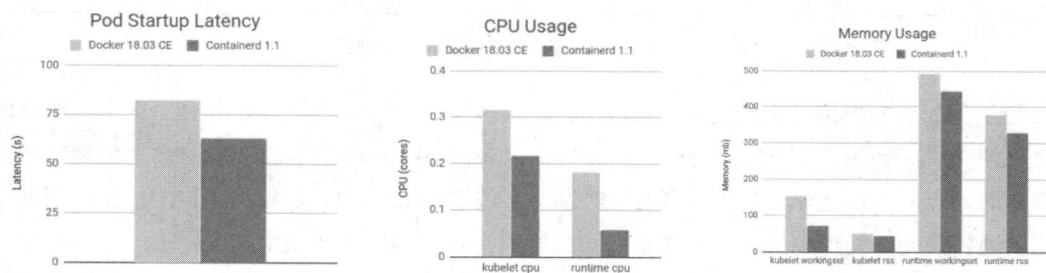

图 7-17　Containerd 与 Docker 的性能对比

7.4.5　安全容器运行时

事实上，虽然容器提供一个与系统中的其他进程资源隔离的执行环境，但是与宿主机系

---

① 参见 https://kubernetes.io/blog/2018/05/24/kubernetes-containerd-integration-goes-ga/。

统是共享内核的。如果有一个容器进程被恶意程序攻击，就有可能造成容器逃逸，轻则破坏当前的容器，重则造成 Linux 内核崩溃，导致整个机器宕机。

为了提高安全性，很多运维人员会将容器"嵌套"在虚拟机中，将容器与同一主机上的其他进程完全隔离。但在虚拟机中运行容器会丧失容器的速度和敏捷性优势。为了解决这个问题，Intel 和 Hyper.sh（现为蚂蚁集团的一部分）在 2016 年几乎同时发布了各自的解决方案，分别是 Intel Clear Containers 和 runV 项目。

2017 年，Intel 和 Hyper.sh 两家公司将各自的项目合并，互补优势，创建了开源项目 Kata Containers。Kata Containers 与传统容器对比如图 7-18 所示，本质上是通过硬件虚拟化技术（如 QEMU/KVM）为每个容器 /Pod 分配独立的内核，将其运行在一个精简的轻量级虚拟机中。因此，它"像容器一样敏捷，像虚机一样安全"（The speed of containers, the security of VMs）。

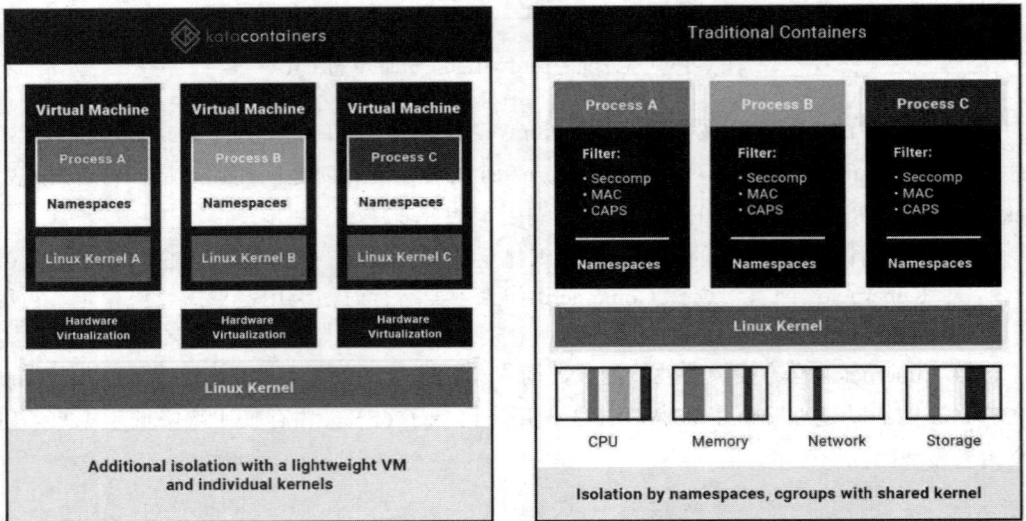

图 7-18　Kata Containers 与传统容器对比 [1]

为了与上层容器编排系统对接，Kata Containers 会启动一个进程（shimv2）来负责容器的生命周期管理，如图 7-19 所示。shimv2 相当于 Kata Containers 与容器运行时之间的兼容层，支持标准的容器接口，如 CRI（容器运行时接口）或 Docker API。这使得容器编排系统能够像操作普通容器一样管理容器，而不需要意识到容器实际上是运行在一个虚拟机中。

除了 Kata Containers，2018 年年底，AWS 发布了安全容器项目 Firecracker。其核心是一个用 Rust 编写的虚拟化管理器，利用 Linux 内核虚拟机（KVM）来创建和运行轻量级虚拟机。不难看出，无论是 Kata Containers 还是 Firecracker，它们实现安全容器的方法殊途同归，都是为每个进程分配独立的操作系统内核，从而有效防止容器进程"逃逸"或夺取宿主机控制权的问题。

---

[1]　图片来源：https://katacontainers.io/learn/。

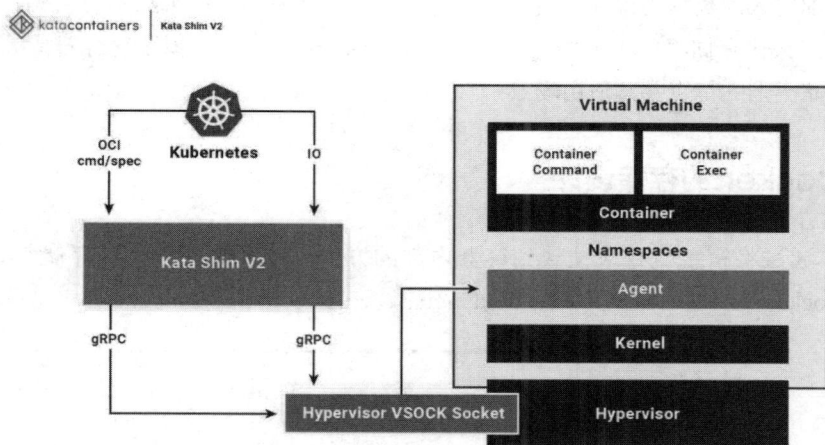

图 7-19　Kubernetes 通过 CRI 管理 Kata Containers 容器 [1]

7.4.6　容器运行时生态

如图 7-20 所示，目前已有十几种容器运行时实现了 CRI 接口，具体选择哪种取决于 Kubernetes 安装时宿主机的容器运行时环境。但对于云计算厂商而言，除非出于安全性需要（如必须实现内核级别的隔离），大多数情况都会选择 Containerd 作为容器运行时。毕竟对于它们而言，性能与稳定才是核心的生产力与竞争力。

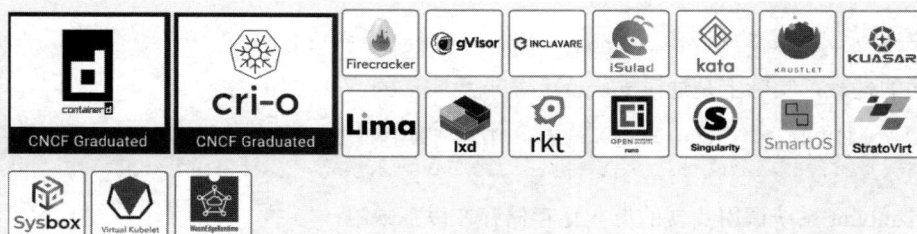

图 7-20　容器运行时生态 [2]

7.5　容器持久化存储设计

镜像作为不可变的基础设施，要求在任何环境下能复制出完全一致的容器实例。这意味

---

[1]　图片来源：https://github.com/kata-containers/documentation/blob/master/design/architecture.md。

[2]　图片来源：https://landscape.cncf.io/guide#runtime--container-runtime。

着，容器内部写入的数据与镜像无关，一旦容器重启，所有写入的数据都会丢失。容器系统怎么实现数据持久化存储呢？本节由浅入深，先从 Docker 开始，逐步了解容器持久化存储的原理、不同存储类型的特点及其适用场景。

7.5.1　Docker 的存储设计

Docker 通过将宿主机目录挂载到容器内部的方式，实现数据持久化存储。如图 7-21 所示，目前 Docker 支持 3 种挂载方式：bind mount、volume 和 tmpfs mount。

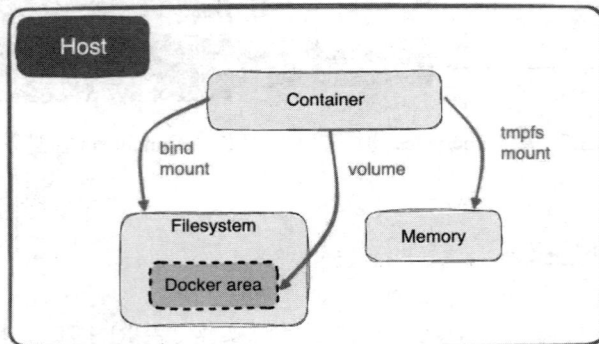

图 7-21　Docker 中持久存储的挂载种类

bind mount 是 Docker 最早支持的挂载类型，也是我们最熟悉的挂载方式。启动一个 Nginx 容器，并将宿主机的 /usr/share/nginx/html 目录挂载到容器内 /data 目录，代码如下：

```
$ docker run -v /usr/share/nginx/html:/data nginx:lastest
```

上面的挂载，实际上是通过 mount 系统调用实现的，代码如下：

```
// 将宿主机中的 /usr/share/nginx/html 挂载到容器根文件系统的 /data 路径
mount("/usr/share/nginx/html", "rootfs/data", "none", MS_BIND, NULL);
```

通过 mount 系统调用实现的持久化存储存在以下缺陷。

- 与操作系统的强耦合：容器内的目录通过 mount 挂载到宿主机的绝对路径，这使得容器的运行环境与操作系统紧密绑定。一方面，bind mount 方式无法写入 Dockerfile，否则，镜像在其他环境中可能无法启动。另一方面，宿主机中被挂载的目录与 Docker 并无直接关联，其他进程可能会误操作，存在潜在的安全风险。
- 难以满足多样化的存储需求：随着容器广泛应用，存储需求也变得更加复杂。存储位置不仅限于宿主机，还可能涉及外部网络存储；存储介质不仅是磁盘，还可能是内存文件系统（如 tmpfs）；存储类型也不局限于文件系统，还包括块设备或对象存储。
- 低效的网络存储处理：对于网络存储，实在没必要先将其挂载到操作系统再挂载到容器内某个目录。Docker 完全可以直接对接 iSCSI、NFS 网络存储协议，绕过操作系统，降低资源占用和访问延迟。

为了解决上述问题，Docker 从 1.7 版本起引入了全新的挂载类型 —— Volume（存储卷）。

- 独立的存储空间：Volume 会在宿主机中开辟一个专属于 Docker 的空间（通常在 Linux 中为 /var/lib/docker/volumes/ 目录），这样就避免了 bind mount 对宿主机绝对路径的依赖。
- 支持多种存储系统：考虑到存储类型的多样性，仅依赖 Docker 本身来实现所有存储需求并不现实。因此，Docker 在 1.10 版本中又引入了 Volume Driver 机制，借助社区的力量扩展存储驱动，支持更多存储系统和协议。

经过一系列的设计，现在 Docker 用户只要通过 docker plugin install 安装额外的第三方卷驱动，就能使用想要的存储方案。

请看使用阿里云文件存储（NAS）的示例。

首先，安装阿里云 NAS Volume 插件，代码如下：

```
$ docker plugin install aliyun/aliyun-volume-plugin:latest --alias aliyun-nas
--grant-all-permissions
```

接着，使用 docker volume create 命令创建一个挂载到阿里云 NAS 的存储卷，指定 NAS 文件系统的地址，代码如下：

```
$ docker volume create \
--driver aliyun-nas \
--opt nasAddr=<Your_NAS_Address> \
--opt mountDir=/myvolume \
my-aliyun-nas-volume
```

最后，启动容器时，将创建的阿里云 NAS 卷挂载到容器中的目录，代码如下：

```
$ docker run -d -v my-aliyun-nas-volume:/mnt/nas nginx:latest
```

7.5.2 Kubernetes 的存储设计

从 Docker 返回到 Kubernetes 中。Kubernetes 与 Docker 类似的是：

- Kubernetes 也抽象出了 Volume 的概念来解决持久化存储。
- 在宿主机中，也开辟了属于 Kubernetes 的空间（该目录是 /var/lib/kubelet/pods/[pod uid]/volumes）。
- 设计了存储驱动（在 Kubernetes 中称 Volume Plugin）扩展支持出众多的存储类型，如本地存储、网络存储（如 NFS、iSCSI）、云厂商的存储服务（如 AWS EBS、GCE PD、阿里云 NAS 等）。

不同的是，作为一个工业级的容器编排系统，Kubernetes 的 Volume 机制比 Docker 更复杂、支持的存储类型更丰富。Kubernetes 支持的存储类型如图 7-22 所示。

乍一看，这么多 Volume 类型实在难以下手。然而，总结起来只有如下 3 类。

（1）普通 Volume：主要用于临时数据存储，包括 emptyDir 和 hostPath 等类型。

- emptyDir：在 Pod 删除时数据会被清空。

- hostPath：数据存储在节点本地路径上，如果 Pod 被调度到其他节点，则无法访问原有数据。

In-Tree			Out-Of-Tree
Temp	Ephemeral(Local)	Persistent(Remote)	Extension
EmptyDir	ConfigMap Secret Local DownwardAPI ...	AWS Elastic Block Store Azure Data Disk CephFS and RBD GlusterFS NFS	FlexVolume CSI

图 7-22　Kubernetes 支持的存储类型

（2）持久化的 Volume：通过 PersistentVolume（PV）和 PersistentVolumeClaim（PVC）机制实现，支持长期存储且与 Pod 的生命周期解耦。常见的类型包括 NFS、云存储（如 AWS EBS、GCE PD）等。

（3）特殊的 Volume：用于管理配置和敏感数据，如 Secret 和 ConfigMap。严格来说，这类 Volume 并非传统意义上的存储类型，而是通过实现标准的 POSIX（可移植操作系统接口）接口，提供对 Kubernetes 集群中配置信息的便捷访问。这部分内容，笔者就不再展开讨论了。

7.5.3　普通的 Volume

Kubernetes 设计普通 Volume 的初衷并非为了持久化存储数据，而是为了实现容器之间的数据共享。请看两个典型示例。

（1）EmptyDir：这种 Volume 类型常用于 Sidecar 模式。例如，日志收集容器通过 EmptyDir 访问业务容器的日志文件。

（2）HostPath：与 EmptyDir 不同，HostPath 允许同一节点上的所有容器共享宿主机的本地存储。例如，在 Loki 日志系统中，Pod 挂载宿主机的 HostPath Volume 后，Loki 可以收集并读取宿主机上所有 Pod 生成的日志。

如图 7-23 所示，EmptyDir 类型的 Volume 随 Pod 生命周期而存在。当 Pod 被销毁时，EmptyDir Volume 也会被删除。对于 HostPath，当 Pod 被调度到其他节点时，数据相当于丢失了。

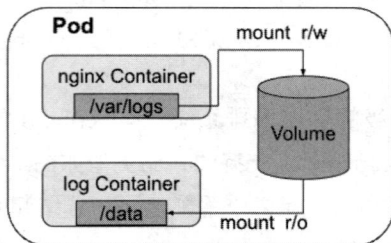

图 7-23　日志收集器读取业务容器写入的数据

7.5.4　持久化的 Volume

由于 Pod 随时可能被调度到其他节点，如果要实现数据的持久化存储，就必须依赖网络存储解决方案。这就是引入 PV（PersistentVolume，持久卷）的原因。

以下是一个 PV 资源的 YAML 配置示例。其 spec 部分定义了关键配置项，包括存储容量（5Gi）、访问模式（ReadWriteOnce，表示允许单个节点进行读 / 写）、远程存储类型（如NFS），以及数据回收策略（Recycle，表示在 PV 释放后自动清除数据以供重用）。

```
apiVersion: v1
kind: PersistentVolume
metadata:
  name: pv1
spec:
  capacity:                            # 容量
    storage: 5Gi
  accessModes:                         # 访问模式
  - ReadWriteOnce
  persistentVolumeReclaimPolicy: Recycle    # 回收策略
  storageClassName: manual
  nfs:
    path: /
    server: 172.17.0.2
```

直接使用 PV 时，需要详细描述存储的配置信息，这对业务工程师并不友好。业务工程师只想知道有多大的空间、I/O 是否满足要求，并不关心存储底层的配置细节。

为了简化存储的使用，Kubernetes 将存储服务再次抽象，把业务工程师关心的逻辑再抽象一层，于是有了 PVC（Persistent Volume Claim，持久卷声明），这种设计很像软件开发中的"面向对象"思想。

- PVC 可以理解为持久化存储的"接口"，它提供了对某种持久化存储的描述，但不提供具体的实现。
- 持久化存储的实现部分由 PV 负责完成。

这样设计的好处如下：作为业务开发者，只需要与 PVC 这个"接口"进行交互，而不必关心存储的具体的实现是 NFS 还是 Ceph。请看下面 PVC 资源的 YAML 配置示例。可以看到，其中没有任何与存储实现相关的细节。

```
apiVersion: v1
kind: PersistentVolumeClaim
metadata:
  name: pv-claim
spec:
  storageClassName: manual
  accessModes:
    - ReadWriteOnce
  resources:
    requests:
```

```
        storage: 3Gi
```

现在，还有一个问题，PV 和 PVC 之间并没有明确相关的绑定参数，它们之间是如何绑定的？PV 和 PVC 的绑定是自动的，依赖以下两个匹配条件。

（1）Spec 参数匹配：Kubernetes 会根据 PVC 中声明的规格自动寻找符合条件的 PV。这包括存储容量、所需的访问模式（如 ReadWriteOnce、ReadOnlyMany 或 ReadWriteMany），以及存储类型（如文件系统或块存储）。

（2）存储类匹配：PV 和 PVC 必须具有相同的 storageClassName，它定义了存储类型和特性，确保 PVC 请求的存储资源与 PV 提供的资源一致。

下面的 YAML 配置展示了如何在 Pod 中使用 PVC。当 PVC 成功绑定到 PV 后，NFS 远程存储将被挂载到 Pod 内指定的目录，如 Nginx 容器中的 /data 目录。这样，Pod 内的应用就可以像使用本地存储一样使用远程存储资源了。

```
apiVersion: v1
kind: Pod
metadata:
  name: test-nfs
spec:
  containers:
  - image: nginx:alpine
    imagePullPolicy: IfNotPresent
    name: nginx
    volumeMounts:
    - mountPath: /data
      name: nfs-volume
  volumes:
  - name: nfs-volume
    persistentVolumeClaim:
      claimName: pv-claim
```

7.5.5　PV 的使用：从手动到自动

在 Kubernetes 中，如果没有现成的 PV 满足 PVC 的需求，PVC 会保持在 Pending 状态，直到找到合适的 PV。在此期间，Pod 无法正常启动。对于小规模集群，可以提前手动创建多个 PV 以匹配 PVC，但在大规模集群中，Pod 数量可能达到成千上万，显然无法依靠人工方式提前创建如此多的 PV。

为此，Kubernetes 提供了一套自动创建 PV 的机制——动态供给（Dynamic Provisioning）。相对而言，前面通过人工创建 PV 的方式被称为静态供给（Static Provisioning）。

动态供给的关键在于 Kubernetes 的 StorageClass 资源，它充当了 PV 模板的角色，使得 PV 可以根据需要自动生成。声明 StorageClass 时，必须明确如下两类信息。

（1）PV 的属性：定义 PV 的特性，包括存储空间的大小、读写模式（如 ReadWriteOnce、ReadOnlyMany 或 ReadWriteMany），以及回收策略（如 Retain、Recycle 或 Delete）等。

（2）Provisioner 的属性：确定存储供应商（即 Volume Plugin）及其相关参数。Kubernetes 支持如下两种类型的存储插件。

- In-Tree 插件：这些插件是 Kubernetes 源码的一部分，通常以前缀 kubernetes.io 命名，如 kubernetes.io/aws、kubernetes.io/azure 等。它们直接集成在 Kubernetes 项目中，为特定的存储服务提供支持。
- Out-of-Tree 插件：这些插件根据 Kubernetes 提供的存储接口由第三方存储供应商实现，代码独立于 Kubernetes 核心代码。Out-of-Tree 插件允许更灵活地集成各种存储解决方案，以适应不同的存储需求。

请看下面的 Kubernetes StorageClass 配置示例。该 StorageClass 使用 AWS Elastic Block Store（aws-ebs）作为存储供应商，并通过 type 属性设置为 gp2，表示使用 AWS 的通用型 SSD 卷。

```
apiVersion: storage.k8s.io/v1
kind: StorageClass
metadata:
  name: standard
provisioner: kubernetes.io/aws-ebs
parameters:
  type: gp2
reclaimPolicy: Retain
allowVolumeExpansion: true
mountOptions:
  - debug
volumeBindingMode: Immediate
```

当 StorageClass 资源提交到 Kubernetes 集群后，Kubernetes 会根据 StorageClass 定义的模板及 PVC 的请求规格，自动创建一个新的 PV 实例。创建完成后，PV 会自动与 PVC 绑定，PVC 的状态从 Pending 转变为 Bound，表示存储资源已准备好。随后，Pod 就能使用 StorageClass 定义的存储类型了。

7.5.6　Kubernetes 存储系统设计

相信大部分读者对如何使用 Volume 已经没有疑问了。接下来，将继续探讨存储系统与 Kubernetes 的集成，以及它们是如何与 Pod 相关联的。

在深入这个高级主题之前，需要先掌握一些关于操作存储设备的基础知识。Kubernetes 继承了操作系统接入外置存储的设计，将新增或卸载存储设备分解为以下 3 个操作。

（1）准备（Provision）：需要确定哪种设备进行 Provision。这一步类似于给操作系统准备一块新的硬盘，确定接入存储设备的类型、容量等基本参数。其逆向操作为 delete（移除）设备。

（2）附加（Attach）：将准备好的存储附加到系统中。Attach 可类比为将存储设备接入操作系统，此时尽管设备还不能使用，但可以用操作系统的 fdisk -l 命令查看到设备。这一步确定存储设备的名称、驱动方式等面向系统的信息，其逆向操作为 Detach（分离）设备。

（3）挂载（Mount）：将附加好的存储挂载到系统中。Mount 可类比为将设备挂载到系统的指定位置，这就是操作系统中 mount 命令的作用，其逆向操作为卸载（Unmount）存储设备。

🔍

如果 Pod 中使用的是 EmptyDir、HostPath 这类 Volume，并不会经历附加 / 分离的操作，它们只会被挂载 / 卸载到某一个 Pod 中。

Kubernetes 中的 Volume 创建和管理主要由 VolumeManager（卷管理器）、AttachDetachController（挂载控制器）和 PVController（PV 生命周期管理器）负责。前面提到的 Provision、Delete、Attach、Detach、Mount 和 Unmount 操作由具体的 VolumePlugin（第三方存储插件，也称 CSI 插件）实现。

图 7-24 所示为一个带有 PVC 的 Pod 创建过程。

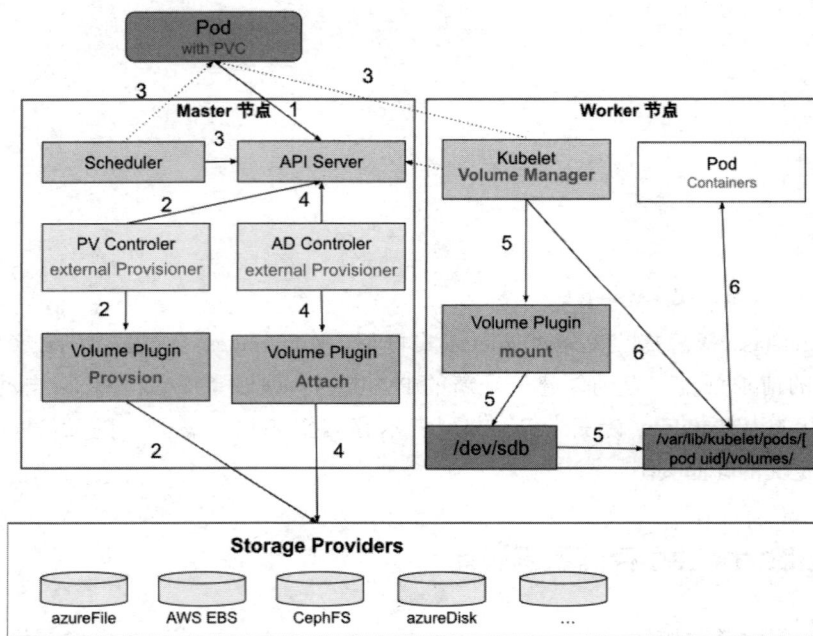

图 7-24　Pod 挂载持久化 Volume 的过程

（1）用户创建一个包含 PVC 的 Pod，该 PVC 要求使用动态存储卷。

（2）默认调度器 kube-scheduler 根据 Pod 配置、节点状态、PV 配置等信息，将 Pod 调度到一个合适的节点中。

（3）PVController 会持续监测 ApiServer，当发现一个 PVC 已创建但仍处于未绑定状态时，它会尝试将一个 PV 与该 PVC 进行绑定。首先，PVController 会在集群内查找适合的 PV；如果找不到相应的 PV，它会调用 Volume Plugin 中的接口执行 Provision 操作。Provision 过程包括从远程存储介质创建一个 Volume，并在集群中创建一个 PV 对象，然后将此 PV 与 PVC 绑定。

（4）当一个 Pod 被调度到某个节点后，如果它所定义的 PV 还没有被挂载，则 AttachDetachController 就会调用 Volume Plugin 中的接口，把远端的 Volume 挂载到目标节点中的设备上（如 /dev/vdb）。

（5）在节点中，当 VolumeManager 发现一个 Pod 已调度到自己的节点上并且 Volume 已经完成挂载时，它会执行 mount 操作，将本地设备（即刚才得到的 /dev/vdb）挂载到 Pod 在节点上的一个子目录 /var/lib/kubelet/pods/[pod uid]/volumes/kubernetes.io~iscsi/[PV name]（以 iSCSI 类型的存储为例）。

（6）Kubelet 启动 Pod，并使用 bind mount 方式将已挂载到本地目录的卷映射到 Pod 容器内。

上述流程中第三方存储供应商实现 Volume Plugin 即 CSI（Container Storage Interface，容器存储接口）插件。CSI 是一个开放性的标准，目标是为容器编排系统（不仅仅是 Kubernetes，还包括 Docker Swarm 和 Mesos 等）提供统一的存储接口。

CSI 插件在实现上是一个可执行的二进制文件，它以 gRPC 的方式对外提供了 3 个主要的 gRPC 服务：Identity Service、Controller Service、Node Service，用于卷的管理、挂载和卸载等操作。

其中，Identity Service 用于对外暴露插件本身的信息，它的接口定义如下：

```
service Identity {
  // 返回插件的名称、版本和其他元数据
  rpc GetPluginInfo(GetPluginInfoRequest)
    returns (GetPluginInfoResponse) {}

  // 返回插件支持的功能，如是否支持卷的快照等
  rpc GetPluginCapabilities(GetPluginCapabilitiesRequest)
    returns (GetPluginCapabilitiesResponse) {}

  rpc Probe (ProbeRequest)
    returns (ProbeResponse) {}
}
```

Controller Service 管理卷的生命周期，包括创建、删除和获取卷的信息，它的接口定义如下：

```
service Controller {
  // 创建一个新卷，并返回该卷的详细信息
  rpc CreateVolume (CreateVolumeRequest)
    returns (CreateVolumeResponse) {}
  // 删除指定的卷
  rpc DeleteVolume (DeleteVolumeRequest)
    returns (DeleteVolumeResponse) {}
  // 将卷绑定到特定的节点，准备后续的挂载操作
  rpc ControllerPublishVolume (ControllerPublishVolumeRequest)
    returns (ControllerPublishVolumeResponse) {}

  // 从节点解绑卷，准备进行删除或其他操作
  rpc ControllerUnpublishVolume (ControllerUnpublishVolumeRequest)
    returns (ControllerUnpublishVolumeResponse) {}
  ...
```

可以看出，接口中定义的操作就是图 7-24 中 Master 节点中准备（Provision）和附加（Attach）的逻辑。

Node Service 主要由 Kubelet 调用处理卷在节点上的挂载和卸载操作。它的接口定义如下：

```
service Node {
  // 将卷挂载到节点的设备上，使其准备好被 Pod 使用
  rpc NodeStageVolume (NodeStageVolumeRequest)
    returns (NodeStageVolumeResponse) {}
  // 将卷从节点的设备中卸载
  rpc NodeUnstageVolume (NodeUnstageVolumeRequest)
    returns (NodeUnstageVolumeResponse) {}
  // 在指定的 Pod 中将卷挂载到容器的文件系统上
  rpc NodePublishVolume (NodePublishVolumeRequest)
    returns (NodePublishVolumeResponse) {}
  ...
```

CSI 插件机制为存储供应商和容器编排系统之间的交互提供了标准化的接口。云存储厂商只需根据这一标准接口实现自己的云存储插件，即可无缝衔接 Kubernetes 的底层编排系统，Kubernetes 也由此具备了多样化的云存储、备份和快照等能力。

7.5.7　存储分类：块存储、文件存储和对象存储

得益于 Kubernetes 的开放性设计，其存储生态基本上包含了市面上所有的存储供应商，如图 7-25 所示。

图 7-25　CNCF 下的 Kubernetes 存储生态

上述众多存储系统无法一一展开，但作为业务开发工程师而言，直面的问题是，应该选择哪种存储类型？无论是内置的存储插件还是第三方的 CSI 存储插件，提供的存储服务类型有 3 种：块存储（Block Storage）、文件存储（File Storage）和对象存储（Object Storage）。这 3 种存储类型的特点与区别介绍如下。

1. 块存储

块存储是最接近物理介质的一种存储方式，常见的硬盘就属于块设备。块存储不关心数据的组织方式和结构，只是简单地将所有数据按固定大小分块，每块赋予一个用于寻址的编号。数据的读 / 写通过与块设备匹配的协议（如 SCSI、SATA、SAS、FCP、FCoE、iSCSI 等）进行。

块存储处于整个存储软件栈的底层，不经过操作系统，因此具有超低时延和超高吞吐量。但缺点是每个块是独立的，缺乏集中控制机制来解决数据冲突和同步问题。因此，块存储设备通常不能共享，无法被多个客户端（节点）同时挂载。在 Kubernetes 中，块存储类型的 Volume 的访问模式必须是 RWO（ReadWriteOnce），即可读可写，但只能被单个节点挂载。

由于块存储不关心数据的组织方式或内容，接口简单朴素，因此，主要用于文件系统、专业备份管理软件、分区软件及数据库，而非直接提供给普通用户。

2. 文件存储

块设备存储的是最原始的二进制数据（0 和 1），对于人类用户来说，这样的数据既难以使用也难以管理。因此，使用"文件"这一概念来组织这些数据。所有用于同一用途的数据按照不同应用程序要求的结构方式组成不同类型的文件，并用不同的后缀来指代这些类型。每个文件有一个便于理解和记忆的名称。当文件数量较多时，通过某种划分方式对这些文件分组，所有文件和目录形成一个树状结构，再补充权限、文件名称、创建时间、所有者、修改者等元数据信息。

这种定义文件分配、实现方式、存储信息和提供功能的标准被称为"文件系统"（File System）。常见的文件系统有 FAT32、NTFS、exFAT、ext2/3/4、XFS、BTRFS 等。如果文件存储在网络服务器中，客户端用类似于访问本地文件系统的方式访问远程服务器上的文件，这样的系统称为"网络文件系统"。常见的网络文件系统有 Windows 网络的 CIFS（Common Internet File System，也称 SMB）和类 UNIX 系统的 NFS（Network File System）。

3. 对象存储

文件存储的树状结构和路径访问方式便于人类理解、记忆和访问，但计算机需要逐级分解路径并查找，最终定位到所需文件，这对于应用程序而言既不必要，也浪费性能。块存储虽然性能出色，但难以理解且无法共享。选择困难症出现的同时，人们思考，是否可以有一种既具备高性能、实现共享，又能满足大规模扩展需求的新型存储系统？于是，对象存储应运而生。

对象存储中的"对象"可以理解为元数据与逻辑数据块的组合。

- 元数据提供了对象的上下文信息，如数据类型、大小、权限、创建人、创建时间等。
- 数据块则存储了对象的具体内容。

对象存储中，所有数据处于同一层次，通过唯一标识来识别和查找（扩展简单），非常适合处理数据量大、增速快的非结构化数据（如视频、图像等）。

最著名的对象存储服务是 AWS S3（Simple Storage Service），它的接口规范已经成为业内对象存储服务事实标准。如果考虑降低云成本，也可以通过开源项目，如 Ceph、Minio 或 Swift 等，自建对象存储服务。

7.6　容器间通信的原理

要理解容器网络的工作原理，一定要从 Flannel 项目入手。Flannel 是 CoreOS 推出的容器网络解决方案，是业界公认的"最简单"的容器网络解决方案。接下来，将以 Flannel 为例，介绍容器间通信的 3 种模式、容器网络接口（CNI）的设计及生态。

7.6.1　Overlay 覆盖网络模式

3.5.5 节已详细介绍了 Overlay 网络的设计原理。简而言之，它在现有 3 层网络之上"叠加"了一层由内核 VXLAN 模块管理的虚拟二层网络。

为在宿主机网络上构建虚拟二层通信网络（即建立隧道网络），VXLAN 模块会在通信双方配置特殊的网络设备作为隧道端点，称为 VTEP（VXLAN Tunnel Endpoints，VXLAN 隧道端点）。VTEP 是虚拟网络设备，具备 IP 地址和 MAC 地址。它根据 VXLAN 通信规范，负责将分布在不同节点和子网的"主机"（如容器或虚拟机）发送的数据包进行封装和解封，从而使它们能够像在同一局域网内一样进行通信。

上述基于 VTEP 设备构建"隧道"通信的流程如图 7-26 所示。

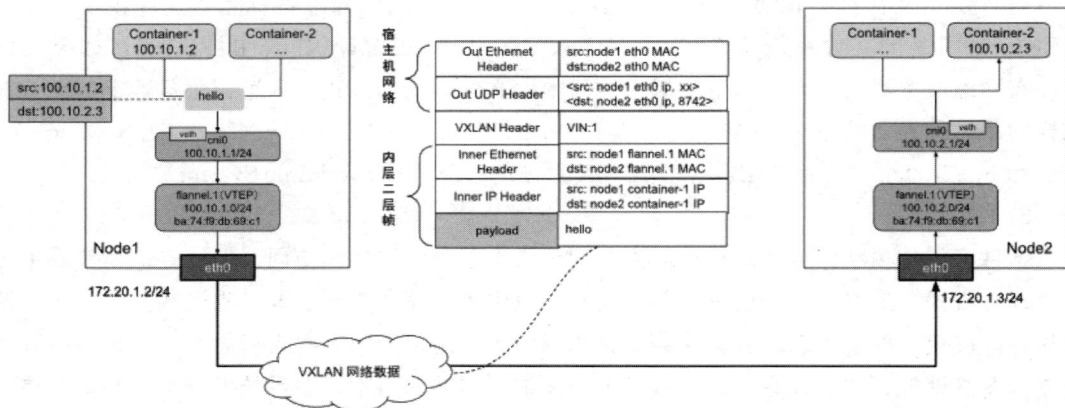

图 7-26　Flannel VXLAN 模式通信逻辑

由图 7-26 可以看到，宿主机内的容器通过 veth-pair（虚拟网卡）桥接到名为 cni0 的 Linux Bridge。同时，每个宿主机都有一个名为 flannel.1 的设备，作为 VXLAN 所需的 VTEP 设备。当容器接收或发送数据包时，它们通过 flannel.1 设备进行封装和解封。

在 VXLAN 规范中，数据包由如下两层构成。

（1）内层帧（Inner Ethernet Header）：属于 VXLAN 逻辑网络。

（2）外层帧（Outer Ethernet Header）：属于宿主机网络。

当 Kubernetes 节点加入 Flannel 网络后，Flannel 会启动名为 flanneld 的服务，作为 DaemonSet 在集群中运行。flanneld 负责为每个节点内的容器分配子网，并同步集群内的网络配置信息，以确保各节点之间的网络连通性和一致性。

接下来，分析当 Node1 中的 Container-1 与 Node2 中的 Container-2 通信时，Flannel 是如何进行封包和解包的。

首先，当 Container-1 发出请求时，目标地址为 100.10.2.3 的 IP 数据包会通过 cni0 Linux 网桥。由于该地址不在 cni0 网桥的转发范围内，所以，数据包将被送入 Linux 内核协议栈，进一步路由到 flannel.1 设备进行处理。

Node1 中的路由信息由 flanneld 添加，规则大致如下：

```
[root@Node1 ~]# route -n
Kernel IP routing table
Destination      Gateway          Genmask          Flags Metric Ref    Use Iface
100.10.1.0       0.0.0.0          255.255.255.0    U     0      0        0 cni0
100.10.2.0       100.10.2.0       255.255.255.0    UG    0      0        0 flannel.1
```

上面两条路由的意思如下：

- 凡是发往 100.10.1.0/24 网段的 IP 报文，都需要经过接口 cni0。
- 凡是发往 100.10.2.0/24 网段的 IP 报文，都需要经过接口 flannel.1，并且最后一跳的网关地址是 10.224.1.0（也就是 Node2 中 VTEP 的设备）。

根据上述路由规则，Container-1 发出的数据包会交由 flannel.1 设备处理，即数据包进入了隧道的"起始端点"。当"起始端点"接收到原始的 IP 数据包后，它会构造 VXLAN 网络的内层以太网帧，并将其发送到隧道网络的"目的端点"，即 Node2 中的 VTEP 设备。这样，虚拟二层网络就成功建立，容器可以跨节点进行通信。

构造 VXLAN 网络内层以太网帧的前提是，Node1 节点的 flannel.1 设备需要知道 Node2 中 flannel.1 设备的 IP 地址和 MAC 地址。当前，已经通过 Node1 的路由表获得了 VTEP 设备的 IP 地址（100.10.2.0）。那么，如何获取 flannel.1 设备的 MAC 地址呢？

实际上，Node2 中 VTEP 设备的 MAC 地址已由 flanneld 自动添加到 Node1 的 ARP 表中。在 Node1 中执行下面的命令：

```
[root@Node1 ~]# ip n | grep flannel.1
100.10.2.0  dev flannel.1 lladdr ba:74:f9:db:69:c1 PERMANENT # PERMANENT 表示永不过期
```

上述记录的意思如下：IP 地址 10.10.2.0（也就是 Node2 flannel.1 设备的 IP）对应的 MAC 地址是 ba:74:f9:db:69:c1。

🔍

这里 ARP 表记录并不是通过 ARP 协议学习得到的，而是 flanneld 预先为每个节点设置好的，没有过期时间。

现在，内层以太网帧已完成封装。接下来，Linux 内核将内层帧封装至宿主机 UDP 报文内，以"搭便车"的方式发送到宿主机的二层网络中。

为了实现"搭便车"机制，Linux 内核会在内层数据帧前添加一个特殊的 VXLAN Header，用于标识"乘客"要转发给 VXLAN 模块处理。VXLAN Header 中有一个重要的标志 —— VNI（VXLAN Network Identifier），这是 VTEP 设备判断数据包是否属于自己处理的依据。在 Flannel 的 VXLAN 模式下，所有节点的 VNI 默认为 1，这也是 VTEP 设备命名为 flannel.1 的原因。

接下来，Linux 内核会将二层数据帧封装进宿主机的 UDP 报文。

在进行 UDP 封装时，首先需要确定四元组信息，即目的 IP 和目的端口。默认情况下，Linux 内核为 VXLAN 分配的 UDP 端口为 4789，因此目的端口为 4789。目的 IP 地址则通过转发表（forwarding database，fdb）获取，fdb 表中的信息也由 flanneld 提前配置。在 Node1 中执行下面的命令：

```
[root@Node1 ~]# bridge fdb show | grep flannel.1
ba:74:f9:db:69:c1 dev flannel.1 dst 192.168.50.3 self permanent
```

上述记录的意思如下：目的 MAC 地址为 ba:74:f9:db:69:c1（Node2 VTEP 设备的 MAC 地址）的数据帧封装后，应该发往哪个目的 IP（192.168.50.3）。

至此，VTEP 设备已收集到所有封装所需的信息，并调用宿主机网络的 UDP 协议发送函数将数据包发出。接下来的过程与本机 UDP 程序发送数据包类似，就不再赘述了。

接下来，介绍 Node2 收到数据包后的处理流程。

当数据包到达 Node2 的 8472 端口时，内核中的 VXLAN 模块会检查以下两个条件。

（1）VNI 比较：VXLAN 模块会检查 VXLAN Header 中的 VNI 是否与本机的 VXLAN 网络的 VNI 一致。

（2）MAC 地址比较：接着，比较内层数据帧中的目的 MAC 地址与本机的 flannel.1 设备的 MAC 地址是否匹配。

如果上述两个条件都满足，VXLAN 模块会去除数据包中的 VXLAN Header 和内层以太网帧 Header，恢复出 Container-1 原始发送的数据包。随后，根据 Node2 节点的路由规则（由 flanneld 提前配置），继续进行路由处理。

```
[root@Node2 ~]# route -n
Kernel IP routing table
Destination     Gateway         Genmask         Flags Metric Ref    Use Iface
...
100.10.2.0      0.0.0.0         255.255.255.0   U     0      0        0 cni0
```

从上面的路由规则可以看出，目标地址属于 100.10.2.0/24 网段的数据包会被交给 cni0 接口处理。接下来，数据包将按照 Linux 网桥的处理流程转发至对应的 Pod。

至此，Flannel VXLAN 模式的整个工作流程宣告结束。

7.6.2　三层路由模式

Flannel 的 host-gw 是 host gateway 的缩写。由名称可以看出，host-gw 工作模式通过宿主机路由表实现容器间通信。

host-gw 模式的工作原理，如图 7-27 所示。

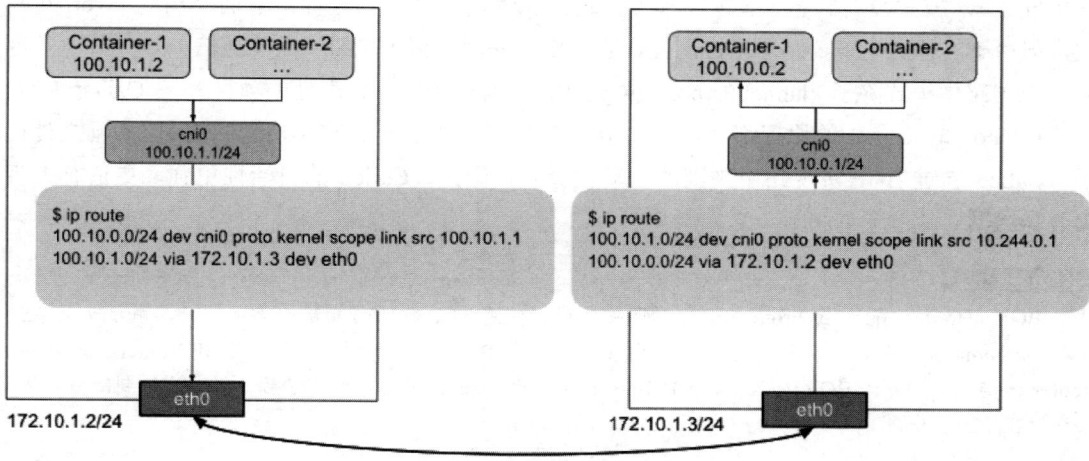

图 7-27　host-gw 模式的工作原理

现在，假设 Node1 中的 container-1 与 Node2 中的 container-2 通信，来看 host-gw 模式是如何工作的。

首先，当 Kubernetes 节点加入 Flannel 网络后，flanneld 会在上面创建以下路由规则：

```
$ ip route
100.96.2.0/24 via 10.244.1.0 dev eth0
```

这条路由的含义如下：目的地为 100.96.2.0/24 的 IP 包应通过 eth0 接口发送，其下一跳地址为 10.244.1.0（via 10.244.1.0）。

🔍 **什么是"下一跳"**

所谓"下一跳"，是指 IP 数据包发送时需要经过某个路由设备的中转，下一跳的地址就是该中转路由设备的 IP 地址。例如，如果计算机中配置的网关地址为 192.168.0.1，那么本机发出的所有 IP 包都需要经过 192.168.0.1 进行中转。

一旦确定了下一跳地址，Node1 中的 container-1 发出的 IP 包将被宿主机网络路由至下一跳地址，即 Node2 节点。

同样，Node2 中也有 flanneld 提前创建的路由规则，如下所示：

```
$ ip route
100.10.0.0/24 dev cni0 proto kernel scope link src 100.10.0.1
```

这条路由规则的含义如下：目的地属于 100.10.0.0/24 网段的 IP 包应被送往 cni0 网桥。接下来的处理过程笔者就不再赘述了。

由此可见，Flannel 的 host-gw 模式实际上将每个容器子网（如 Node1 中的 100.10.1.0/24）的下一跳设置为目标主机的 IP 地址，利用宿主机的路由功能充当容器间通信的"路由网关"，这也是 host-gw 名称的由来。

host-gw 模式没有封包 / 解包的额外消耗，在性能表现上肯定优于前面介绍的 Overlay 模式。但由于它依赖于下一跳路由，因此，它肯定无法用于宿主机跨子网的通信。

三层路由模式除了 Flannel 的 host-gw 模式，还有一个更具代表性的项目 —— Calico。

Calico 和 Flannel 的原理都是直接利用宿主机的路由功能实现容器间通信，但不同之处在于，Calico 通过 BGP 实现路由规则的自动化分发。因此，Calico 的灵活性更强，更适合大规模容器组网。

🔍 什么是 BGP

BGP（Border Gateway Protocol，边界网关协议）使用 TCP 作为传输层的路由协议，用于交互 AS（Autonomous System，自治域）之间的路由规则。每个 BGP 服务实例一般称为 BGP Router，与 BGP Router 连接的对端称为 BGP Peer。每个 BGP Router 收到 Peer 传来的路由信息后，经过校验判断后，将其存储在路由表中。

了解 BGP 协议之后，再看 Calico 的架构（见图 7-28），就能理解各个组件的作用了。

- Felix：负责在宿主机上插入路由规则，相当于 BGP Router。
- BGP Client：BGP 的客户端，负责在集群内分发路由规则，相当于 BGP Peer。

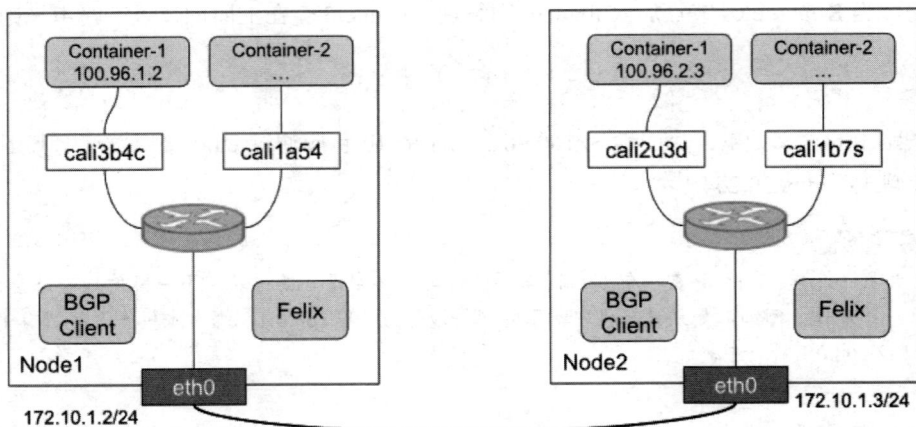

图 7-28　Calico BGP 路由模式

除了对路由信息的维护的区别外，Calico 与 Flannel 的另一个不同之处在于，它不会设置任何虚拟网桥设备。观察图 7-28，Calico 并未创建 Linux Bridge，而是将每个 Veth-Pair 设备的另一端放置在宿主机中（名称以 cali 为前缀），然后根据路由规则进行转发。例如，Node2 中

container-1 的路由规则如下：

```
$ ip route
10.223.2.3 dev cali2u3d scope link
```

这条路由规则的含义如下：发往 10.223.2.3 的数据包应进入与 container-1 连接的 cali2u3d 设备（也就是 Veth-Pair 设备的另一端）。

由此可见，Calico 实际上将集群中每个节点的容器视为一个 AS（Autonomous System，自治域），并将节点视为边界路由器，节点之间相互交互路由规则，从而构建出容器间的三层路由网络。

7.6.3　Underlay 底层网络模式

接下来介绍的是最后一种容器间通信模式 —— Underlay 底层网络模式。

Underlay 模式本质上是直接利用宿主机的二层网络进行通信。在这种模式下，容器通常依赖于 MACVLAN 技术来组网。

MAC 地址通常是网卡接口的唯一标识，保持一对一关系。而 MACVLAN 技术打破了这一规则，它借鉴 VLAN 子接口的概念，在物理设备之上、内核网络栈之下创建多个"虚拟以太网卡"，每个虚拟网卡都有独立的 MAC 地址。

通过 MACVLAN 技术虚拟出的副本网卡在功能上与真实网卡完全对等。在接收到数据包后，物理网卡承担类似交换机的职责，它根据目标 MAC 地址判断该数据包应转发至哪块副本网卡处理，如图 7-29 所示。

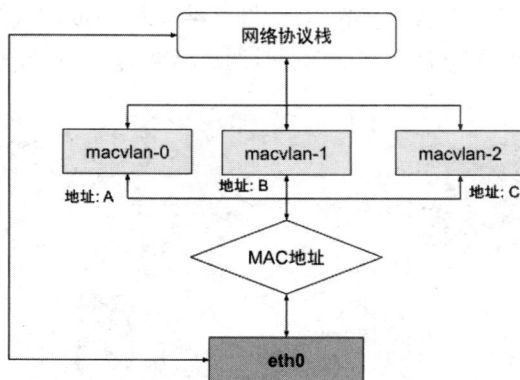

图 7-29　MACVLAN 工作原理

由于同一物理网卡虚拟出的副网卡天然位于同一子网（VLAN）内，因此，它们可以直接在宿主机的二层网络中进行通信。

Docker 的网络模型中的 Macvlan 模式，正是利用上述"子设备"实现组网。Docker 使用 Macvlan 模式配置网络的命令如下：

```
$ docker network create -d macvlan \
  --subnet=192.168.1.0/24 \
  --gateway=192.168.1.1 \
  -o parent=eth0 macvlan_network
```

可以看出，Underlay 底层网络模式直接利用物理网络资源，绕过了容器网络桥接和 NAT，因此具有最佳的性能表现。不过，由于依赖硬件和底层网络环境，部署时需要根据具体的软硬件条件进行调整，缺乏 Overlay 网络那样的开箱即用的灵活性。

7.6.4　CNI 插件及生态

设计一个容器网络模型是一件很复杂的事情，Kubernetes 本身并不直接实现网络模型，而是通过 CNI（Container Network Interface，容器网络接口）把网络变成外部可扩展的功能。

CNI 最初由 CoreOS 为 rkt 容器创建，如今已成为容器网络的事实标准，广泛应用于 Kubernetes、Mesos 和 OpenShift 等容器平台。需要注意的是，CNI 接口并非类似于 CSI、CRI 那样的 gRPC 接口，而是指调用符合 CNI 规范的可执行程序，这些程序被称为"CNI 插件"。

以 Kubernetes 为例，Kubernetes 节点默认的 CNI 插件路径为 /opt/cni/bin。在该路径下，可以查看到可用的 CNI 插件，这些插件有的是内置的，有些是安装容器网络方案时自动下载的。

```
$ ls /opt/cni/bin/
bandwidth  bridge  dhcp  firewall  flannel calico-ipam cilium...
```

CNI 插件的工作原理如图 7-30 所示。在创建 Pod 时，容器运行时根据 CNI 配置规范（如设置 VXLAN 网络、配置节点容器子网等），通过标准输入（stdin）向 CNI 插件传递网络配置信息。待 CNI 插件完成网络配置后，容器运行时通过标准输出（stdout）接收配置结果。

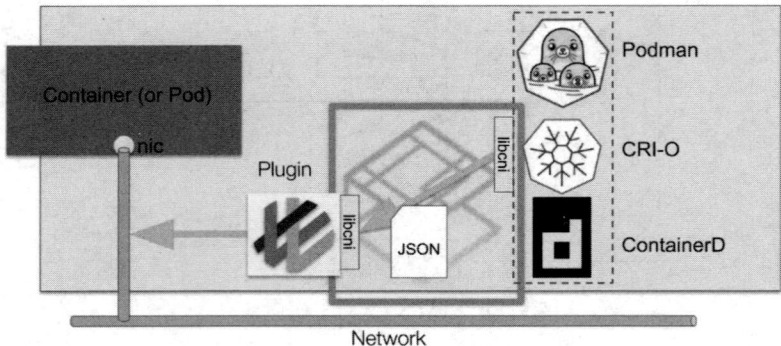

图 7-30　CNI 插件的工作原理

下面使用 Flannel 配置 VXLAN 网络，来帮助读者理解 CNI 插件的工作流程。

首先，当在宿主机安装 flanneld 时，flanneld 启动会在每台宿主机生成对应的 CNI 配置文件，告诉 Kubernetes：该集群使用 flannel 容器网络方案。CNI 配置文件通常位于 /etc/cni/net.d/

目录下，它的配置如下：

```
{
  "cniVersion": "0.4.0",
  "name": "container-cni-list",
  "plugins": [
    {
      "type": "flannel",
      "delegate": {
        "isDefaultGateway": true,
        "hairpinMode": true,
        "ipMasq": true,
        "kubeconfig": "/etc/kube-flannel/kubeconfig"
      }
    }
  ]
}
```

接下来，容器运行时（如 CRI-O 或 containerd）会加载上述 CNI 配置文件，将 plugins 列表中的第一个插件（Flannel）设置为默认插件。在 Kubernetes 启动容器之前（即在创建 Infra 容器时），kubelet 调用 CNI 插件，传入下面两类参数，来为 Infra 容器配置网络。

（1）Pod 信息：如容器的唯一标识符、Pod 所在的命名空间、Pod 的名称等，这些信息一般组织成 JSON 对象。

（2）CNI 插件要执行的操作如下。

- - add 操作：用于分配 IP 地址、创建 veth pair 设备等，并将容器添加到 Flannel 网络中。
- - del 操作：用于清除容器的网络配置，将容器从 Flannel 网络中删除。

接下来，容器运行时会通过标准输入将上述参数传递给 CNI 插件。后续的逻辑则是 CNI 插件的具体操作，具体细节就不再赘述了。

```
$ echo '{
  "cniVersion": "0.4.0",
  "name": "flannel",
  "type": "flannel",
  "containerID": "abc123def456",
  "namespace": "default",
  "podName": "my-pod",
  "netns": "/var/run/netns/abc123def456",
  "ifname": "eth0",
  "args": {
    "isDefaultGateway": true
  }
}' | /opt/cni/bin/flannel add abc123def456
```

最后，CNI 插件执行完毕后，会将容器的 IP 地址等信息返回给容器运行时，并由 kubelet 更新到 Pod 的状态字段中，整个容器网络配置就宣告结束了。

通过 CNI 这种开放性的设计，需要接入什么样的网络，设计一个对应的网络插件即可。这样一来节省了开发资源，集中精力到 Kubernetes 本身，二来可以利用开源社区的力量打造一整个丰富的生态。如图 7-31 所示，支持 CNI 规范的网络插件多达几十种。这些网络插件笔者无法逐一解释，但就实现的容器通信模式而言，有上述 3 种类型：Overlay 覆盖网络模式、三层路由模式 和 Underlay 底层网络模式。

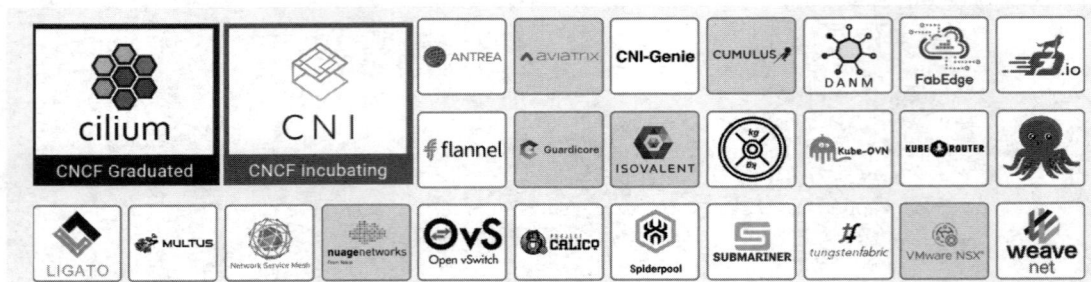

图 7-31　CNI 网络插件 [1]

需要补充的是，对于容器编排系统而言，网络并非孤立的功能模块，还要配套各类网络访问策略能力支持。例如，用来限制 Pod 出入站规则网络策略（NetworkPolicy），对网络流量数据进行分析监控等等额外功能。这些需求明显不属于 CNI 规范内的范畴，因此并不是每个 CNI 插件都会支持这些额外功能。如果选择 Flannel 插件，必须配套其他插件（如 Calico 或 Cilium）才能启用网络策略。因此，如果有这方面需求的，应该考虑功能更全面的网络插件。

7.7　资源模型及编排调度

过去的集群管理平台（如 Mesos、Swarm）擅长的是通过特定规则将容器调度到最佳节点上，这一功能称为"调度"。Kubernetes 擅长的是根据系统规则和用户需求，自动化地处理好容器间的各种关系，这个功能就是我们常听到的"编排"。

接下来，笔者将围绕 Kubernetes 资源模型、异构资源扩展及默认调度器（kube-scheduler），深入讨论 Kubernetes 的容器编排功能。

7.7.1　资源模型与资源管理

要想理解容器编排调度，首先需要掌握 Kubernetes 的资源管理机制。本节将详细介绍 Kubernetes 的资源模型、资源分配和节点资源管理机制。

1. 资源模型

在 Kubernetes 中，Pod 是最小的调度单元，因此，所有与调度和资源管理相关的属性都应

---

[1]　图片来源：https://landscape.cncf.io/guide#runtime--cloud-native-network。

186

包含在 Pod 对象中。

与调度密切相关的主要是 CPU 和内存的配置，如下：

```
apiVersion: v1
kind: Pod
metadata:
  name: qos-demo-5
  namespace: qos-example
spec:
  containers:
    - name: qos-demo-ctr-5
      image: nginx
      resources:
        limits:
          memory: "200Mi"
          cpu: "700m"
        requests:
          memory: "200Mi"
          cpu: "700m"
```

像 CPU 这类资源被称为可压缩资源。当这类资源不足时，Pod 内的进程变得卡顿，但 Pod 不会因此被杀掉。

Kubernetes 中的 CPU 资源计量单位为"个数"。例如，CPU=1 表示 Pod 的 CPU 限额为 1 个 CPU。具体的"1 个 CPU"定义取决于宿主机的硬件配置，它可能对应多核处理器中的一个核心、一个超线程（Hyper-Threading）或虚拟机中的一个虚拟处理器（vCPU）。对于不同硬件环境构建的 Kubernetes 集群，1 个 CPU 的实际算力可能有所不同，但 Kubernetes 只保证 Pod 能够使用到"1 个 CPU"这一逻辑单位的算力。

实际上，Kubernetes 中常用的 CPU 计量单位是毫核（Millcores，缩写 m）。1 个 CPU 等于 1000m。这样可以更精确地度量和分配 CPU 资源。例如，分配给某个容器 500m CPU，相当于 0.5 个 CPU。

像内存这样的资源被称为不可压缩资源。当这类资源不足时，可能会杀死 Pod 中的进程，甚至驱逐整个 Pod。

对于内存资源来说，最基本的计量单位是字节。如果没有明确指定单位，默认以字节为计量单位。为了方便使用，Kubernetes 支持以 Ki、Mi、Gi、Ti、Pi、Ei 或 K、M、G、T、P、E 为单位来表示内存大小。例如，下面是一些相同内存值的不同表示方式：

```
128974848, 129e6, 129M, 123Mi
```

注意区分 Mi 和 M，1Mi=1024x1024，1M=1000x1000。随着数值的增加，Mi 和 M 计算的差异会越来越大，因此使用带 i 的更准确。

2. 资源分配

Kubernetes 使用以下两个属性来描述 Pod 的资源分配和限制。

（1）requests：表示容器请求的资源量，Kubernetes 会确保 Pod 获得这些资源。requests 是调度的依据，调度器只有在节点上有足够可用资源时，才会将 Pod 调度到该节点。

（2）limits：表示容器可使用的资源上限，防止容器过度消耗资源，导致节点过载。limits
会配置到 cgroups 中相应任务的 /sys/fs/cgroup 文件中。

Pod 是由一个或多个容器组成的，因此，资源需求是在容器级别进行描述的。如图 7-32 所示，每个容器都可以通过 resources 属性单独设定相应的 requests 和 limits。例如，container-1 指定其容器进程需要 500m（即 0.5 个 CPU）才能被调度，并且允许最多使用 1000m（即 1 个 CPU）。

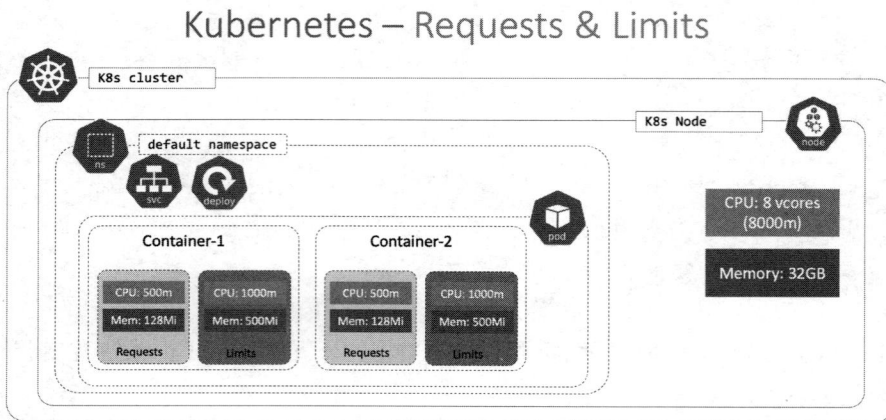

图 7-32　容器的 requests 与 limits 配置

requests 和 limits 除了用于表明资源需求和限制资源使用，还有一个隐含功能，它决定了 Pod 的 QoS（Quality of Service，服务质量）等级。

3. 服务质量等级

Kubernetes 根据每个 Pod 中容器资源配置情况，为 Pod 设置不同的服务质量（Quality of Service，QoS）等级。不同的 QoS 等级决定了当节点资源紧张时，Kubernetes 该如何处理节点上的 Pod，也就是接下来要讨论的驱逐（eviction）机制。

图 7-33 所示为 Pod 的 QoS 级别与资源配置之间的对应关系，具体名称及含义如下。

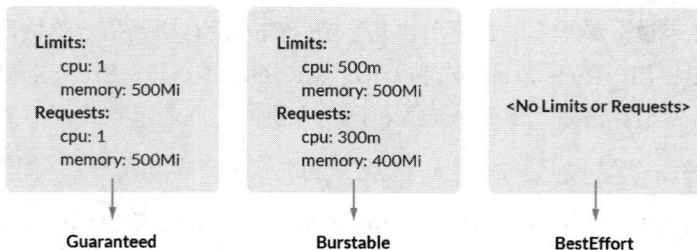

图 7-33　QoS 级别与资源配置对应关系

- Guaranteed：Pod 中每个容器必须配置相等的 CPU，以及内存 requests 与 limits。此类 Pod 通常用于需要稳定资源的应用（如数据库）。在节点资源紧张时，Guaranteed 类型的 Pod 最不容易被驱逐。

- **Burstable**：Pod 中至少有一个容器设置了 requests 或 limits，但并非所有容器的请求和限制都相等。Burstable 类型的 Pod 在资源使用上有一定灵活性，但优先级低于 Guaranteed 类型。在节点资源紧张时，可能会被驱逐。
- **Best Effort**：Pod 中的容器没有设置 CPU 或内存的 requests 和 limits。Best Effort 类型的 Pod 通常用于临时或非关键任务，会尽可能使用可用资源，但在资源紧张时最容易被驱逐。

由上述描述可知，未配置 requests 和 limits 时，Pod 的 QoS 等级最低，在节点资源紧张时最容易受到影响。因此，合理配置 requests 和 limits 参数，能够提高调度精确度，并增强服务的稳定性。

4. 节点资源管理

在 Kubernetes 系统中，每个节点都运行着容器运行时（如 Docker、containerd），以及负责管理容器的组件 kubelet。这些基础服务在节点上运行时，会占用一定的资源。因此，当 Kubernetes 进行资源管理时，必须为这些基础服务预先分配一部分资源。

kubelet 通过下面两个参数控制节点上基础服务的资源预留额度。

（1）--kube-reserved=[cpu=100m][,][memory=100Mi][,][ephemeral-storage=1Gi]：预留给 Kubernetes 组件 CPU、内存和存储资源。

（2）--system-reserved=[cpu=100mi][,][memory=100Mi][,][ephemeral-storage=1Gi]：预留给操作系统的 CPU、内存和存储资源。

需要注意的是，考虑 Kubernetes 驱逐机制，kubelet 会确保节点上的资源使用率不会达到 100%。因此，Pod 实际可用的资源会更少一些。最终，一个节点的资源分配如图 7-34 所示。

Node Allocatable Resource（节点可分配资源）= Node Capacity（节点所有资源）－Kube Reserved（Kubernetes 组件预留资源）－System Reserved（系统预留资源）－Eviction Threshold（为驱逐预留的资源）。

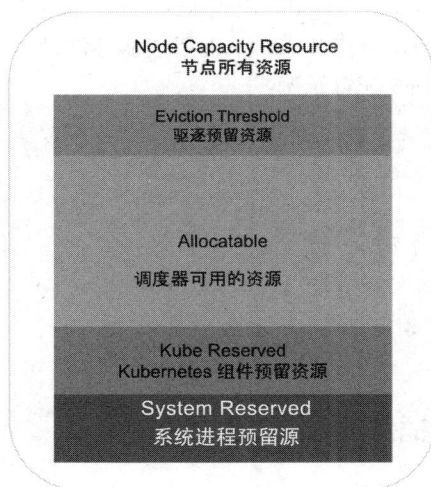

图 7-34　节点资源分配

5. 驱逐机制

当不可压缩类型的资源（如可用内存 memory.available、宿主机磁盘空间 nodefs.available、镜像存储空间 imagefs.available）不足时，保证节点稳定的手段是驱逐（Eviction）那些不太重要的 Pod，使其能够重新调度到其他节点。

承担上述职责的组件为 kubelet。kubelet 运行在节点上，能够轻松感知节点的资源耗用情况。当 kubelet 发现不可压缩类型的资源即将耗尽时，触发两类驱逐策略。

kubelet 的第一种驱逐策略是软驱逐（soft eviction）。

由于节点资源耗用可能是临时性波动，通常会在几十秒内恢复，因此，当资源耗用达到设定阈值时，应先观察一段时间再决定是否触发驱逐操作。与软驱逐相关的 kubelet 配置参数如下。

- --eviction-soft：软驱逐触发条件。例如，可用内存（memory.available）< 500Mi、可用磁盘空间（nodefs.available）< 10% 等。

- --eviction-soft-grace-period：软驱逐宽限期。例如，memory.available=2m30s，即可用内存 < 500Mi，并持续 2 分 30 秒后，才真正开始驱逐 Pod。

- --eviction-max-pod-grace-period：Pod 优雅终止宽限期，该参数决定给 Pod 多少时间来优雅地关闭（graceful shutdown）。

kubelet 的第二种驱逐策略是硬驱逐（hard eviction）。

硬驱逐主要关注节点稳定性，防止资源耗尽导致节点不可用。硬驱逐相当直接，当 kubelet 发现节点资源耗用达到硬驱逐阈值时，会立即"杀死"相应的 Pod。与硬驱逐相关的 kubelet 配置参数仅有 --eviction-hard，其配置方式与 --eviction-soft 一致，笔者就不再赘述了。

需要注意的是，当 kubelet 驱逐部分 Pod 后，节点的资源使用可能在一段时间后再次达到阈值，进而触发新的驱逐，形成循环，这种现象称为"驱逐波动"。为了预防这种情况，kubelet 预留了以下参数。

- --eviction-minimum-reclaim：决定每次驱逐时至少要回收的资源量，以停止驱逐操作。

- --eviction-pressure-transition-period：决定 kubelet 上报节点状态的时间间隔。较短的上报周期可能导致频繁更改节点状态，从而引发驱逐波动。

以下是与驱逐相关的 kubelet 配置示例：

```
$ kubelet --eviction-soft=memory.available<500Mi,nodefs.available < 10%,nodefs.
inodesFree < 5%,imagefs.available < 15% \
    --eviction-soft-grace-period=memory.available=1m30s,nodefs.available=1m30s \
    --eviction-max-pod-grace-period=120 \
    --eviction-hard=memory.available<500Mi,nodefs.available < 5% \
    --eviction-pressure-transition-period=30s \
    --eviction-minimum-reclaim="memory.available=500Mi,nodefs.available=500Mi,
imagefs.available=1Gi"
```

7.7.2 扩展资源与设备插件

在 Kubernetes 中，节点的标准资源（如 CPU、内存和存储）由 Kubelet 自动报告，但节点内的异构硬件资源（如 GPU、FPGA、RDMA 或硬件加速器），Kubernetes 并未识别和管理。

1. 扩展资源

作为通用的容器编排平台，Kubernetes 需要集成各种异构硬件资源，以满足更广泛的计算需求。为此，Kubernetes 提供了"扩展资源"（Extended Resource）机制，允许用户像使用标准资源一样声明和调度特殊硬件资源。

为了让调度器了解节点的异构资源，节点需向 API Server 报告资源情况。报告方式是通过向 Kubernetes API Server 发送 HTTP PATCH 请求。例如，某节点拥有 4 个 GPU 资源，以下是相应的 PATCH 请求示例：

```
PATCH /api/v1/nodes/<your-node-name>/status HTTP/1.1
Accept: application/json
Content-Type: application/json-patch+json
Host: k8s-master:8080
[
  {
    "op": "add",
    "path": "/status/capacity/nvidia.com~1gpu",
    "value": "4"
  }
]
```

需要注意的是，上述 PATCH 请求仅告知 Kubernetes，节点 <your-node-name> 拥有 4 个名为 GPU 的资源，但 Kubernetes 并不理解 GPU 资源的具体含义和用途。

接着，运行 kubectl describe node 命令，查看节点资源情况。由输出结果可以看到，之前扩展的 nvidia.com/gpu 资源容量为 4。

```
$ kubectl describe node <your-node-name>
...
Status
  Capacity:
    cpu: 2
    memory: 2049008Ki
    nvidia.com/gpu: 4
```

在完成上述操作后，配置 Pod 的 YAML 文件时，就可以像配置标准资源（如 CPU 和内存）一样，为自定义资源（如 nvidia.com/gpu）设置 request 和 limits。以下是包含 nvidia.com/gpu 资源申请的 Pod 配置示例：

```
apiVersion: v1
kind: Pod
metadata:
  name: gpu-pod
spec:
  containers:
    - name: cuda-container
      image: nvidia/cuda:10.0-base
      resources:
        request:
          nvidia.com/gpu: 1
```

在上述 Pod 资源配置中，GPU 的资源名称为 nvidia.com/gpu，并且为其分配了 1 个该资源的配额。这表明 Kubernetes 调度器会将该 Pod 调度到具有足够 nvidia.com/gpu 资源的节点上。

一旦 Pod 成功调度到目标节点，系统将自动执行一系列配置操作，如设置环境变量、挂载 GPU 设备驱动等。这些操作完成后，容器内的程序便可使用 GPU 资源了。

2. 设备插件

除非特殊情况，通常不需用手动的方式扩展异构资源。

在 Kubernetes 中，管理异构资源主要通过一种被称为设备插件（Device Plugin）的机制负责。该机制的原理如下：通过定义一系列标准化的 gRPC 接口，使 kubelet 能够与设备插件进行交互，从而实现设备发现、状态更新及资源上报等功能。

具体来说，设备插件定义了如下 gRPC 接口，硬件设备插件按照这些规范实现接口后，即可与 kubelet 进行交互。

```
service DevicePlugin {
    // 返回设备插件的配置选项
    rpc GetDevicePluginOptions(Empty) returns (DevicePluginOptions) {}
    // 实时监控设备资源的状态变化，并将设备资源信息上报至 Etcd 中
    rpc ListAndWatch(Empty) returns (stream ListAndWatchResponse) {}
    // 执行特定设备的初始化操作，并告知 kubelet 如何使设备在容器中可用
    rpc Allocate(AllocateRequest) returns (AllocateResponse) {}

    // 从一组可用的设备中返回一些优选的设备用来分配
    rpc GetPreferredAllocation(PreferredAllocationRequest) returns
(PreferredAllocationResponse) {}

    // 在容器启动之前调用，用于特定设备的初始化操作。确保容器能够正确地访问和使用特定的硬件资源
    rpc PreStartContainer(PreStartContainerRequest) returns (PreStartContainerResponse)
{}
}
```

目前，Kubernetes 社区已有多个专用设备插件，涵盖 NVIDIA GPU、Intel GPU、AMD GPU、FPGA 和 RDMA 等硬件。以 GPU 设备插件为例，其工作原理如下。

- 设备发现与注册：设备插件在节点上运行，自动检测并将 GPU 资源注册到 Kubernetes API。例如，NVIDIA GPU 设备插件将 GPU 注册为 nvidia.com/gpu。
- 资源暴露与分配：设备插件通过 Kubernetes API 将 GPU 资源暴露给 Pod，Pod 可通过 request 和 limit 字段声明所需的 GPU 资源。例如，Pod 可以在 limits 中指定 nvidia.com/gpu: 1 来请求一个 NVIDIA GPU。
- 调度与使用：当 Pod 请求特殊硬件资源时，Kubernetes 调度器根据节点的资源状态和 Pod 的需求进行调度。一旦 Pod 被调度并分配了资源，kubelet 调用设备插件的 Allocate 接口获取设备配置信息（如设备路径、驱动目录），并将这些信息添加到容器创建请求中。最终，容器运行时（如 Docker、Containerd）会将硬件驱动目录挂载到容器内，容器中的应用程序即可直接访问这些设备。

图 7-35 所示为 NVIDIA GPU 设备插件工作原理。

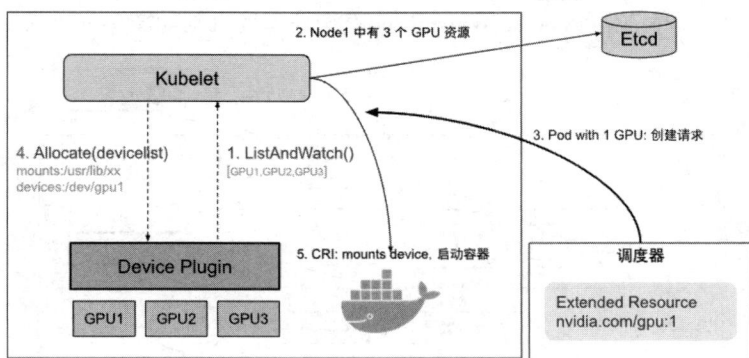

图 7-35　NVIDIA GPU 设备插件工作原理

最后，再来看扩展资源和设备插件的问题。Pod 只能通过类似 nvidia.com/gpu:2 的计数方式申请两个 GPU，但这些 GPU 的具体型号、拓扑结构、是否共享等属性并不明确。也就是说，设备插件仅实现了基本的入门级功能，能用但不好用。

在"成本要省""资源利用率要高"背景推动下，Nvidia、Intel 等头部厂商联合推出了"动态资源分配"（Dynamic Resource Allocation，DRA）机制，允许用户以更复杂的方式描述异构资源，而不仅仅是简单的计数形式。DRA 属于较新的机制，具体的接口规范因硬件供应商和 Kubernetes 版本不同而有所变化。限于篇幅，笔者就不再扩展讨论了，有兴趣的读者请查阅其他资料。

7.7.3　默认调度器及扩展设计

如果节点只有几十个，为新建的 Pod 找到合适的节点并不困难。但当节点的数量扩大到几千台甚至更多时，情况就复杂了。

首先，节点资源无时无刻不在变化，如果每次调度都需要数千次远程请求获取信息，势必因耗时过长，增加调度失败的风险。

其次，调度器频繁发起网络请求，极容易成为集群的性能瓶颈，影响整个集群的运行。

Omega: Flexible, Scalable Schedulers for Large Compute Clusters 论文中提出了一种基于"共享状态"（Scheduler Cache）的双循环调度机制，用来解决大规模集群的调度效率问题。双循环的调度机制不仅应用在 Google 的 Omega 系统中，也被 Kubernetes 继承下来。该论文中的相关描述如下：

> 为了充分利用硬件资源，通常会将各种类型（CPU 密集、I/O 密集、批量处理、低延迟作业）的 workloads 运行在同一台机器上，这种方式减少了硬件上的投入，但也使调度问题更加复杂。
>
> 随着集群规模的增大，需要调度的任务的规模也线性增大，由于调度器的工作负载与集群大小大致成比例，调度器有成为可伸缩性瓶颈的风险。

Kubernetes 默认调度器（kube-scheduler）的双循环调度机制如图 7-36 所示。

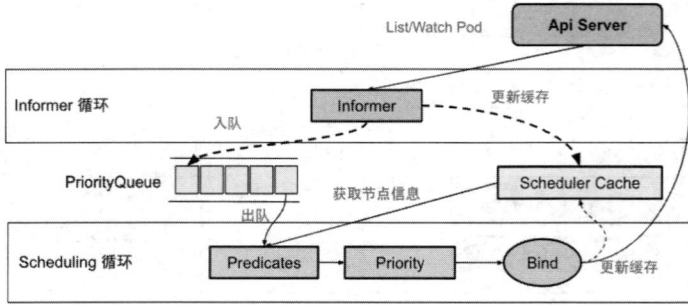

图 7-36　默认调度器（kube-scheduler）的双循环调度机制

由图 7-36 可以看出，Kubernetes 调度的核心在于两个互相独立的控制循环。

第一个控制循环被称为"Informer 循环"。其主要逻辑是启动多个 Informer 来监听 API 资源（主要是 Pod 和 Node）状态的变化。一旦资源发生变化，Informer 会触发回调函数进行进一步处理。例如，当一个待调度的 Pod 被创建时，Pod Informer 会触发回调，将 Pod 入队到调度队列（PriorityQueue），以便在下一阶段处理。

当 API 资源发生变化时，Informer 的回调函数还负责更新调度器缓存（Scheduler Cache），以便将 Pod 和 Node 信息尽可能缓存，从而提高后续调度算法的执行效率。

第二个控制循环是"Scheduling 循环"。其主要逻辑是从调度队列（PriorityQueue）中不断出队一个 Pod，并触发两个核心的调度阶段：预选阶段（图 7-36 中的 Predicates）和优选阶段（图 7-36 中的 Priority）。

Kubernetes 从 v1.15 版本起，为默认调度器（kube-scheduler）设计了可扩展的机制——Scheduling Framework。其主要目的是在调度器生命周期的关键点（如图 7-37 中间的矩形箭头框所示）暴露可扩展接口，允许实现自定义的调度逻辑。这套机制基于标准 Go 语言插件机制，需要按照规范编写 Go 代码并进行静态编译集成，其通用性相较于 CNI、CSI 和 CRI 等较为有限。

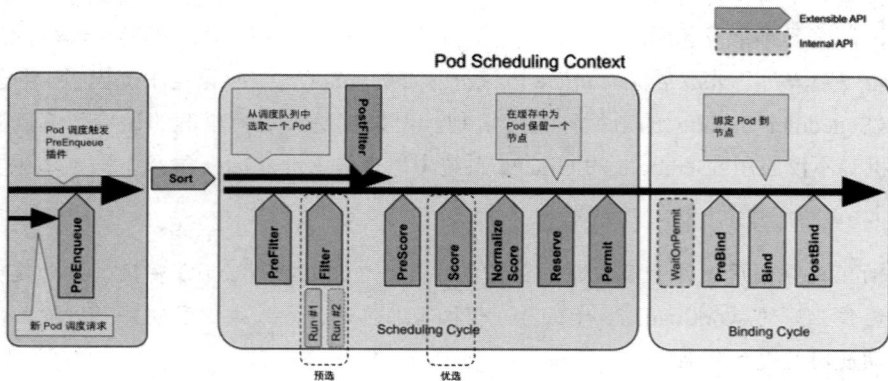

图 7-37　Pod 的调度上下文以及调度框架公开的扩展点 [1]

---

① 图片来源：https://kubernetes.io/zh-cn/docs/concepts/scheduling-eviction/scheduling-framework/。

接下来，回到调度处理逻辑，首先来看预选阶段的处理。

预选阶段的主要逻辑是在调度器生命周期的 PreFilter 和 Filter 阶段调用相关的过滤插件，筛选出符合 Pod 要求的节点集合。以下是 Kubernetes 默认调度器内置的一些筛选插件：

```go
// k8s.io/kubernetes/pkg/scheduler/algorithmprovider/registry.go
func getDefaultConfig() *schedulerapi.Plugins {
  ...
  Filter: &schedulerapi.PluginSet{
      Enabled: []schedulerapi.Plugin{
          {Name: nodeunschedulable.Name},
          {Name: noderesources.FitName},
          {Name: nodename.Name},
          {Name: nodeports.Name},
          {Name: nodeaffinity.Name},
          {Name: volumerestrictions.Name},
          {Name: tainttoleration.Name},
          {Name: nodevolumelimits.EBSName},
          {Name: nodevolumelimits.GCEPDName},
          {Name: nodevolumelimits.CSIName},
          {Name: nodevolumelimits.AzureDiskName},
          {Name: volumebinding.Name},
          {Name: volumezone.Name},
          {Name: interpodaffinity.Name},
      },
  },
}
```

上述插件本质上是按照 Scheduling Framework 规范实现 Filter 方法，根据一系列预设的策略筛选节点。它们的筛选策略可以总结为以下 3 类。

（1）通用过滤策略：负责基础的筛选操作，例如，检查节点是否有足够的可用资源满足 Pod 请求，或检查 Pod 请求的宿主机端口是否与节点中的端口冲突。相关插件包括 noderesources、nodeports 等。

（2）节点相关的过滤策略：与节点特性相关的筛选策略。例如，检查 Pod 的污点容忍度（tolerations）是否匹配节点的污点（taints），检查 Pod 的节点亲和性（nodeAffinity）是否与节点匹配，检查 Pod 与节点中已有 Pod 之间的亲和性（Affinity）和反亲和性（Anti-Affinity）。相关插件包括 tainttoleration、interpodaffinity、nodeunschedulable 等。

（3）Volume 相关的过滤策略：与存储卷相关的筛选策略。例如，检查 Pod 挂载的 PV 是否冲突（如 AWS EBS 类型的 Volume 不允许多个 Pod 同时使用），或者检查节点上某类型 PV 的数量是否超限。相关插件包括 nodevolumelimits、volumerestrictions 等。

预选阶段执行完毕，会得到一个可供 Pod 调度的节点列表。如果该列表为空，表示 Pod 无法调度。至此，预选阶段宣告结束，接着进入优选阶段。

优选阶段的设计与预选阶段类似，主要通过调用相关的打分插件，对预选阶段得到的节点进行排序，选择出评分最高的节点来运行 Pod。

Kubernetes 默认调度器内置的打分插件如下所示。与筛选插件不同，打分插件额外包含一个权重属性。

```
// k8s.io/kubernetes/pkg/scheduler/algorithmprovider/registry.go
func getDefaultConfig() *schedulerapi.Plugins {
    ...
  Score: &schedulerapi.PluginSet{
      Enabled: []schedulerapi.Plugin{
          {Name: noderesources.BalancedAllocationName, Weight: 1},
          {Name: imagelocality.Name, Weight: 1},
          {Name: interpodaffinity.Name, Weight: 1},
          {Name: noderesources.LeastAllocatedName, Weight: 1},
          {Name: nodeaffinity.Name, Weight: 1},
          {Name: nodepreferavoidpods.Name, Weight: 10000},
          {Name: defaultpodtopologyspread.Name, Weight: 1},
          {Name: tainttoleration.Name, Weight: 1},
      },
  }
  ...
}
```

优选阶段最重要的策略是 NodeResources.LeastAllocated，它的计算公式如下：

$$score = \frac{\frac{(capacity_{cpu} - \sum_{pods} requested_{cpu}) \times 10}{capacity_{cpu}} + \frac{(capacity_{memeory} - \sum_{pods} requested_{memeory}) \times 10}{capacity_{memeory}}}{2}$$

上述公式实际上是根据节点中 CPU 和内存资源的剩余量进行打分，从而使 Pod 更倾向于调度到资源使用较少的节点，避免某些节点资源过载而其他节点资源闲置。

与 NodeResources.LeastAllocated 策略配合使用的，还有 NodeResources.BalancedAllocation 策略，它的计算公式如下：

$$score = 10 - variance(cpuFraction, memoryFraction, volumeFraction) \times 10$$

这里的 Fraction 指的是资源利用比例。笔者以 cpuFraction 为例，它的计算公式如下：

$$cpuFraction = \frac{Pod\ 的\ CPU\ 请求}{节点中\ CPU\ 总量}$$

memoryFraction 和 volumeFraction 也是类似的概念。Fraction 算法的主要作用是计算资源利用比例的方差，以评估节点的资源（CPU、内存、volume）分配是否均衡，避免出现 CPU 被过度分配而内存浪费的情况。方差越小，说明资源分配越均衡，得分也就越高。

除了上述两种优选策略，还有 InterPodAffinity（根据 Pod 之间的亲和性、反亲和性规则来打分）、Nodeaffinity（根据节点的亲和性规则来打分）、ImageLocality（根据节点中是否缓存容器镜像打分）、NodePreferAvoidPods（基于节点的注解信息打分）等，这里就不再一一解释了。

值得注意的是，打分插件的权重可以在调度器配置文件中进行设置，以调整它们在调度决策中的影响力。例如，如果希望更重视 NodePreferAvoidPods 插件的打分结果，可以为该插件分配更高的权重，如下：

```
apiVersion: kubescheduler.config.k8s.io/v1
kind: KubeSchedulerConfiguration
profiles:
- schedulerName: default-scheduler
```

```
plugins:
  score:
    enabled:
    - name: NodePreferAvoidPods
      weight: 10000
    - name: InterPodAffinity
      weight: 1
...
```

经过优选阶段之后，调度器根据预定的打分策略为每个节点分配一个分数，最终选择出分数最高的节点来运行 Pod。如果存在多个节点分数相同，调度器则随机选择其中一个。

选择出最终目标节点后，接下来就是通知目标节点内的 kubelet 创建 Pod。

在这一阶段，调度器不会直接与 kubelet 通信，而是将 Pod 对象的 nodeName 修改为选定节点的名称。kubelet 会持续监控 Etcd 中 Pod 信息的变化，发现变动后执行一个名为 Admin 的本地操作，确认资源可用性和端口是否冲突。这相当于执行一遍通用的过滤策略，对 Pod 是否能在该节点运行进行二次确认。

不过，从调度器更新 Etcd 中的 nodeName 到 kubelet 检测到变化，再到二次确认是否可调度，这一过程可能会持续一段不等的时间。如果等到所有操作完成才宣布调度结束，势必会影响整体调度效率。

调度器采用了"乐观绑定"（Optimistic Binding）策略来解决上述问题。首先，调度器更新 Scheduler Cache 中 Pod 的 nodeName 的信息，并发起异步请求，更新 Etcd 中的远程信息，该操作在调度生命周期中称为 Bind。如果调度成功了，Scheduler Cache 和 Etcd 中的信息势必一致。如果调度失败了（也就是异步更新失败），也没有太大关系。因为 Informer 会持续监控 Pod 变化，只要将调度成功但没有创建成功的 Pod nodeName 字段清空，然后同步至调度队列，待下一次调度解决即可。

7.8　资源弹性伸缩

为了平衡资源预估和实际使用之间的差距，Kubernetes 提供了 HPA、VPA 和 CA 3 种自动扩缩（Autoscaling）机制。

7.8.1　Pod 水平自动伸缩

HPA（Horizontal Pod Autoscaler，Pod 水平自动扩缩）是根据工作负载（如 Deployment）的资源使用情况调整 Pod 副本数量的机制。

HPA 的工作原理简单明了：

- 当负荷较高时，增加 Pod 副本数量。

- 当负荷较低时，减少 Pod 副本数量。

因此，自动伸缩的关键在于准确监控资源使用情况。为此，Kubernetes 提供了 Metrics API，用于获取节点和 Pod 的资源信息。以下是 Metrics API 的响应示例，展示了 CPU 和内存的使用情况。

```
$ kubectl get --raw "/apis/metrics.k8s.io/v1beta1/nodes/minikube" | jq '.'
{
  "kind": "NodeMetrics",
  "apiVersion": "metrics.k8s.io/v1beta1",
  "metadata": {
    "name": "minikube",
    "selfLink": "/apis/metrics.k8s.io/v1beta1/nodes/minikube",
    "creationTimestamp": "2022-01-27T18:48:43Z"
  },
  "timestamp": "2022-01-27T18:48:33Z",
  "window": "30s",
  "usage": {
    "cpu": "487558164n",
    "memory": "732212Ki"
  }
}
```

最初，Metrics API 仅支持 CPU 和内存指标。随着需求的增加，Metrics API 扩展了对用户自定义指标（Custom Metrics）的支持。用户可以开发 Custom Metrics Server，并通过调用其他服务（如 Prometheus）来监控应用程序、系统资源、服务性能及外部系统的繁忙程度。

接下来介绍 HPA 的使用方式。如图 7-38 所示，使用 kubectl autoscale 命令创建 HPA，设置监控指标类型（如 cpu-percent）、目标值（如 70%）及 Pod 副本数量的范围（最少 1 个，最多 10 个）。

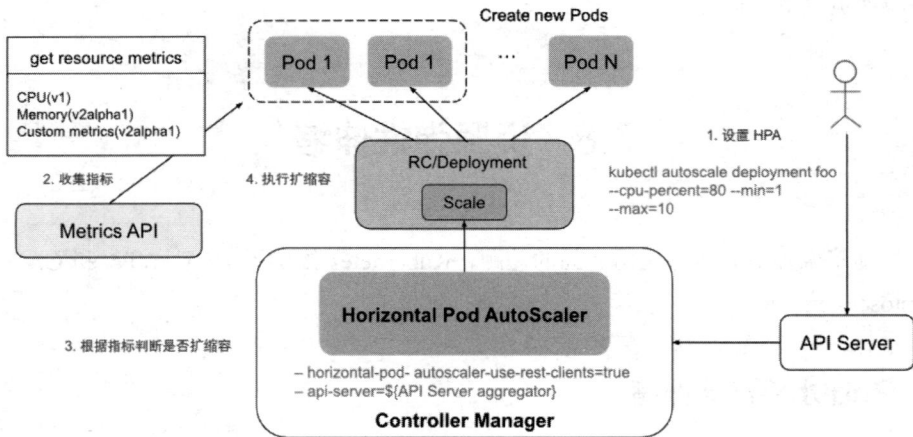

图 7-38　HPA 扩缩容的原理

```
$ kubectl autoscale deployment foo --cpu-percent=70 --min=1 --max=10
```

随后，HPA 定期获取 Metrics 数据，与设定的目标值比较，决定是否进行扩缩。如果需要扩缩，HPA 调用 Deployment 的 Scale 接口调整副本数量，将每个 Pod 的负荷维持在用户期望的水平。

7.8.2　Pod 垂直自动伸缩

VPA（Vertical Pod Autoscaler）是 Pod 的垂直自动伸缩组件。其工作原理与 HPA 类似，两者都是通过 Metrics API 获取指标并进行评估调整。不同之处在于，VPA 调整的是工作负载的资源配额，例如，Pod 的 CPU，以及内存的 request 和 limit。

需要注意的是，VPA 是 Kubernetes 的附加组件，必须安装并配置后，才能为工作负载（如 Deployment）定义资源调整策略。以下是一个 VPA 配置示例：

```
apiVersion: autoscaling.k8s.io/v1
kind: VerticalPodAutoscaler
metadata:
  name: example-app-vpa
  namespace: default
spec:
  targetRef:
    apiVersion: apps/v1
    kind: Deployment
    name: example-app
  updatePolicy:
    updateMode: Auto   # 决定 VPA 如何应用推荐的资源调整，也可以设置为 Off 或 Initial 来控制更
新策略
```

将上述 YAML 文件提交到 Kubernetes 集群后，可以通过 kubectl describe vpa 命令查看 VPA 推荐的资源策略，代码如下：

```
$ kubectl describe vpa example-app-vpa
...
Recommendation:
    Container Recommendations:
      Container Name:  nginx
      Lower Bound:
        Cpu:      25m
        Memory:   262144k
      Target:
        Cpu:      25m
        Memory:   262144k
      Uncapped Target:
        Cpu:      25m
        Memory:   262144k
      Upper Bound:
        Cpu:      11601m
        Memory:   12128573170
...
```

可以看出，VPA 更适用于负载变化较大、资源需求不确定的场景，尤其在无法精确预估应用资源需求时。

7.8.3 基于事件驱动的伸缩

虽然 HPA 基于 Metrics API 实现了弹性伸缩，但其指标范围有限且粒度较粗。为了支持基于外部事件的更细粒度扩缩容，微软与红帽联合开发了 KEDA（Kubernetes Event-driven Autoscaling）。

KEDA 的出现并非为了取代 HPA，而是与其互补。其工作原理如图 7-39 所示。用户通过配置 ScaledObject（缩放对象）来定义 Scaler（KEDA 内部组件）的行为，Scaler 持续从外部系统获取状态数据，并与扩缩条件进行比较。当条件满足时，Scaler 触发扩缩操作，调用 Kubernetes 的 HPA 组件调整工作负载的 Pod 副本数。

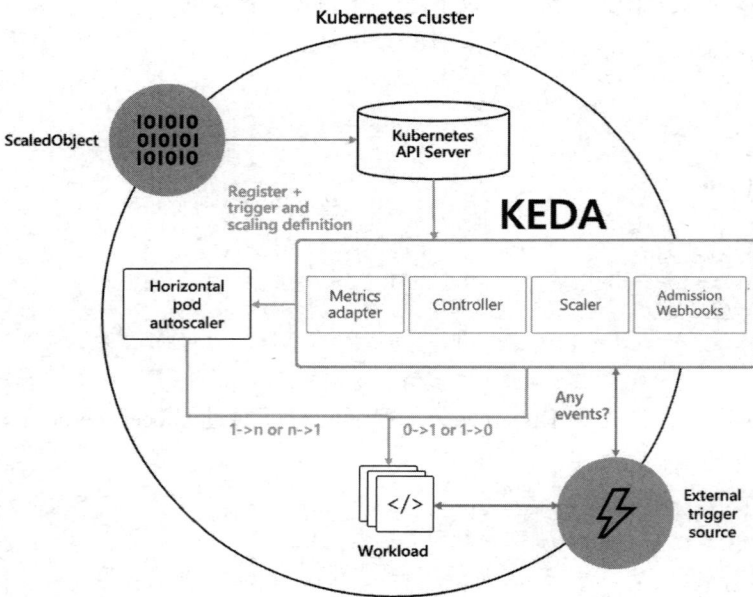

图 7-39　KEDA 是如何工作的

KEDA 内置了多种常见的 Scaler[①]，用于处理特定的事件源或指标源。以下是部分 Scaler 示例。

- 消息队列 Scaler：获取 Kafka、RabbitMQ、Azure Queue、AWS SQS 等消息队列的消息数量。
- 数据库 Scaler：获取 SQL 数据库的连接数、查询延迟等。
- HTTP 请求 Scaler：获取 HTTP 请求数量或响应时间。
- Prometheus Scaler：通过 Prometheus 获取自定义指标来触发扩缩操作，如队列长度、CPU 使用率等业务特定指标。
- 时间 Scaler：根据特定时间段触发扩缩逻辑，如每日的高峰期或夜间低峰期。

---

① 参见 https://keda.sh/docs/2.12/scalers/。

请看下面的 Kafka Scaler 配置示例，它监控某个 Kafka 主题中的消息数量。

- 当消息队列超过设定阈值时，触发扩容操作，增加 Pod 副本数量，以提高消息处理吞吐量。
- 当消息队列为空时，触发缩减操作，减少 Pod 副本数量，降低资源成本（Pod 数可缩减至 0，minReplicaCount）。

```
apiVersion: keda.sh/v1alpha1
kind: ScaledObject
metadata:
  name: kafka-scaledobject
  namespace: default
spec:
  scaleTargetRef:
    apiVersion: apps/v1
    kind: Deployment
    name: brm-index-basic
  pollingInterval: 10
  minReplicaCount: 0
  maxReplicaCount: 20
  triggers:
    - type: kafka
      metadata:
        bootstrapServers: kafka-server:9092
        consumerGroup: basic
        topic: basic
        lagThreshold: "100"
        offsetResetPolicy: latest
```

7.8.4　节点自动伸缩

业务增长（或萎缩）可能导致集群资源不足或过度冗余。如果能够根据集群资源情况自动调整节点数量，不仅能保证集群的可用性，还能最大程度降低资源成本。

CA（Cluster AutoScaler）是专门用于调整节点的组件，其功能如下。

- 自动扩展（Scale Up）：当节点资源不能满足 Pod 需求时，Cluster AutoScaler 向云服务提供商（如 GCE、GKE、Azure、AKS、AWS 等）请求创建新的节点，扩展集群容量，确保业务能够获得所需的资源。
- 自动缩减（Scale Down）：当节点资源利用率长期处于低水平（如低于 50%）时，Cluster AutoScaler 将该节点上的 Pod 调度到其他节点，然后将节点从集群中移除，避免资源浪费。

图 7-40 所示为 Cluster AutoScaler 自动缩减的原理。

Cluster Autoscaler 是 Kubernetes 官方提供的组件，但它深度依赖于公有云厂商。因此，具体的使用方法、功能和限制取决于云厂商的实现，笔者就不再过多介绍了。

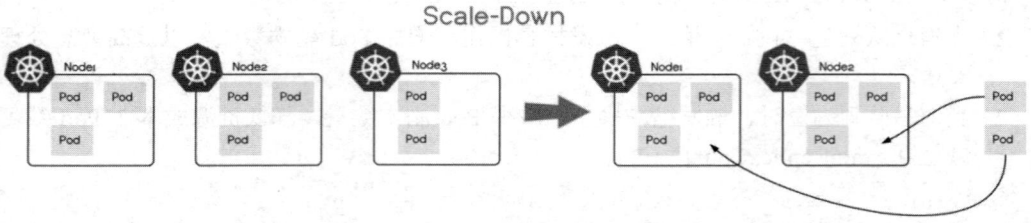

图 7-40　Cluster AutoScaler 自动缩减（Scale Down）的原理

7.9　小结

本章从 Google 内部容器系统演进作为开篇，从网络、计算、存储、调度等方面展开，深入分析了 Kubernetes 的设计原理和应用。希望能让读者在学习 Kubernetes 这个复杂而庞大的项目时，抓住其核心主线，理解其设计理念。

在笔者看来，Kubernetes 作为基础设施，设计理念有两个核心：

其一，从 API 到容器运行时的每一层，都为开发者暴露可供扩展的插件机制。通过 CNI 插件把网络功能解耦，让外部的开发社区、厂商参与容器网络的实现；通过 CSI 插件建立了一套庞大的存储生态；通过设备插件机制把物理资源的支持扩展到 GPU、FPGA、DPDK、RDMA 等各类异构设备。凭借这种开放性设计，Kubernetes 社区涌现出成千上万的插件，帮助运维工程师轻松构建强大的基础设施平台。从这一点讲，这也是 CNCF 基于 Kubernetes 能构建出一个庞大生态的原因。所以，Kubernetes 并不是一个简单的容器编排平台，而是一个分量十足的"接入层"，是云原生时代真真正正的"操作系统"。

其二，在这一开放性底层之上，Kubernetes 将各类资源统一抽象为"资源"，并通过 YAML 文件描述。这种设计使得一个 YAML 文件即可表达复杂基础设施的最终状态，并自动管理应用程序的运维。Kubernetes 隐藏了底层实现细节，屏蔽了不同平台的差异，以一致、友好、跨平台的方式将底层基础设施能力"输送"给业务工程师，正是它的设计理念的精髓所在。

接下来，将介绍基于"容器设计模式"的二次创新，也就是近几年热度极高的"服务网格"（ServiceMesh）技术。

第 8 章
服务网格技术

计算机科学中的所有问题都可以通过增加一个间接层来解决。如果不够，那就再加一层。

—— David Wheeler[1]

Kubernetes 的崛起意味着虚拟化的基础设施开始解决分布式系统软件层面的问题。Kubernetes 最早提供的应用副本管理、服务发现和分布式协同能力，实质上将构建分布式应用的核心需求，利用 Replication Controller、kube-proxy 和 etcd "下沉" 到基础设施中。然而，Kubernetes 解决问题的粒度通常局限于容器层面，容器以下的服务间通信治理（如服务发现、负载均衡、限流、熔断和加密等问题）仍需业务工程师手动处理。

在传统分布式时代，解决上述问题通常依赖于微服务治理框架（如 Spring Cloud 或 Apache Dubbo），这类框架将业务逻辑和技术方案紧密耦合。而在云原生时代，解决这些问题时，在 Pod 内注入代理型边车（Sidecar Proxy），业务对此完全无感知，显然是最 Kubernetes Native 的方式。边车代理将非业务逻辑从应用程序中剥离，服务间的通信治理由此开启了全新的进化，并最终演化出一层全新基础设施层 —— 服务网格（ServiceMesh）。

本章将回顾服务间通信的演化历程，从中理解服务网格出现的背景及其所解决的问题。然后解读服务网格数据面和控制面的分离设计，了解服务网格领域的产品生态（主要介绍 Linkerd 和 Istio）。最后，直面服务网格的缺陷（网络延迟和资源占用问题），讨论如何解决，并展望服务网格的未来。

本章内容导读如图 8-0 所示。

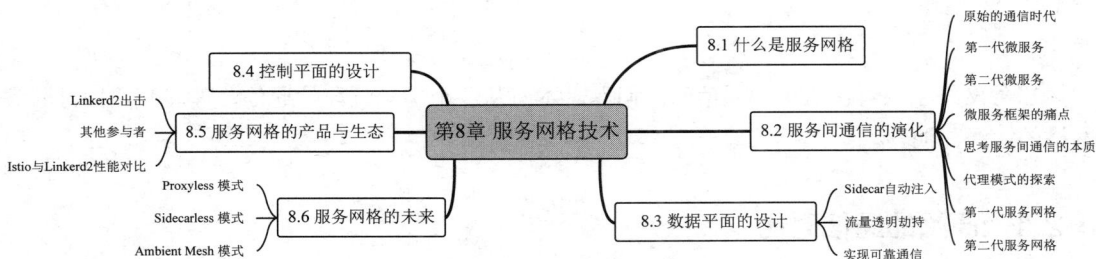

图 8-0　本章内容导读

---

[1] David Wheeler：计算机科学的先驱之一，子程序（Subroutine）的发明者，在数据压缩、安全性和加密领域有杰出的贡献。

8.1　什么是服务网格

2016 年，William Morgan 离开 Twiiter，组建了一个小型技术公司 Buoyant。不久之后，他在 Github 上发布了创业项目 Linkerd，业界第一款服务网格诞生。

那么，服务网格（Service Mesh）到底是什么？服务网格的概念最早由 William Morgan 在其博文 *What's a service mesh? And why do I need one*? 中提出。作为服务网格的创造者，引用他的定义无疑是最官方和权威的，如下：

> 服务网格是一个基础设施层，用于处理服务间通信。云原生应用有着复杂的服务拓扑，服务网格保证请求在这些拓扑中可靠地穿梭。在实际应用当中，服务网格通常是由一系列轻量级的网络代理组成的，它们与应用程序部署在一起，但对应用程序透明。

通过下述事件，感受服务网格从无到有、被社区接受、巨头入局、众人皆捧的发展历程。
- 2016 年 9 月：在 SF MicroServices 大会上，术语"服务网格"首次在公开场合提出，服务网格的概念从 Buoyant 公司内部走向社区。
- 2017 年 1 月：Linkerd 加入 CNCF，被归类到 CNCF 新设立的 Service Mesh 分类，这表明服务网格的设计理念得到了主流社区认可。
- 2017 年 4 月：Linkerd 发布 1.0 版本，服务网格实现了关键里程碑 —— 被客户接受，在生产环境中大规模应用。服务网格从"虚"转"实"。
- 2017 年 5 月：Google、IBM 和 Lyft 联合发布 Istio 0.1 版本，以 Istio 为代表的第二代服务网格登场。
- 2018 年 7 月：CNCF 发布了最新的云原生定义，将服务网格与微服务、容器、不可变基础设施等技术并列，服务网格的地位空前提升。
- 2022 年 7 月，Cilium 发布了"无边车模式"的服务网格，两个月之后，Isito 发布了全新的数据平面模式"Ambient Mesh"，服务网格的形态开始多元化。

8.2　服务间通信的演化

服务网格主要解决服务间通信治理问题。本节从各个历史阶段的通信治理展开，探讨服务网格的起源与演变。

8.2.1　原始的通信时代

先回到计算机的"远古时代"。

大约 50 年前，初代工程师编写涉及网络的应用程序，需要在业务代码中"埋入"各类网络通信的逻辑，如实现可靠连接、超时重传和拥塞控制等功能，这些功能与业务逻辑毫无关联，但不得不与业务代码混杂在一起实现。

为了解决每个应用程序都要重复实现相似的通信控制逻辑问题，TCP/IP 应运而生，它把通信控制逻辑从应用程序中剥离，并将这部分逻辑下沉，成为操作系统网络层的一部分。

在原始的通信时代，TCP/IP 的出现让我们看到这样的变化：非业务逻辑从应用程序中剥离出来，剥离出来的通信逻辑下沉成为基础设施层，如图 8-1 所示。于是，工程师的生产力被解放，各类网络应用开始遍地开花。

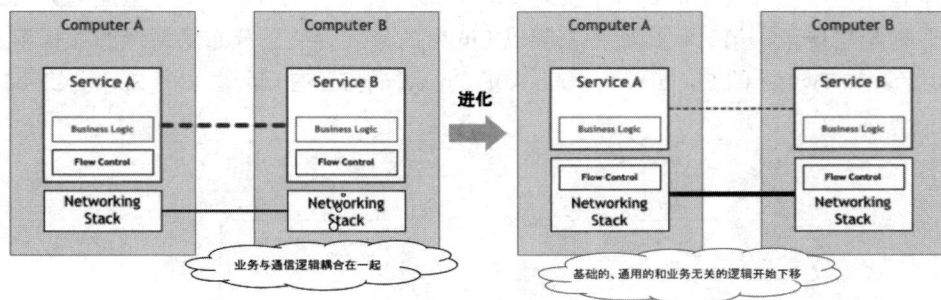

图 8-1　业务逻辑与通信逻辑解耦

8.2.2　第一代微服务

随着 TCP/IP 的出现，机器之间的网络通信不再是难题，分布式系统也由此迎来了蓬勃发展。此阶段，分布式系统特有的通信语义又出现了，如熔断策略、负载均衡、服务发现、认证与授权、灰度发布及蓝绿部署等，如图 8-2 所示。

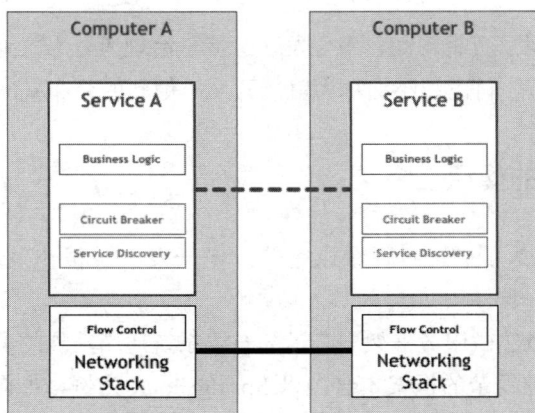

图 8-2　微服务特有的通信语义又出现了

在这一阶段，工程师实现分布式系统时，不仅需要专注于业务逻辑，还需根据业务需求实现各种分布式系统的通信语义。随着系统规模的扩大，即使是最简单的服务发现功能，逻辑也变得愈发复杂。其次，即使使用相同开发语言的另一个应用，这些分布式系统功能仍需重复实现一遍。

此刻，你是否想到了计算机"远古时代"前辈们处理网络通信的情形？

8.2.3 第二代微服务

为了避免每个应用程序都要自己实现一套分布式系统的通信语义，一些面向分布式系统的微服务框架出现了，第二代微服务框架以 Lib 库的形式封装了分布式系统的通信语义，如图 8-3 所示。如 Twitter 的 Finagle、Facebook 的 Proxygen，还有众所周知的 Spring Cloud。

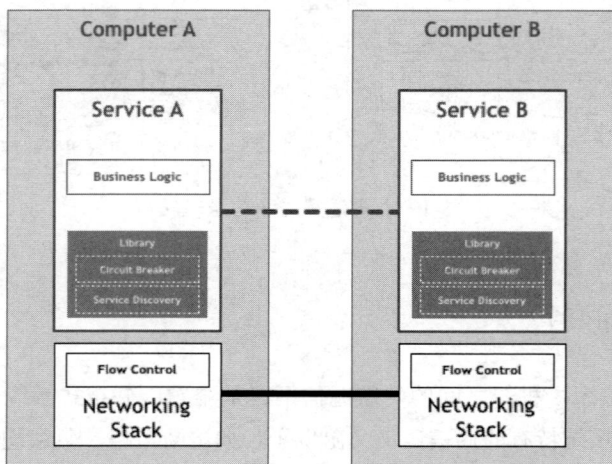

图 8-3　第二代微服务框架以 Lib 库的形式封装了分布式系统的通信语义

此类微服务框架实现了负载均衡、服务发现、流量治理等分布式通用功能。开发人员无须关注分布式系统底层细节，付出较小的精力就能开发出健壮的分布式应用。

8.2.4 微服务框架的痛点

使用微服务框架解决分布式问题看似完美，但开发人员很快发现它存在如下 3 个固有问题。

（1）技术门槛高：虽然微服务框架屏蔽了分布式系统通用功能的实现细节，但开发者却要花很多精力去掌握和管理复杂的框架本身。以 SpringCloud 为例，如图 8-4 所示，它的官网用了满满一页介绍各类通信功能的技术组件。实践过程中，工程师追踪、解决框架出现的问题绝非易事。

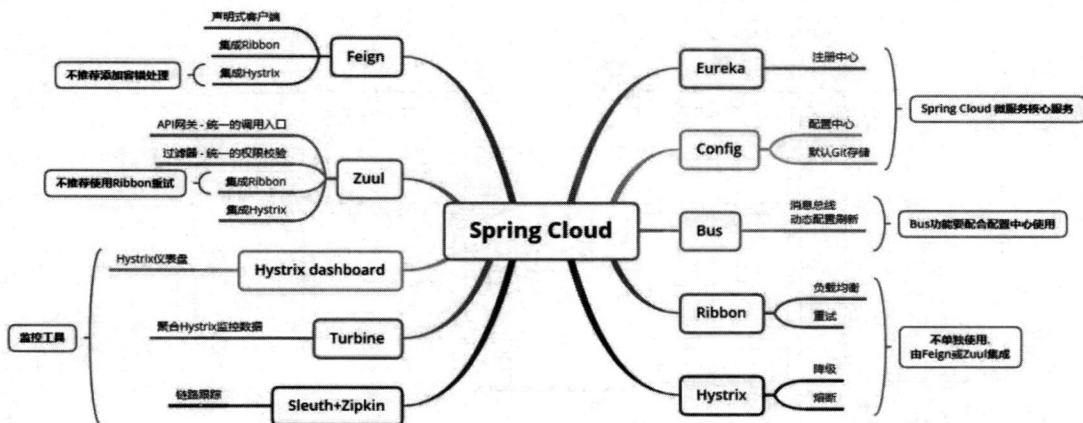

图 8-4　SpringCloud 全家桶

（2）框架无法跨语言：微服务框架通常只支持一种或几种特定的编程语言，而微服务的关键特性是与编程语言无关。如果使用的编程语言框架不支持，则很难融入这类微服务的架构体系。因此，微服务架构所提倡的"因地制宜用多种编程语言实现不同模块"，也就成了空谈。

（3）框架升级困难：微服务框架以 Lib 库的形式和服务联编，当项目非常复杂时，处理依赖库版本、版本兼容问题将非常棘手。同时，微服务框架的升级也无法对服务透明。服务稳定的情况下，工程师普遍不愿意升级微服务框架。大部分情况是，微服务框架某个版本出现 Bug 时，才被迫升级。

站在企业组织的角度思考，技术重要还是业务重要？每个工程师都是分布式专家固然好，但又不现实。因此，当企业实施微服务架构时，会看到业务团队每天处理大量的非业务逻辑，相似的技术问题总在不停上演。

8.2.5　思考服务间通信的本质

实施微服务架构时，需要解决问题（服务注册、服务发现、负载均衡、熔断、限流等）的本质是保证服务间请求的可靠传递。站在业务的角度来看，无论上述逻辑设计得多么复杂，都不会影响业务请求本身的业务语义与业务内容发生任何变化，实施微服务架构的技术挑战和业务逻辑没有任何关系。

回顾前面提到的 TCP/IP 案例，思考服务间的通信是否也能像 TCP 协议栈那样："人们基于 HTTP 开发复杂的应用，无须关心底层 TCP 如何控制数据包"。如果能把服务间通信剥离并下沉到微服务基础层，工程师将不再浪费时间编写基础设施层的代码，而是将充沛的精力聚焦在业务逻辑上，如图 8-5 所示。

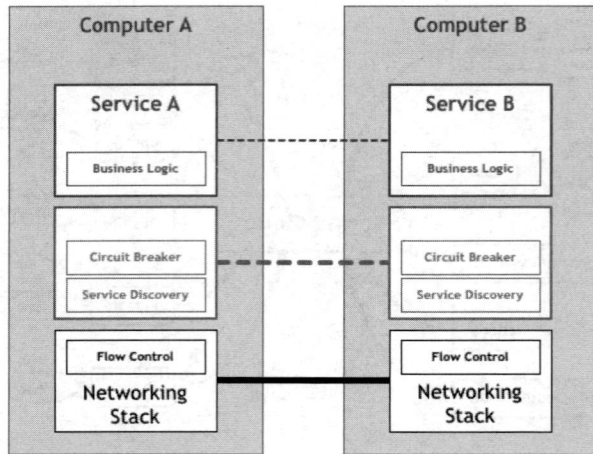

图 8-5　将服务间通信逻辑剥离，并下沉成为微服务基础设施层

8.2.6　代理模式的探索

最开始，探路者尝试过使用"代理"（Proxy）的方案，如使用 Nginx 代理配置上游、负载均衡的方式处理部分通信逻辑。

图 8-6 所示为初代 Sidecar 模式的探索。

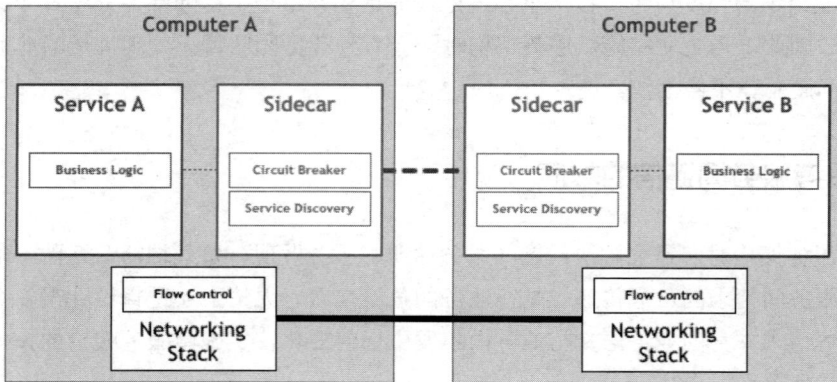

图 8-6　初代 Sidecar 模式的探索

虽然这种方式和微服务关系不大，功能也简陋，但它提供了一个新颖的思路："在服务器端和客户端之间插入一个中间层，避免两者直接通信，所有的流量经过中间层的代理，代理实现服务间通信的某些特性。"

受限于传统代理软件功能不足，在参考代理模式的基础上，市场上开始陆陆续续出现"边车代理"（Sidecar）模式的产品，如 Airbnb 的 Nerve & Synaps、Netflix 的 Prana。这些产品的功能对齐原侵入式框架的各类功能，实现上也大量重用了它们的代码、逻辑。

但是此类边车代理存在局限性：它们往往被设计成与特定的基础设施组件配合使用。例如，Airbnb 的 Nerve & Synapse，要求服务发现必须使用 Zookeeper，Prana 则限定使用 Netflix 自家的服务发现框架 Eureka。

因此，该阶段的边车代理局限在某些特定架构体系中，谈不上通用性。

8.2.7　第一代服务网格

2016 年 1 月，William Morgan 和 Oliver Gould 离开 Twitter，开启了他们的创业项目 Linkerd。早期的 Linkerd 借鉴了 Twtter 开源的 Finagle 项目，并重用了大量的 Finagle 代码。

- 设计思路上：Linkerd 将分布式服务的通信逻辑抽象为单独一层，在这一层中实现负载均衡、服务发现、认证授权、监控追踪、流量控制等必要功能。
- 具体实现上：Linkerd 作为和服务对等的代理服务（Sidecar）和服务部署在一起，接管服务的流量。

Linkerd 开创先河，不绑定任何基础架构或某类技术体系，实现了通用性，成为业界第一个服务网格项目。同期的服务网格代表产品还有 Lyft（和 Uber 类似的打车软件）公司的 Envoy（Envoy 是 CNCF 内继 Kubernetes、Prometheus 第三个孵化成熟的项目），如图 8-7 所示。

Linkerd
- 2016年1月发布 0.0.7 版本
- 2017年1月加入 CNCF

Envoy
- 2016年9月发布 1.0 版本
- 2017年9月加入 CNCF

图 8-7　第一代服务网格产品 Linkerd 和 Envoy

8.2.8　第二代服务网格

第一代服务网格由一系列独立运行的代理型服务（Sidecar）构成，但并没有思考如何系统化管理这些代理服务。为了提供统一的运维入口，服务网格继续演化出了集中式的控制面板（Control Plane）。

典型的第二代服务网格以 Google、IBM 和 Lyft 联合开发的 Istio 为代表。根据 Istio 的总体架构（见图 8-8），第二代服务网格由两大核心组成部分：一系列与微服务共同部署的边车代理（称为数据平面），以及用于管理这些代理的控制器（称为控制平面）。控制器向代理下发路由、熔断策略、服务发现等策略信息，代理根据这些策略处理服务间的请求。

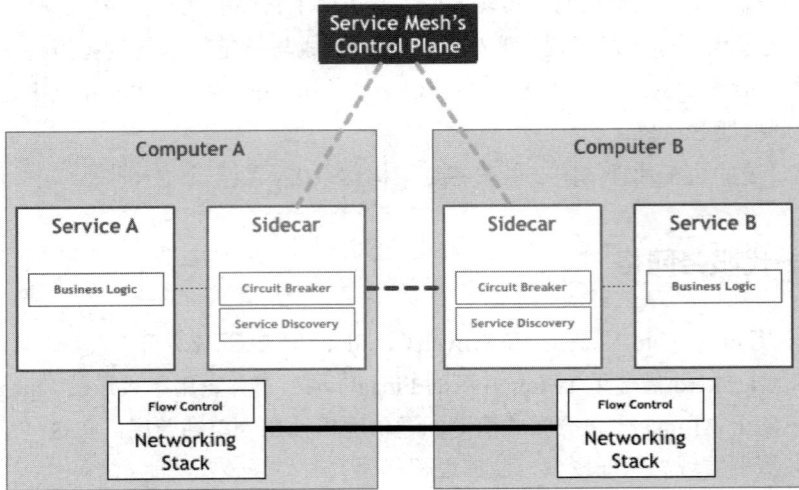

图 8-8　增加了控制平面（Control Plane）的第二代服务网格

只看代理组件（下方浅蓝色的方块）和控制面板（顶部深蓝色的长方形），它们之间的关系形成如图 8-9 所示的网格形象状，这也是服务网格命名的由来。

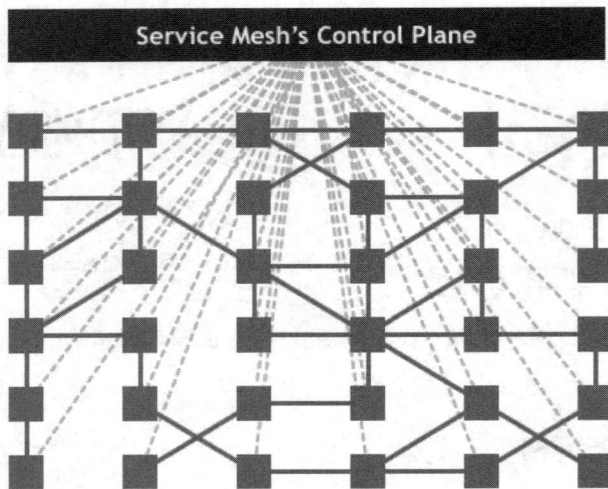

图 8-9　服务网格的控制平面通信与数据平面之间的通信

至此，我们见证了 5 个时代的变迁。大家一定清楚了服务网格技术到底是什么，以及是如何一步步演化成今天这样的形态。现在，重新看 William Morgan 对服务网格的定义：

> 服务网格是一个基础设施层，用于处理服务间通信。云原生应用有着复杂的服务拓扑，服务网格保证请求在这些拓扑中可靠地穿梭。在实际应用当中，服务网格通常是由

一系列轻量级的网络代理组成的，它们与应用程序部署在一起，但对应用程序透明。

再来理解定义中的 4 个关键词。

- 基础设施层 + 请求在这些拓扑中可靠穿梭：这两个词加起来描述了服务网格的定位和功能，是否似曾相识？没错，你一定想到了 TCP 协议。
- 网络代理：描述了服务网格的实现形态。
- 对应用程序透明：描述了服务网格的关键特点，正是由于这个特点，服务网格能够解决以 Spring Cloud 为代表的第二代微服务框架所面临的 3 个本质问题。

8.3　数据平面的设计

服务间通信治理并非复杂的技术，服务网格之所以备受追捧，正是因为它能够自动化实现这一过程，且对应用完全透明。接下来，笔者将从边车代理（Sidecar）自动注入、请求透明劫持和可靠通信实现 3 个方面探讨数据平面的设计原理。

8.3.1　Sidecar 自动注入

使用过 Istio 的读者一定知道，在带有 istio-injection: enabled 标签的命名空间中创建 Pod 时，Kubernetes 会自动为其注入一个名为 istio-proxy 的边车容器。这套机制的核心在于 Kubernetes 的准入控制器。

🔍

Kubernetes 准入控制器会拦截 Kubernetes API Server 接收到的请求，在资源对象被持久化到 etcd 之前，对其进行校验和修改。准入控制器分为如下两类。

- Validating 类型准入控制器：用于校验请求，无法修改对象，但可以拒绝不符合特定策略的请求。
- Mutating 类型准入控制器：在对象创建或更新时，可以修改资源对象。

Istio 预先在 Kubernetes 集群中注册了一个类型为 Mutating 类型的准入控制器，它包含以下内容。

- Webhook 服务地址：指向运行注入逻辑的 Webhook 服务，如 Istio 的 istio-sidecar-injector。
- 匹配规则：定义哪些资源和操作会触发该 Webhook，如针对 Pod 创建请求（operations: ["CREATE"]）。
- 注入条件：通过 Label（istio-injection: enabled）或 Annotation 决定是否注入某些 Pod。

Istio 的准入控制器内容如下：

```
apiVersion: admissionregistration.k8s.io/v1
kind: MutatingWebhookConfiguration
metadata:
  name: sidecar-injector
webhooks:
  - name: sidecar-injector.example.com
    admissionReviewVersions: ["v1"]
    clientConfig:
      service:
        name: sidecar-injector-service
        namespace: istio-system
        path: "/inject"
    rules:
      - apiGroups: [""]
        apiVersions: ["v1"]
        resources: ["pods"]
        operations: ["CREATE"]
    namespaceSelector:
      matchLabels:
        istio-injection: enabled
```

8.3.2 流量透明劫持

Isito 通过准入控制器，还会注入一个名为 istio-init 的初始化容器，它的配置如下：

```
initContainers:
  - name: istio-init
    image: docker.io/istio/proxyv2:1.13.1
    args: ["istio-iptables", "-p", "15001", "-z", "15006", "-u", "1337", "-m",
"REDIRECT", "-i", "*", "-x", "", "-b", "*", "-d", "15090,15021,15020"]
```

在上述配置中，istio-init 容器的入口命令为 istio-iptables，该命令配置了一系列 iptables 规则，用于拦截并重定向除特定端口（如 15090、15021、15020）外的流量到 Istio 的边车代理（Envoy）。

- 对于入站（Inbound）流量，会被重定向到边车代理监听的端口（通常为 15006）。
- 对于出站（Outbound）流量，会被重定向到边车代理监听的另一个端口（通常为 15001）。

通过 iptables -t nat -L -v 命令查看 istio-iptables 添加的 iptables 规则，代码如下：

```
# 查看 NAT 表中规则配置的详细信息
$ iptables -t nat -L -v
# PREROUTING 链：用于目标地址转换（DNAT），将所有入站 TCP 流量跳转到 ISTIO_INBOUND 链上
Chain PREROUTING (policy ACCEPT 0 packets, 0 bytes)
 pkts bytes target       prot opt in     out     source               destination
    2   120 ISTIO_INBOUND tcp -- any    any    anywhere             anywhere

# INPUT 链：处理输入数据包，非 TCP 流量将继续 OUTPUT 链
```

```
Chain INPUT (policy ACCEPT 2 packets, 120 bytes)
 pkts bytes target      prot opt in      out     source              destination

# OUTPUT 链：将所有出站数据包跳转到 ISTIO_OUTPUT 链上
Chain OUTPUT (policy ACCEPT 41146 packets, 3845K bytes)
 pkts bytes target      prot opt in      out     source              destination
   93  5580 ISTIO_OUTPUT tcp -- any     any     anywhere            anywhere

# POSTROUTING 链：所有数据包流出网卡时都要先进入 POSTROUTING 链，内核根据数据包目的地判断是
否需要转发出去，此处未做任何处理
Chain POSTROUTING (policy ACCEPT 41199 packets, 3848K bytes)
 pkts bytes target      prot opt in      out     source              destination

# ISTIO_INBOUND 链：将所有目的地为 9080 端口的入站流量重定向到 ISTIO_IN_REDIRECT 链上
Chain ISTIO_INBOUND (1 references)
 pkts bytes target      prot opt in      out     source              destination
    2   120 ISTIO_IN_REDIRECT tcp -- any     any     anywhere  anywhere  tcp dpt:9080

# ISTIO_IN_REDIRECT 链：将所有的入站流量跳转到本地的 15006 端口，至此，成功拦截了流量到 Envoy
Chain ISTIO_IN_REDIRECT (1 references)
 pkts bytes target      prot opt in      out     source              destination
    2   120 REDIRECT    tcp -- any     any anywhere anywhere      redir ports 15006
# ISTIO_OUTPUT 链：选择需要重定向到 Envoy（即本地）的出站流量，所有非 localhost 的流量全
部转发到 ISTIO_REDIRECT。为了避免流量在该 Pod 中无限循环，所有到 istio-proxy 用户空间的流量都
返回到它的调用点中的下一条规则，本例中即 OUTPUT 链，因为跳出 ISTIO_OUTPUT 规则之后就进入下一条链
POSTROUTING。如果目的地非 localhost 就跳转到 ISTIO_REDIRECT；如果流量是来自 istio-proxy 用户
空间的，那么就跳出该链，返回它的调用链继续执行下一条规则（OUPT 的下一条规则，无须对流量进行处理）；所
有的非 istio-proxy 用户空间的目的地是 localhost 的流量就跳转到 ISTIO_REDIRECT
Chain ISTIO_OUTPUT (1 references)
 pkts bytes target      prot opt in      out     source              destination
    0     0 ISTIO_REDIRECT all -- any    lo      anywhere            !localhost
   40  2400 RETURN      all -- any     any     anywhere            anywhere
 owner UID match istio-proxy
    0     0 RETURN      all -- any     any     anywhere
  anywhere                      owner GID match istio-proxy
    0     0 RETURN      all -- any     any     anywhere            localhost
   53  3180 ISTIO_REDIRECT all -- any    any     anywhere            anywhere

# ISTIO_REDIRECT 链：将所有流量重定向到 Envoy（即本地）的 15001 端口
Chain ISTIO_REDIRECT (2 references)
 pkts bytes target      prot opt in      out     source              destination
   53  3180 REDIRECT    tcp -- any     any     anywhere
  anywhere                      redir ports 15001
```

结合图 8-10 进一步理解上述 iptables 自定义链（以 ISTIO_ 开头）处理流量的逻辑。

使用 iptables 实现流量劫持是最经典的方式。不过，客户端 Pod 和服务端 Pod 之间的网络数据路径需要至少经过 3 次 TCP/IP 堆栈（出站、客户端边车代理到服务端的边车代理、入站）。如何降低流量劫持的延迟和资源消耗，是服务网格未来的主要研究方向，笔者将在 8.5 节探讨这一问题。

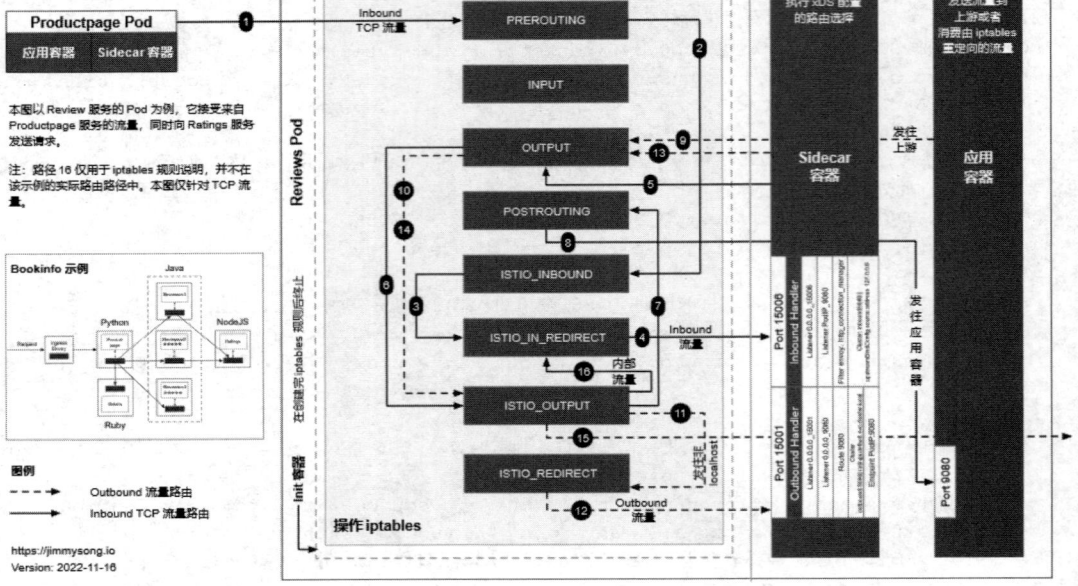

图 8-10　Istio 透明流量劫持示意图 [①]

8.3.3　实现可靠通信

通过 iptables 劫持的流量，将转发至边车代理，边车代理根据配置接管应用程序之间的通信。

传统的代理（如 HAProxy 或 Nginx）依赖静态配置文件来定义资源和数据转发规则，而 Envoy 则几乎所有配置都可以动态获取。Envoy 将代理转发行为的配置抽象为 3 类资源：Listener、Cluster 和 Router，并基于这些资源定义了一系列标准数据面 API，用于发现和操作这些资源，这套标准数据面 API 被称为 xDS。xDS 的全称是 x Discovery Service，x 指的是表 8-1 中的协议族。

表 8-1　xDS v3.0 协议族

简　　写	全　　称	描　　述
LDS	Listener Discovery Service	监听器发现服务
RDS	Route Discovery Service	路由发现服务
CDS	Cluster Discovery Service	集群发现服务
EDS	Endpoint Discovery Service	集群成员发现服务

① 图片来源：https://jimmysong.io/blog/sidecar-injection-iptables-and-traffic-routing/。

简　　写	全　　称	描　　述
ADS	Aggregated Discovery Service	聚合发现服务
HDS	Health Discovery Service	健康度发现服务
SDS	Secret Discovery Service	密钥发现服务
MS	Metric Service	指标服务
RLS	Rate Limit Service	限流发现服务
LRS	Load Reporting service	负载报告服务
RTDS	Runtime Discovery Service	运行时发现服务
CSDS	Client Status Discovery Service	客户端状态发现服务
ECDS	Extension Config Discovery Service	扩展配置发现服务
xDS	X Discovery Service	以上诸多 API 的统称

每个 xDS 协议都包含大量的内容，笔者无法一一详述。但通过这些协议操作的资源，再结合图 8-11 理解，可大致说清楚它们的工作原理。

- Listener：Listener 可以理解为 Envoy 打开的一个监听端口，用于接收来自 Downstream（下游服务，即客户端）的连接。每个 Listener 配置中核心包括监听地址、插件（Filter）等。Envoy 支持多个 Listener，不同 Listener 之间几乎所有的配置都是隔离的。

Listener 对应的发现服务称为 LDS。LDS 是 Envoy 正常工作的基础，没有 LDS，Envoy 就不能实现端口监听，其他所有 xDS 服务也失去了作用。

- Cluster：在 Envoy 中，每个 Upstream（上游服务，即业务后端，具体到 Kubernetes，则对应某个 Service）被抽象成一个 Cluster。Cluster 包含该服务的连接池、超时时间端口、类型等。

Cluster 对应的发现服务称为 CDS。一般情况下，CDS 服务会将其发现的所有可访问服务全量推送给 Envoy。与 CDS 紧密相关的另一种服务称为 EDS。CDS 服务负责 Cluster 资源的推送。当该 Cluster 类型为 EDS 时，说明该 Cluster 的所有 endpoints 需要由 xDS 服务下发，而不使用 DNS 等去解析。下发 endpoints 的服务就称为 EDS。

- Router：Listener 接收来自下游的连接，Cluster 将流量发送给具体的上游服务，而 Router 定义了数据分发的规则，决定 Listener 在接收到下游连接和数据之后，应该将数据交给哪个 Cluster 处理。虽然说 Router 大部分时候都可以默认理解为 HTTP 路由，但是 Envoy 支持多种协议，如 Dubbo、Redis 等，所以，此处的 Router 泛指所有用于桥接 Listener 和后端服务（不限定 HTTP）的规则与资源集合。

Route 对应的发现服务称为 RDS。Router 中最核心的配置包含匹配规则和目标 Cluster。此外，也可能包含重试、分流、限流等。

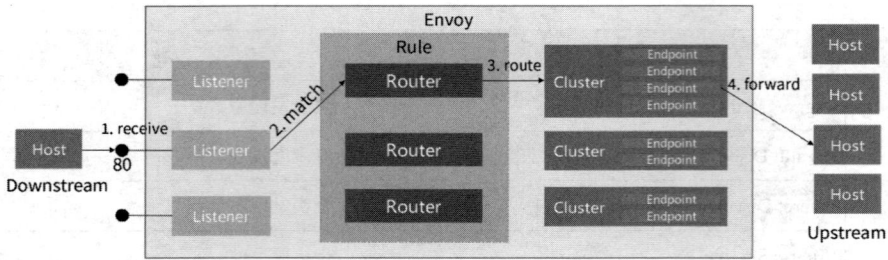

图 8-11　Envoy 的工作原理

Envoy 的另一项重要设计是其可扩展的 Filter 机制，通俗来讲就是 Envoy 的插件系统。

Envoy 的插件机制允许开发者通过基于 xDS 的数据流管道，插入自定义逻辑，从而扩展和定制 Envoy 的功能。Envoy 的很多核心功能是通过 Filter 实现的。例如，HTTP 流量的处理和服务治理依赖两个关键插件——HttpConnectionManager（网络 Filter，负责协议解析）和 Router（负责流量分发）。通过 Filter 机制，Envoy 理论上能够支持任意协议，并对请求流量进行全面修改和定制。

8.4　控制面的设计

本节继续以 Istio 的架构为例，探讨控制平面的设计。

Istio 自发布首个版本以来，就有一套堪称优雅的架构设计，它的架构由数据面和控制面两部分组成，前者通过代理组件 Envoy 负责流量处理；后者根据功能职责不同，由多个微服务（如 Pilot、Galley、Citadel、Mixer）组成。

Istio 控制面组件的拆分设计看似充分体现了微服务架构的优点，如职责分离、独立部署和伸缩能力，但在实际场景中，并未实现预期的效果。其存在的问题如下：

> 当业务调用出现异常时，由于接入了服务网格，工程师就需要排查控制面内各个组件的健康状态：首先检查 Pilot 是否正常工作、配置是否正确下发至 Sidecar；然后检查 Galley 是否正常同步服务实例信息；同时，还需要确认 Sidecar 是否成功注入。
>
> 一方面，控制面组件的数量越多，排查问题时需要检查的故障点也就越多；另一方面，过多的组件设计也会增加部署、维护的复杂性。

服务网格被誉为下一代微服务架构，用来解决微服务间的运维管理问题。但在服务网格的设计过程中，又引入了一套新的微服务架构，这岂不是用一种微服务架构设计的系统来解决另一种微服务架构的治理问题。那么，谁来解决 Istio 系统本身的微服务架构问题呢？

在 Istio 推出 3 年后，即 Istio 1.5 版本，开发团队对控制面架构进行了重大调整，摒弃了之前的设计，转而采用了"复古"的单体架构。组件 istiod 整合了 Pilot、Citadel 和 Galley 的功能，以单个二进制文件的形式部署，承担起之前组件的所有职责，如图 8-12 所示。

- 服务发现与配置分发：从 Kubernetes 等平台获取服务信息，将路由规则和策略转换为 xDS 协议，下发至 Envoy 代理。
- 流量管理：管理流量路由规则，包括负载均衡、分流、镜像、熔断、超时与重试等功能。
- 安全管理：生成、分发和轮换服务间的身份认证证书，确保双向 TLS 加密通信、基于角色的访问控制（RBAC）和细粒度的授权策略，限制服务间的访问权限。
- 观测支持：协助 Envoy 采集系统输出的遥测数据（日志、指标、追踪），并将数据发送到外部监控系统（如 Prometheus、Jaeger、OpenTelemetry 等）。
- 配置验证与管理：验证用户提交的网格配置，并将其分发到数据平面，确保一致性和正确性。

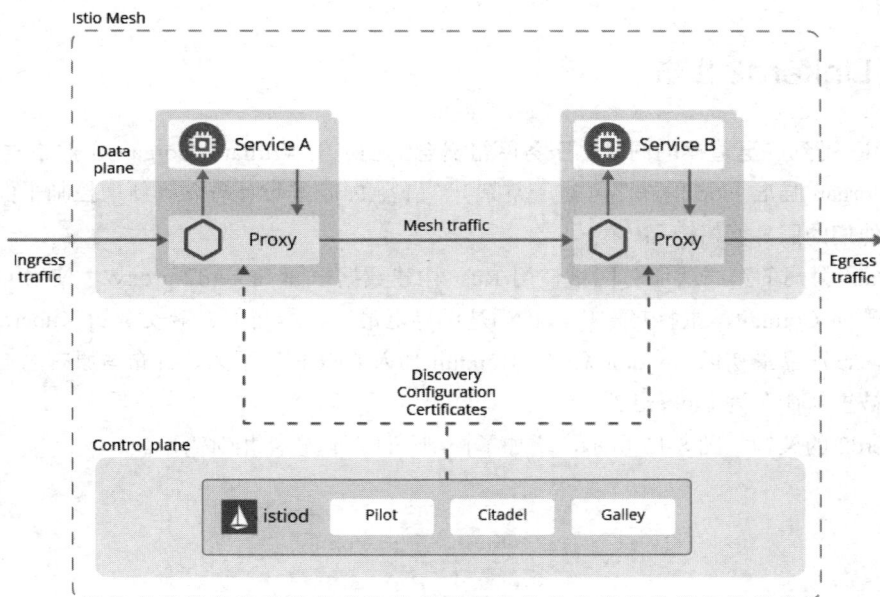

图 8-12　Istio 架构及各个组件

　　Istio 1.5 版本的架构变化，实际上是将原有的多进程设计转换为单进程模式，以最小的成本实现最高的运维收益。

- 运维配置变得更加简单，用户只需要部署或升级一个单独的服务组件。
- 更加容易排查错误，因为不需要再横跨多个组件去排查各种错误。
- 更加利于做灰度发布，因为是单一组件，可以非常灵活地切换至不同的控制面。
- 避免了组件间的网络开销，因为组件内部可直接共享缓存、配置等，也会降低资源开销。

　　通过以上分析，你是否对 Istio 控制平面的拆分架构有了新的理解？看似优雅的架构设计，落地过程中往往给工程师带来意料之外的困难。正如一句老话："没有完美的架构，只有最合适的架构！"

8.5　服务网格的产品与生态

2016 年，Buoyant 公司发布了 Linkerd。Matt Klein 离开 Twitter 并加入 Lyft，启动了 Envoy 项目。第一代服务网格稳步发展时，世界另一角落，Google 和 IBM 两个巨头联手，与 Lyft 一起启动了第二代服务网格 Istio。

- 以 Linkerd 为代表的第一代服务网格，通过边车代理控制微服务间的流量。
- 以 Istio 为代表的第二代服务网格，新增控制平面，管理了所有边车代理。于是，Istio 对微服务系统掌握了前所未有的控制力。

依托行业巨头的背书与创新的控制平面设计理念，让 Istio 得到极大的关注和发展，并迅速成为业界落地服务网格的主流选择。

8.5.1　Linkerd2 出击

在 Istio 受到广泛追捧的同时，服务网格概念的创造者 William Morgan 自然不甘心出局。William Morgan 瞄准 Istio 的缺陷（过于复杂），借鉴 Istio 的设计理念（新增控制平面），开始重新设计他们的服务网格产品。

Buoyant 公司的第二代服务网格使用 Rust 构建数据平面 linkerd2-proxy ，使用 Go 语言开发了控制平面 Conduit，主打轻量化，目标是世界上最轻、最简单、最安全的 Kubernetes 专用服务网格。该产品最初以 Conduit 命名，Conduit 加入 CNCF 后不久，宣布与原有的 Linkerd 项目合并，被重新命名为 Linkerd 2[①]。

Linkerd2 的架构如图 8-13 所示，增加了控制平面，但整体相对简单。

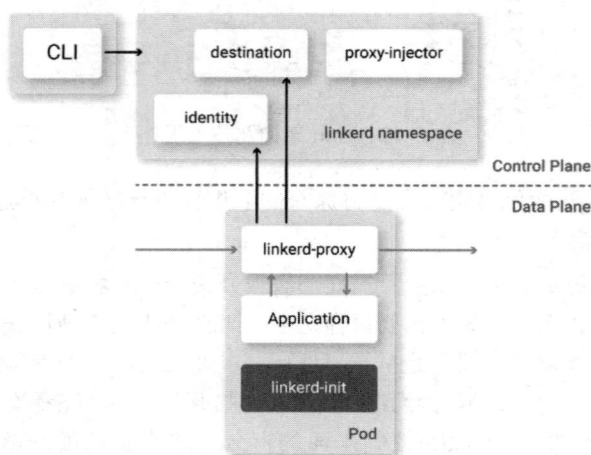

图 8-13　Linkerd2 架构及各个组件

---

① 参见 https://github.com/linkerd/linkerd2。

- 控制层面组件只有 destination（类似 Istio 中的 Pilot 组件）、identity（类似 Istio 中的 Citadel）和 proxy injector（代理注入器）。
- 数据平面中 linkerd-init 设置 iptables 规则拦截 Pod 中的 TCP 连接，linkerd-proxy 实现对所有的流量管控（负载均衡、熔断等）。

8.5.2　其他参与者

能明显影响微服务格局的新兴领域，除了头部的 Linkerd2、Istio 玩家，又怎么少得了传统的 Proxy 玩家。

先是远古玩家 Nginx 祭出自己新一代的产品 Nginx ServiceMesh，理念是简化版的服务网格。接着，F5 Networks 公司顺势推出商业化产品 Aspen Mesh，定位企业级服务网格。随后，API 网关独角兽 Kong 推出了 Kuma，主打通用型服务网格。有意思的是，Kong 选择了 Envoy 作为数据平面，而非它自己的内核 OpenResty。

与 William Morgan 使用 Istio 策略不同，绝大部分在 Proxy 领域根基深厚的玩家，从一开始就没有想过做一套完整服务网格，而是选择实现 xDS 协议或基于 Istio 扩展，作为 Istio 的数据平面出现。

截至 2023 年，经过 8 年的发展，服务网格的产品生态如图 8-14 所示。虽然有众多的选手，但就社区活跃度而言，Istio 和 Linkerd 还是牢牢占据了头部地位。

图 8-14　CNCF 下服务网格领域生态

8.5.3　Istio 与 Linkerd2 性能对比

2019 年，云原生技术公司 Kinvolk 发布了一份 Linkerd2 与 Istio 的性能对比报告。报告显示，Linkerd 在延迟和资源消耗方面明显优于 Istio[1]。

两年之后，Linkerd 与 Istio 都发布了多个更成熟的版本，两者的性能表现如何？笔者引用 William Morgan 文章 *Benchmarking Linkerd and Istio*[2] 中的数据，向读者介绍 Linkerd v2.11.1、

---

[1]　这项测试工作还诞生了服务网格基准测试工具 service-mesh-benchmark，以便任何人都可以复核结果。详见 https://github.com/kinvolk/service-mesh-benchmark。

[2]　基于 Kinvolk 模仿现实场景，延迟数据从客户端的角度测量，而不是内部的代理时间。详见 https://linkerd.io/2021/05/27/linkerd-vs-istio-benchmarks/。

Istio v1.12.0 两个项目之间延迟与资源消耗的表现。

首先是网络延迟的对比。如图 8-15 所示，在中位数（P50）延迟上，Linkerd 在 6ms 的基准延迟基础上增加了 6ms，而 Istio 增加了 15ms。值得注意的是，从 P90 开始，两者的差异明显扩大。在最极端的 Max 数据上，Linkerd 在 25ms 的基准延迟上增加了 25ms，而 Istio 则增加了 5 倍，达到 253ms 的额外延迟。

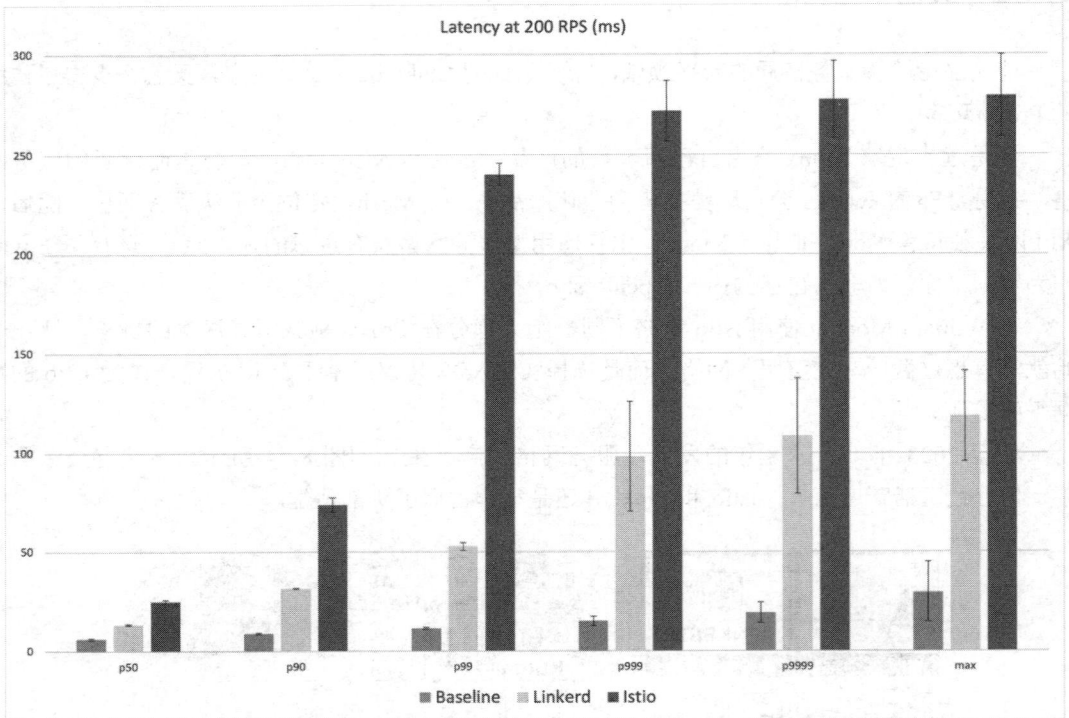

图 8-15　Baseline、Linkerd 与 Istio 的延迟对比 [1]

接下来是资源消耗的对比。如图 8-16 所示，Linkerd 代理的最大内存消耗为 26MB，而 Istio 的 Envoy 代理则为 156.2MB，是 Linkerd 的 6 倍。此外，Linkerd 的最大代理 CPU 时间为 36ms，而 Istio 的代理 CPU 时间为 67ms，比前者多出 85%。

Linkerd 和 Istio 在性能和资源成本上的显著差异，要归因于 Linkerd2-proxy，该代理为 Linkerd 的整个数据平面提供动力。因此。上述基准测试很大程度上反映了 Linkerd2-proxy 与 Envoy 之间的性能和资源消耗对比。

虽然 Linkerd2-proxy 性能卓越，但使用的编程语言 Rust 相对小众，开源社区的贡献者数量稀少。截至 2024 年 6 月，Linkerd2-proxy 的贡献者仅有 53 人，而 Envoy 的贡献者则高达 1,104 人。此外，Linkerd2-proxy 不支持服务网格领域的 xDS 控制协议，其未来发展将高度依赖于 Linkerd 本身的进展。

---

[1]　数据来源：https://linkerd.io/2021/11/29/linkerd-vs-istio-benchmarks-2021/。

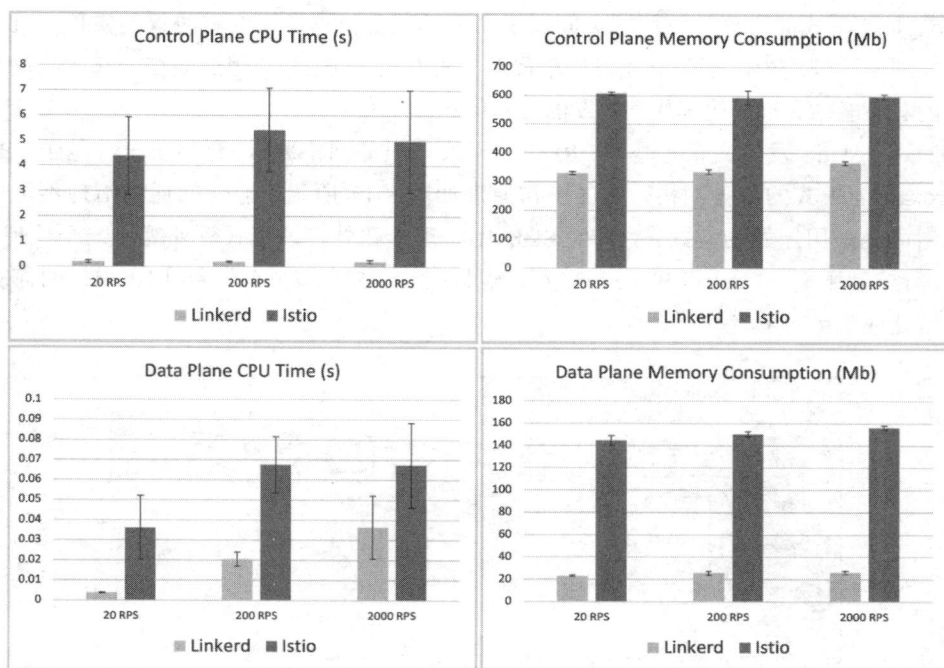

图 8-16　Linkerd 与 Istio 资源消耗对比

8.6　服务网格的未来

随着服务网格的逐步落地，边车代理的缺点也逐渐显现。

- 网络延迟问题：服务网格通过 iptables 拦截服务间的请求，将原本的 A → B 通信改为 A →（iptables+Sidecar）→（iptables+Sidecar）→ B，调用链的增加导致了额外的性能损耗。尽管边车代理通常只会增加毫秒级（个位数）的延迟，但对性能要求极高的业务来说，额外的延迟是放弃服务网格的主要原因。
- 资源占用问题：边车代理作为一个独立的容器，必然占用一定的系统资源，对于超大规模集群（如有数万个 Pod）来说，巨大的基数使边车代理占用资源总量变得相当可观。

为了解决上述问题，开发者开始思考："是否应该将服务网格与边车代理画等号？"并开始探索服务网格形态上的其他可能性。

8.6.1　Proxyless 模式

既然问题出自代理，那么就把代理去掉，这就是 Proxyless（无代理）模式。

Proxyless 模式的思想如下：服务间通信总依赖某种协议，那么将协议的实现（SDK）扩展，增加通信治理能力，不就能代替边车代理了吗？且 SDK 和应用封装在一起，不仅有更优异的性能，还能彻底解决边车代理引发的延迟问题。

2021 年，Istio 发表文章《基于 gRPC 的无代理服务网格》[①]，介绍了一种基于 gRPC 实现的 Proxyless 模式的服务网格。它的工作原理如图 8-17 所示，服务间通信治理不再依赖边车代理，而是采用原始的方式在 gRPC SDK 中实现。此外，该模式额外需要一个代理（Istio Agent）与控制平面（Control Plane）交互，告知 gRPC SDK 如何连接到 Istiod、如何获取证书、如何处理流量的策略等。

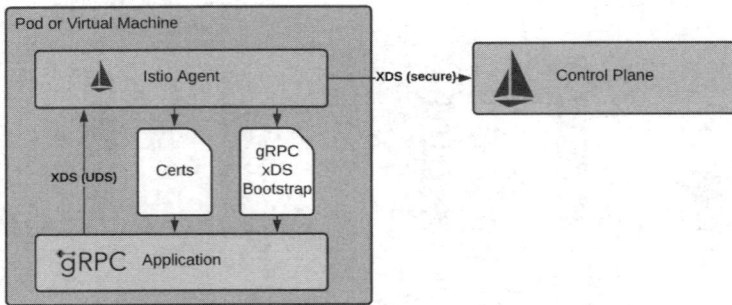

图 8-17　Proxyless 模式的工作原理

相比边车代理模式（包括 envoy-envoy-plaintext 和 envoy-envoy-mtls 两种，见图 8-18），Proxyless 模式（包括 Proxyless_to_proxyless_plaintext 和 proxyless_to_proxyless_mtls 两种）在性能、稳定性、资源消耗低等方面具有明显的优势。根据官方公布的性能测试报告来看，Proxyless 模式的延迟接近"基准"（baseline），资源消耗也相对较低，如图 8-18 所示。

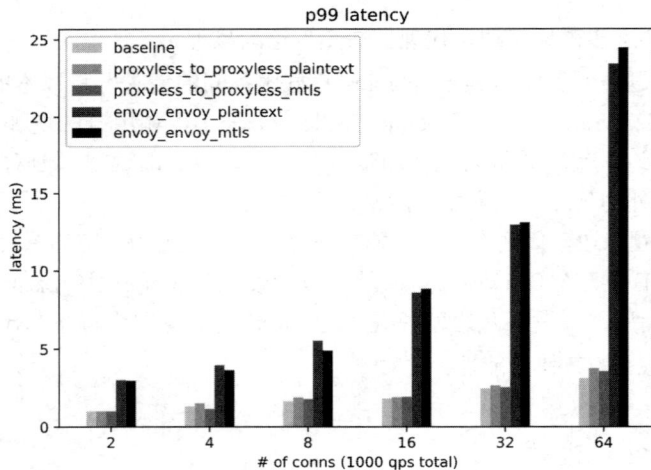

图 8-18　Proxyless 性能测试报告（结果越低越好）

① 参见 https://istio.io/latest/zh/blog/2021/proxyless-grpc/。

Proxyless 模式与传统 SDK 并无本质区别，只是在库中内嵌了通信治理逻辑，也继承了传统 SDK 服务框架的固有缺陷。因此，许多人认为 Proxyless 模式实际上是一种倒退，是以传统方式重新解决服务间通信的问题。

8.6.2　Sidecarless 模式

既然有了 Proxyless 模式，也不妨再多一个 Sidecarless 模式（无边车模式）。

2022 年 7 月，专注于容器网络领域的开源软件 Cilium 发布了 v1.12 版本。该版本最大的亮点是实现了一种无边车模式的服务网格。

经过 eBPF 加速的服务网格和传统服务网格的区别如图 8-19 所示。在 Cilium 无边车模式下，Cilium 在节点中运行一个共享的 Envoy 实例，作为所有容器的代理，从而避免了每个 Pod 配置独立边车代理的需求。通过 Cilium CNI 提供的底层网络能力，当业务容器的数据包经过内核时，它们与节点中的共享代理进行连接，进而构建出一种全新的服务网格形态。

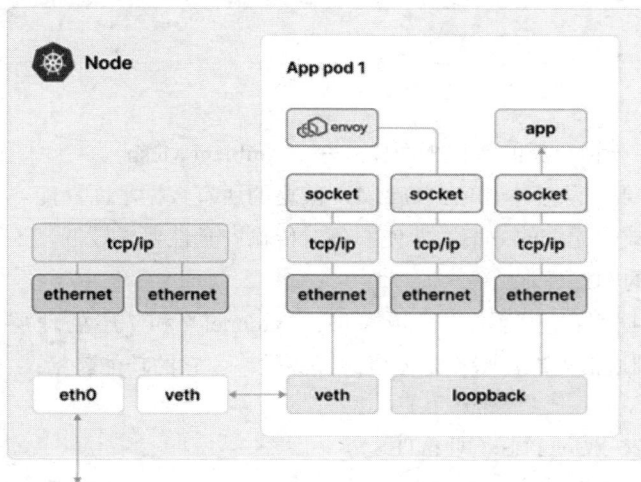
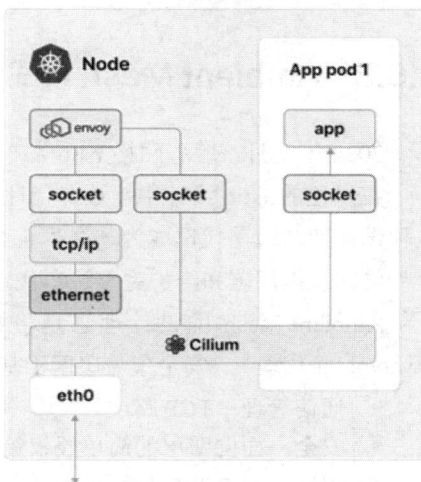

图 8-19　经过 eBPF 加速的服务网格和传统服务网格的区别

传统的服务网格（如 Linkerd 和 Istio），通常依赖 Linux 内核网络协议栈（如 iptables）来处理请求。而 Cilium 的无边车模式则基于 eBPF 技术在内核层面进行扩展，从而实现了天然的网络加速效果。如图 8-20 所示，基于 eBPF 加速的 Envoy 在性能上明显优于使用 iptables 的 Istio。

Cilium Sidecarless 模式的设计思路与 Proxyless 模式非常相似，都是通过非边车代理的方式实现流量控制。两者的区别如下：

- Proxyless 基于通信协议库。
- Cilium Sidecarless 通过共享代理，利用 eBPF 技术在 Linux 内核层面实现。

但同样，软件领域没有银弹，eBPF 不是万能钥匙，它存在 Linux 内核版本要求高、代码编写难度大和容易造成系统安全隐患等问题。

HTTP Req/Response Latency (P95)
Lower is better

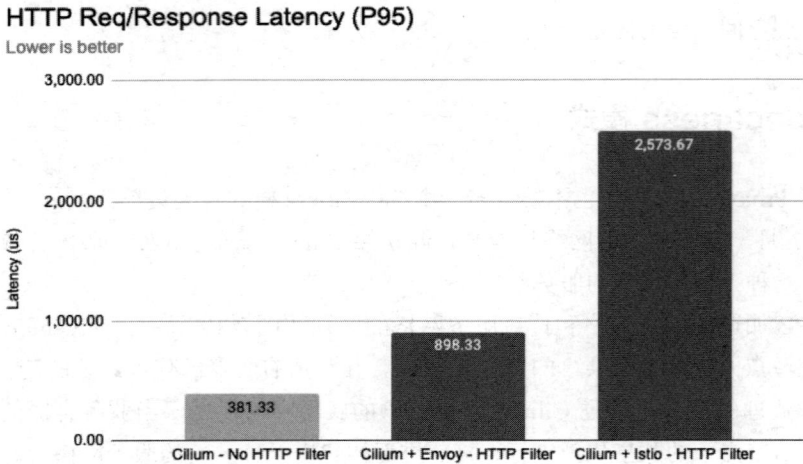

图 8-20　Cilium Sidecarless 模式与 Istio Sidecar 模式的性能测试 [1]

8.6.3　Ambient Mesh 模式

2022 年 9 月，服务网格 Istio 发布了一种全新的数据平面模式——Ambient Mesh [2]。

在以往的 Istio 设计中，边车代理实现了从基本加密到高级 L7 策略的所有数据平面功能。这种设计使得边车代理成为一个"全有或全无"的方案，即使服务对传输安全性要求较低，工程师仍需承担部署和维护完整边车代理的额外成本。

Ambient Mesh 的设计理念是将数据平面分为"安全覆盖层"（ztunnel）和 7 层处理层（waypoint 代理）。安全覆盖层用于基础通信处理，特点是低资源、高效率。它的功能包括：

- 通信管理：TCP 路由。
- 安全：面向四层的简单授权策略、双向 TLS（即 mTLS）。
- 观测：TCP 监控指标及日志。

7 层处理层用于高级通信处理，特点是功能丰富（当然也需要更多的资源），它的功能包括如下 3 个。

- 通信管理：HTTP 路由、负载均衡、熔断、限流、故障容错、重试、超时等。
- 安全：面向 7 层的精细化授权策略。
- 观测：HTTP 监控指标、访问日志、链路追踪。

在数据平面分层解耦的模式下，安全覆盖层的功能被转移至 ztunnel 组件，它以 DaemonSet 形式运行在 Kubernetes 集群的每个节点上。这意味着，ztunnel 是为节点内所有

---

① 图片来源 https://isovalent.com/blog/post/2022-05-03-servicemesh-security/。

② 参见 https://istio.io/latest/zh/blog/2023/ambient-merged-istio-main/。

Pod 提供服务的基础共享组件。另一方面，7 层处理层不再以边车模式存在，而是按需为命名空间创建的 Waypoint 组件。Waypoint 组件以 Deployment 形式部署在 Kubernetes 集群中，从 Kubernetes 的角度来看，Waypoint 只是一个普通的 Pod，可以根据负载动态伸缩。业务 Pod 不再需要额外的边车代理即可参与网格，因此，Ambient 模式也被称为"无边车网格"。

图 8-21 所示为 Ambient-Mesh 的工作原理。

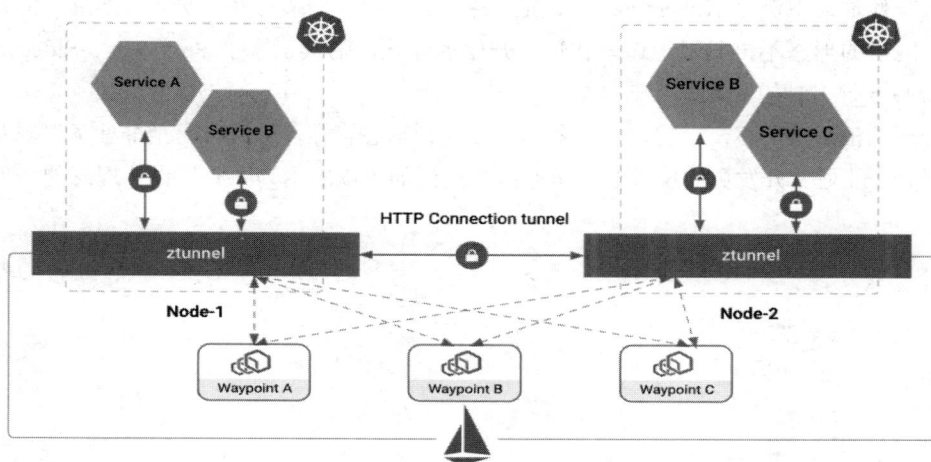

图 8-21　Ambient-Mesh 的工作原理

Ambient 分层模式允许以逐步递进的方式采用 Istio，可以按需从无网格平滑过渡到安全的 L4 覆盖，再到完整的 L7 处理和策略。根据 Istio 公开的信息，Istio 一直在推进 Ambient Mesh 的开发，并在 2023 年 2 月将其合并到了 Istio 的主分支。这个举措在一定程度上表明，Ambient Mesh 并非实验性质的"玩具"，而是 Istio 未来发展的重要方向之一。

最后，无论是 Sidecarless 还是 Ambient Mesh，它们本质上都是通过中心化代理替代位于业务容器旁边的代理容器。这在一定程度上解决了传统边车代理模式带来的资源消耗、网络延迟问题。但它们的缺陷也无法回避，服务网格的设计理念本来就很抽象，引入 Proxyless、Sidecarless、Ambient Mesh 等模式后，进一步加剧了服务网格的复杂性和理解难度。

8.7　小结

8.2 节回顾了服务间通信的演变，并阐述了服务网格出现的背景。相信读者已经理解，服务网格之所以备受推崇，关键不在于它提供了多少功能（这些功能传统 SDK 框架也有），而在于其将非业务逻辑从应用程序中剥离的设计思想。

从最初 TCP/IP 的出现，我们看到网络传输相关的逻辑从应用层剥离，下沉至操作系统，成为操作系统的网络层。分布式系统的崛起，又带来了特有的分布式通信语义（服务发现、负载均衡、限流、熔断、加密……）。为了降低治理分布式通信的心智负担，面向微服务的 SDK 框架出现了，但这类框架与业务逻辑耦合在一起，带来门槛高、无法跨语言、升级困难 3 个固有问题。

服务网格的出现为分布式通信治理带来了全新的解决思路：通信治理逻辑从应用程序内部剥离至边车代理，下沉至 Kubernetes、下沉至各个云平台。沿着上述"分离 / 下沉"的设计理念，服务网格的形态不再局限于边车代理，开始多元化，陆续出现了 Proxyless、Sidecarless、Ambient Mesh 等多种模式。

无论通信治理逻辑下沉至哪里、服务网格以何种形态存在，核心都是把非业务逻辑从应用程序中剥离，让业务开发更简单。这正是业内常提到的"以应用为中心"设计理念的体现。

第 9 章
系统可观测性

如有足够多的眼睛，就可让所有问题浮现。

—— Linus Torvalds

随着系统规模扩大、组件复杂化及服务间依赖关系的增加，确保系统稳定性已超出绝大多数 IT 团队的能力极限。

复杂性失控问题在工业领域同样出现过。19 世纪末，电气工程的细分领域迅速发展，尤其是 20 世纪 50 年代的航空领域，研发效率要求越来越高、运行环境越来越多样化，系统日益复杂对稳定性提出了巨大挑战。在这一背景下，匈牙利裔工程师 Rudolf Emil Kálmán 提出了"可观测性"的概念，其理念的核心是"通过分析系统向外部输出的信号，判断工作状态并定位缺陷的根因"。

借鉴电气系统的观测理念，也可以通过系统输出各类信息，实现软件系统的可观测。2018 年，CNCF 率先将"可观测性"的概念引入 IT 领域，强调它是云原生时代软件的必备能力。从生产所需到概念发声，包括 Google 在内的众多大厂一拥而上，"可观测性"逐渐取代"监控"，成为云原生领域最热门的话题之一。

本章内容导读如图 9-0 所示。

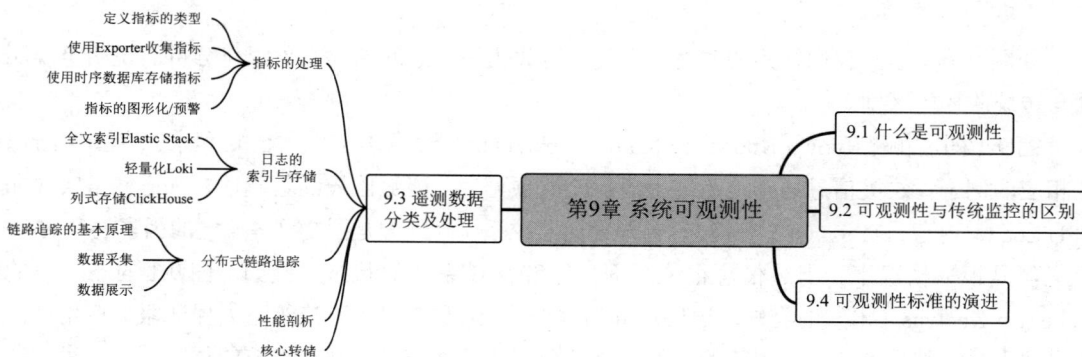

图 9-0　本章内容导读

9.1　什么是可观测性

什么是观测？观测的又是什么？

Google Cloud 在介绍可观测标准项目 OpenTelemetry 时提到一个概念 ——"遥测数据"（Telemetry Data）[①]，是指采样和汇总有关软件系统性能和行为的数据，这些数据（接口的响应时间、请求错误率、服务资源消耗等）用于监控和了解系统的当前状态。

"遥测数据"看起来陌生，但肯定无意间听过。观看火箭发射的直播时，应该听到过类似的指令："东风光学 USB 雷达跟踪正常，遥测信号正常。"随着火箭升空，直播画面还会特意切换到一个看起来"高大上"仪表控制台。

实际上，软件领域的观测与上述火箭发射系统相似，都是通过全面收集系统运行数据（遥测数据），以了解内部状态。所以，可观测性是指系统的内部状态能够通过外部输出（如日志、指标、追踪等）来进行观察和理解的能力。只要能够从系统的外部获取足够的信息，就能分析和解决可能存在的问题，预测系统行为或优化系统性能。

9.2　可观测性与传统监控的区别

了解什么是可观测性后，接踵而来的问题是，它与传统监控有何区别？

业内专家、《高性能 MySQL》作者 Baron Schwartz 曾用一句简洁的话总结了两者的关系，不妨来看他的解释：

> 监控告诉我们系统哪些部分是正常的，可观测性告诉我们系统为什么不正常了。

如图 9-1 所示，我们把系统的理解程度、可收集信息之间的关系象限化分析，说明可观测性与传统监控的区别。

图 9-1 的右侧（Known Knows 和 Known Unknowns）表示确定性的已知和未知，图中给出了相应的例子。这类信息通常是系统上线前就能预见，并能够监控的基础性、普适性事实（如 CPU Load、内存、TPS、QPS 等指标）。传统的监控系统大部分是围绕这些确定的因素展开的。

但是很多情况下，上述信息很难全面描述和衡量系统的状态。例如，图 9-1 的左上角的 Unknown Knowns（未知的已知，通俗理解为假设），通常会引入限流策略来保证服务可用性。假设请求量突然异常暴增，限流策略牺牲小部分用户，保证绝大部分用户的体验。但注意，这里的"假设"（请求量突然暴增）并未实际发生。因此，平常情况下的监控看不出任何异常。

[①]　参见 https://cloud.google.com/learn/what-is-opentelemetry。

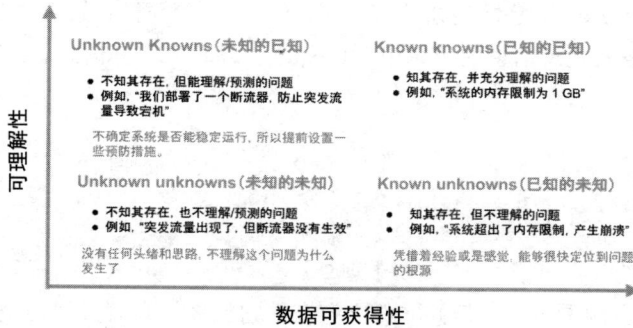

图 9-1　可观测性帮助工程师解决未知的未知（Unknown Unknowns）

但如果请求量突然暴增了，同时那些"假设"又未经过验证（如限流逻辑写错了），就会导致出现人们最不愿见到的情况——Unknown Unknowns（未知的未知，毫无征兆且难以理解）。

经验丰富（翻了无数次车）的工程师根据以往经验，逐步缩小 Unknown Unknowns 的排查范围，从而缩短故障修复时间。但更合理的做法是，根据系统的细微输出（如 metrics、logs、traces，也就是遥测数据），以低门槛且直观的方式（如监控大盘、链路追踪拓扑等）描绘出系统的全面状态。如此，当发生 Unknown Unkowns 情况时，才能具象化地一步步定位到问题的根因。

9.3　遥测数据的分类与处理

业界将系统输出的数据总结为 3 种独立的类型，它们的含义与区别如下。

（1）指标（metric）：量化系统性能和状态的"数据点"，每个数据点包含度量对象（如接口请求数）、度量值（如 100 次 / 秒）和发生的时间，多个时间上连续的数据点便可以分析系统性能的趋势和变化规律。指标是发现问题的起点，例如，用户半夜收到一条告警："12 点 22 分，接口请求成功率下降到 10%"，这表明系统出现了问题。接着，你挣扎起床，分析链路追踪和日志数据，找到问题的根本原因并进行修复。

（2）日志（log）：系统运行过程中，记录离散事件的文本数据。每条日志详细描述了事件操作对象、操作结果、操作时间等信息。例如，下面的日志示例包含了时间、日志级别（ERROR）及事件描述。

日志的示例如下：

```
[2024-12-27 14:35:22] ERROR: Failed to connect to database. Retry attempts exceeded.
```

日志为问题诊断提供了精准的上下文信息，与指标形成互补。当系统故障时，"指标"告诉用户应用程序出现了问题，"日志"则解释了问题出现的原因。

（3）链路追踪（trace）：记录请求在多个服务之间的"调用链路"（Trace），以"追踪树"（Trace Tree）的形式呈现请求的"调用"（span）、耗时分布等信息。

追踪树的结构如下：

```
// 追踪树
Trace ID: 12345
    └── Span ID: 1 - API Gateway (Duration: 50ms)
        └── Span ID: 2 - User Service (Duration: 30ms)
            └── Span ID: 3 - Database Service (Duration: 20ms)
```

上述 3 类数据各自侧重不同，但并非孤立存在，它们之间有着天然的交集与互补。例如，指标监控（告警）帮助发现问题，日志和链路追踪则帮助定位根本原因。这三者之间的关系如图 9-2 所示。

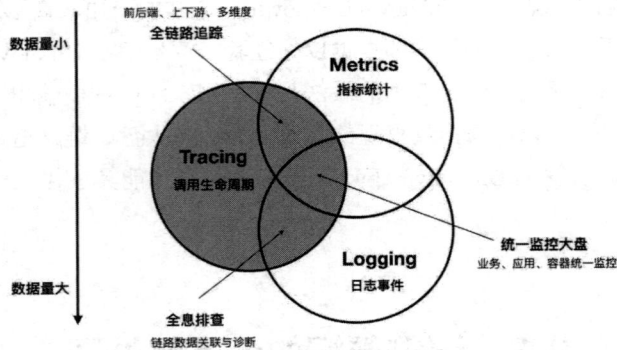

图 9-2　指标、链路追踪、日志之间的关系 [①]

2021 年，CNCF 发布了可观测性白皮书 [②]，其中新增了性能剖析（Profiling）和核心转储（Core dump）两种数据类型。接下来，将详细介绍这 5 类遥测数据的采集、存储和分析原理。

9.3.1　指标的处理

提到指标，就不得不提 Prometheus 系统。Prometheus 是继 Kubernetes 之后，云原生计算基金会（CNCF）的第二个正式项目。该项目发展至今，已成为云原生系统中处理指标监控的事实标准。

🔍

有趣的是，像 Kubernetes 一样，Prometheus 也源自 Google 的 Borg 体系，其原型是与 Borg 同期诞生的内部监控系统 BorgMon。Prometheus 的发起原因与 Kubernetes 类似，都是希望以更好的方式将 Google 内部系统的设计理念传递给外部开发者。

① 图片来源：https://peter.bourgon.org/blog/2017/02/21/metrics-tracing-and-logging.html。
② 参见 https://github.com/cncf/tag-observability/blob/main/whitepaper.md。

作为监控系统，Prometheus 的工作原理如图 9-3 所示，通过 pull（拉取）方式收集被监控对象的指标数据，并将其存储在 TSDB（时序数据库）中。其他组件（如 Grafana 和 Alertmanager）配合这一机制，实现指标数据可视化和预警功能。

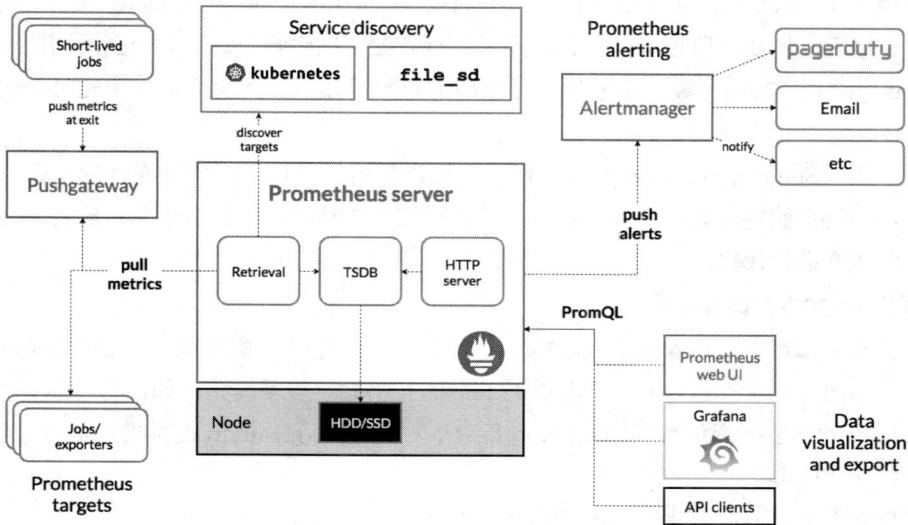

图 9-3　Prometheus 的工作原理

1. 定义指标的类型

为便于理解和使用不同类型的指标，Prometheus 定义了 4 种指标类型，如图 9-4 所示。

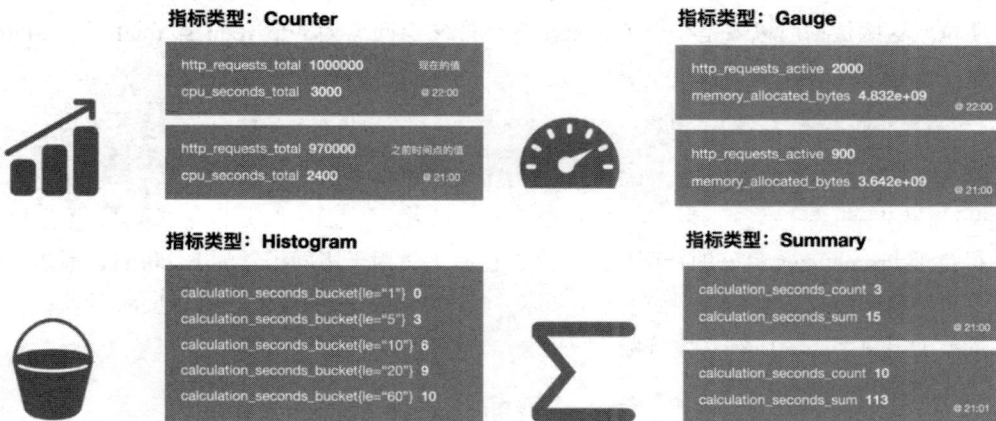

图 9-4　Prometheus 的 4 种指标类型

（1）计数器（Counter）：一种只增不减的指标类型，用于记录特定事件的发生次数。常用于统计请求次数、任务完成数量、错误发生次数等。在监控 Web 服务器时，可以使用 Counter 来记录 HTTP 请求的总数，通过观察这个指标的增长趋势，能了解系统的负载情况。

（2）仪表盘（Gauge）：一种可以任意变化的指标，用于表示某个时刻的瞬时值。常用于监控系统的当前状态，如内存使用量、CPU 利用率、当前在线用户数等。

（3）直方图（Histogram）：用于统计数据在不同区间的分布情况。它会将数据划分到多个预定义的桶（Bucket）中，记录每个桶内数据的数量。常用于分析请求延迟、响应时间、数据大小等分布情况。例如，监控服务响应时间时，直方图可以将响应时间划分到不同的桶中，如 0 ～ 100ms、100 ～ 200ms 等，通过观察各个桶中的数据分布，能快速定位响应时间的集中区间和异常情况。

（4）摘要（Summary）：与直方图类似，摘要也是用于统计数据的分布情况，但与直方图不同的是，摘要不能提供数据在各个具体区间的详细分布情况，更侧重于单一实例（如单个服务实例）的数据进行计算。

2. 使用 Exporter 收集指标

收集指标看似简单，但实际上复杂得多。首先，应用程序、操作系统和硬件设备的指标获取方式各不相同；其次，它们通常不会以 Prometheus 格式直接暴露。例如：

- Linux 的许多指标信息存储在 /proc 目录下，如 /proc/meminfo 提供内存信息，/proc/stat 提供 CPU 信息。
- Redis 的监控数据通过执行 INFO 命令获取。
- 路由器等硬件设备的监控数据通常通过 SNMP 获取。

为了解决上述问题，Prometheus 设计了 Exporter 作为监控系统与被监控目标之间的"中介"，负责将不同来源的监控数据转换为 Prometheus 支持的格式。

Exporter 可以作为独立服务运行，也可以与应用程序共享同一进程，只需集成 Prometheus 客户端库即可。Exporter 通过 HTTP 返回符合 Prometheus 格式的文本数据，Prometheus 服务端会定期拉取这些数据。以下是一个 Exporter 示例，它返回名为 http_request_total 的 Counter 类型指标。

```
$ curl http://127.0.0.1:8080/metrics | grep http_request_total
# HELP http_request_total The total number of processed http requests
# TYPE http_request_total counter // 指标类型 类型为 Counter
http_request_total 5
```

得益于 Prometheus 良好的社区生态，现在已有大量用于不同场景的 Exporter，涵盖基础设施、中间件和网络等各个领域。如表 9-1 所示，这些 Exporter 扩展了 Prometheus 的监控范围，几乎覆盖了用户关心的所有监控目标。

表 9-1　常用的 Exporter

范　　围	常用 Exporter
数据库	MySQL Exporter、Redis Exporter、MongoDB Exporter、MSSQL Exporter 等
硬件	Apcupsd Exporter、IoT Edison Exporter、IPMI Exporter、Node Exporter 等

续表

范　　围	常用 Exporter
消息队列	Beanstalkd Exporter、Kafka Exporter、NSQ Exporter、RabbitMQ Exporter 等
存储	Ceph Exporter、Gluster Exporter、HDFS Exporter、ScaleIO Exporter 等
HTTP 服务	Apache Exporter、HAProxy Exporter、Nginx Exporter 等
API 服务	AWS ECS Exporter、Docker Cloud Exporter、Docker Hub Exporter、GitHub Exporter 等
日志	Fluentd Exporter、Grok Exporter 等
监控系统	Collectd Exporter、Graphite Exporter、InfluxDB Exporter、Nagios Exporter、SNMP Exporter 等
其他	Blockbox Exporter、JIRA Exporter、Jenkins Exporter、Confluence Exporter 等

3. 使用时序数据库存储指标

存储数据本来是一项常规操作，但当面对存储指标类型的场景来说，必须换一种思路应对。

假设用户负责管理一个小型集群，该集群有 10 个节点，运行着 30 个微服务系统。每个节点需要采集 CPU、内存、磁盘和网络等资源使用情况，而每个服务则需要采集业务相关和中间件相关的指标。假设这些加起来一共有 20 个指标，且按每 5 秒采集一次。那么，一天的数据规模如下：

```
10（个节点）×30（个微服务系统）×20（个指标）×（86400/5）（秒）=103 680 000（条记录）
```

对于一个仅有 10 个节点的小规模业务来说，7×24 小时不间断生成的数据可能超过上亿条记录，占用 TB 级别的存储空间。虽然传统数据库也可以处理时序数据，但它们并未充分利用时序数据的特点。因此，使用这些数据库往往需要不断增加计算和存储资源，导致系统的运维成本急剧上升。

通过下面的例子，我们来分析指标数据的特征。不难发现，指标数据是纯数字型的，具有时间属性，旨在揭示某些事件的趋势和规律，它们不涉及关系嵌套、主键/外键，也不需要考虑事务处理。

```
{
  "metric": "http_requests_total",   // 指标名称，表示 HTTP 请求的总数
  "labels": {                        // 标签，用于描述该指标的不同维度
    "method": "GET",                 // HTTP 请求方法
    "handler": "/api/v1/users",      // 请求的处理端点
    "status": "200",                 // HTTP 响应状态码
  },
  "value": 1458,                     // 该维度下的请求数量
},
```

针对时序数据特点，业界已发展出专门优化的数据库类型 —— 时序数据库（Time-Series Database，TSDB）。与常规数据库（如关系型数据库或 NoSQL 数据库）相比，时序数据库在

设计和用途上存在如下显著差异。

- **数据结构**：时序数据库一般采用 LSM-Tree，这是一种专为写密集型场景设计的存储结构，其原理是将数据先写入内存，待积累一定量后批量合并并写入磁盘。因此，时序数据库在写入吞吐量方面，通常优于常规数据库（基于 B+Tree）。
- **数据保留策略**：时序数据具有明确的生命周期（监控数据只需要保留几天）。为防止存储空间无限膨胀，时序数据库通常支持自动化的数据保留策略。例如，设置基于时间的保留规则，超过 7 天就会自动删除。

Prometheus 服务端内置了强大的时序数据库（与 Prometheus 同名），"强大"并非空洞的描述，它在 DB-Engines 排行榜中常年稳居前三①。该数据库提供了专为时序数据设计的查询语言——PromQL（Prometheus Query Language），可轻松实现指标的查询、聚合、过滤和计算等操作。掌握 PromQL 语法是指标可视化和告警处理的基础，笔者就不再详细介绍其语法细节了，具体可以参考 Prometheus 文档。

4. 指标的图形化和预警

采集和存储指标的最终目的是分析数据的趋势变化，预测业务需求（图形化），以及持续监控数据波动变化，及时发现问题（预警）。

Prometheus 提供了基本的展示功能，但其图形界面相对简单，许多用户会将 Prometheus 与 Grafana 配合使用（这也是 Prometheus 官方推荐的组合方案）。图 9-5 所示为一个 Grafana 仪表板（Dashboard）。将指标数据可视化，能够更方便地从中发现规律。例如，趋势分析可以帮助判断服务 QPS 的增长趋势，从而预测何时需要扩容；对照分析则能对比新旧版本的 CPU、内存等资源消耗，评估性能差异；在故障分析方面，服务性能的波动、瓶颈或潜在问题也更加容易识别。

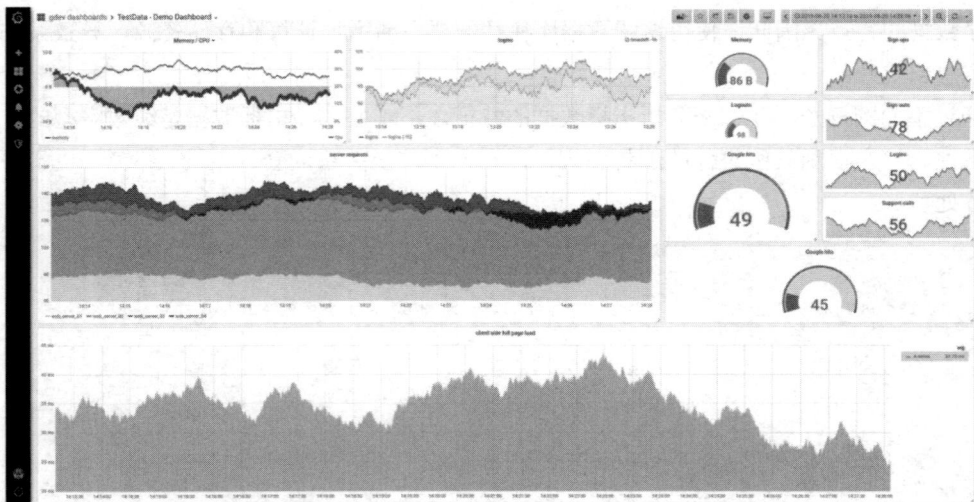

图 9-5　Grafana 的仪表盘

---

① https://db-engines.com/en/ranking/time+series+dbms。

除了图形化展示，指标的另一个主要用途是预警。例如，当某个服务的 QPS 超过设定的阈值时，系统自动发送一封邮件通知工程师及时处理，这就是一种预警。Prometheus 提供了专门的 Alertmanager 组件，用来管理和通知 Prometheus 生成的预警信息。

如下面的例子所示，Prometheus 根据预设的条件定期检查数据，一旦满足预警条件，Prometheus 触发预警并将其发送到 Alertmanager。

```
// 定期使用 PromQL 语法检查过去 5 分钟内某个被监控目标（instance）中指定服务（job）的 QPS
是否超过 1000
groups:
  - name: example-alerts
    rules:
    - alert: HighQPS
      expr: sum(rate(http_requests_total[5m])) by (instance, job) > 1000
      for: 5m
      labels:
        severity: critical
      annotations:
        summary: "High QPS detected on instance {{ $labels.instance }}"
        description: "Instance {{ $labels.instance }} (job {{ $labels.job }}) has
had a QPS greater than 1000 for more than 5 minutes."
```

Alertmanager 接收到预警后，根据配置对预警进行分组（将相似标签的预警合并）、抑制（防止预警风暴发生）、静默（在维护期间，屏蔽预警）和路由（发送到短信、邮件、微信）处理。

9.3.2 日志的索引与存储

处理日志本来是一件稀松平常的事情，但随着数据规模的增长，量变引发质变，高吞吐写入（Gbit/s）、低成本海量存储（PB 级别）及亿级数据的实时检索（1 秒内），已成为软件工程领域最具挑战性的难题之一。

本节将从日志索引和存储的角度出发，介绍 3 种业内应对海量数据挑战的方案。

1. 全文索引 Elastic Stack

在讨论如何构建完整的日志系统时，ELK、ELKB 或 Elastic Stack 是工程师非常熟悉的术语。它们指的是同一套由 Elastic 公司[①] 开发的开源工具，旨在处理海量数据的收集、搜索、分析和可视化。

图 9-6 所示为一套基于 Elastic Stack 的日志处理方案。

- 数据收集：Beats 组件部署在业务所在节点，负责收集原始的日志数据。
- 数据缓冲：使用 RabbitMQ 消息队列缓冲数据，提高数据吞吐量。
- 数据清洗：数据通过 Logstash 进行清洗。

---

① Elastic 公司的发展始于创始人 Shay Banon 的个人兴趣，从开源、聚人、成立公司，到走向纽交所，再到股价一路狂飙（2024 年 7 月 11 日，最新市值 107 亿美元），几乎是最理想的工程师创业故事。

- 数据存储：清洗后的数据存储在 Elasticsearch 集群中，它负责索引日志数据、查询聚合等核心功能。
- 数据可视化：Kibana 负责数据检索、分析与可视化，必要时可部署 Nginx 实现访问控制。

图 9-6　整合了消息队列、Nginx 的 Elastic Stack 日志系统

Elastic Stack 中最核心的组件是 Elasticsearch —— 基于 Apache Lucene 构建的开源的搜索与分析引擎。值得一提的是，Lucene 的作者就是大名鼎鼎的 Doug Cutting，如果你不知道他是谁是，那你一定听过他儿子玩具的名字 —— Hadoop。

Elasticsearch 能够在海量数据中迅速检索关键词，其关键技术之一就是 Lucene 提供的"反向索引"（Inverted Index）。与反向索引相对的是正向索引，二者的区别如下。

- 正向索引（Forward Index）：传统的索引方法，将文档集合中的每个单词作为键，值为包含该单词的文档列表。正向索引适用于快速检索特定标识符的文档，常见于数据库中的主键索引。
- 反向索引（Inverted Index）：反向索引通过将文本分割成词条并构建"< 词条 -> 文档编号 >"的映射，快速定位某个词出现在什么文档中。值得注意的是，反向索引常被译为"倒排索引"，但"倒排"容易让人误以为与排序有关，实际上它与排序无关。

举一个具体的例子，以下是 3 个待索引的英文句子：

```
- T~0~ = "it is what it is"
- T~1~ = "what is it"
- T~2~ = "it is a banana"
```

通过反向索引，得到下面的匹配关系：

```
"a":      {2}
"banana": {2}
"is":     {0, 1, 2}
"it":     {0, 1, 2}
"what":   {0, 1}
```

在检索时，条件"what""is"和"it"将对应集合：
$\{0,1\} \cap \{0,1,2\} \cap \{0,1,2\} = \{0,1\}$。

不难看出，反向索引能够快速定位包含特定关键词的文档，而无须逐个扫描所有文档。

Elasticsearch 的另一项关键技术是"分片"（Sharding）。每个分片相当于一个独立的 Lucene 实例，也就是一个完整的数据库。在文档（Elasticsearch 数据的基本单位）写入时，

Elasticsearch 根据哈希函数（通常基于文档 ID）计算出文档所属的分片，从而将文档均匀分配到不同的分片；查询时，多个分片并行计算，Elasticsearch 将结果聚合后再返回给客户端。

　　为了追求极致的查询性能，Elasticsearch 也付出了以下代价。

- 写入吞吐量下降：文档写入需要进行分词、构建排序表等操作，这些都是 CPU 和内存密集型的，会导致写入性能下降。
- 存储空间占用高：首先，Elasticsearch 不仅存储原始数据和反向索引，为了加速分析能力，可能还额外存储一份列式数据（Column-oriented Data）；其次，为了避免单点故障，Elasticsearch 会为每个分片创建一个或多个副本（Replica），这导致 Elasticsearch 会占用极大的存储空间。

2. 轻量化 Loki

　　Grafana Loki 是由 Grafana Labs 开发的一款日志聚合系统，其设计灵感来源于 Prometheus，目标是成为"日志领域的 Prometheus"。与 Elastic Stack 相比，Loki 具有轻量、低成本和与 Kubernetes 高度集成等特点。

　　在 Loki 系统中，每个节点运行 Promtail 组件，负责收集本地日志文件并将其推送至 Loki 进行存储与索引。Loki 的内部日志处理流程及各组件职责如下（如图 9-7 所示）：

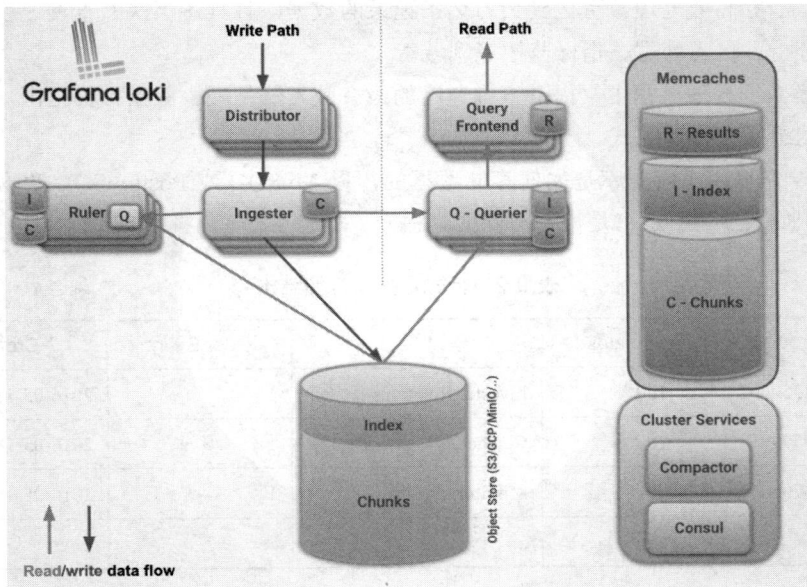

图 9-7　Loki 架构

- 分发器（Distributor）：接收来自 Promtail 或其他来源的日志，验证其完整性，并根据分片规则将日志分发到写入器。
- 写入器（Ingester）：负责日志的临时存储和索引，将日志数据分段存储，并定期将数据持久化到长期存储（如对象存储）。
- 查询器（Querier）：执行用户的日志查询请求，从存储中提取所需数据并返回结果。

- 查询前端（Query Frontend）：用于优化查询性能，负责分解复杂查询、管理缓存及合并查询结果，提高查询效率和用户体验。
- 规则处理器（Ruler）：处理监控和告警规则，定期评估日志数据，并根据预定义规则触发告警或生成报告。

Loki 的主要特点是，只对日志的元数据（如标签、时间戳）建立索引，而不对原始日志数据进行索引。在 Loki 的存储模型中，数据有以下两种类型：

（1）索引（Indexes）：Loki 的索引仅包含日志标签（如日志的来源、应用名、主机名等）和时间戳。索引与相应的块关联。

（2）块（Chunks）：用来存储原始日志数据的基本单元。原始日志数据会被压缩成"块"，存储在持久化存储介质中，如对象存储（如 Amazon S3、GCP、MinIO）或本地文件系统。

不难看出，Loki 通过仅索引元数据，以及索引和块的分离存储设计，让其在处理大规模日志数据时具有明显的成本优势。

3. 列式存储 ClickHouse

ClickHouse 是由俄罗斯 Yandex 公司[①] 于 2008 年开发的开源列式数据库管理系统。它支持高并发查询，能够高效处理数百亿到数万亿条记录的数据，且具备极快的查询速度，广泛应用于实时数据分析、日志处理、指标监控等领域。

在大规模数据处理过程中，提升查询速度的最有效方法是减少数据扫描范围，这其中的关键在于数据的组织和存储方式。

先来看传统的行式数据库是如何存储数据的，以 MySQL 或 PostgreSQL 数据库为例，它们的数据组织如表 9-2 所示，是按行存储的。

表 9-2　行式数据库存储结构

Row	ProductId	sales	Title	GoodEvent	CreateTime
#0	89354350662	120	Investor Relations	1	2016-05-18 05:19:20
#1	90329509958	70	Contact us	1	2016-05-18 08:10:20
#2	89953706054	78	Mission	1	2016-05-18 07:38:00
#N	...	...	...	...	...

在行式数据库中，一行数据会在物理存储介质中紧密相邻。

如果要执行下面的 SQL 语句来统计某个产品的销售额，行式数据库需要加载整个表的所有行到内存，进行扫描和过滤（检查是否符合 WHERE 条件）。过滤出目标行后，若有聚合函数（如 SUM、MAX、MIN），还需要进行相应的计算和排序，最后才会过滤掉不必要的列，整个过程可能非常耗时。

---

① Yandex 是一家总部位于俄罗斯的跨国科技公司，被称为"俄罗斯的谷歌"，以其搜索引擎、互联网服务和技术创新而闻名。

```
// 统计销售额
SELECT sum(sales) AS count FROM 表 WHERE  ProductId=90329509958
```

接下来，来看列式数据库。ClickHouse 的数据组织如表 9-3 所示，数据按列而非按行存储，一列数据在物理存储介质中紧密相邻。继续以上面的统计销售额的 SQL 语句为例，列式数据库只读取与查询相关的列（如 sales 列），不读取不相关列，从而减少不必要的磁盘 I/O 操作。

表 9-3　列式数据库存储结构

Row	#0	#1	#2	#N
ProductId	89354350662	90329509958	89953706054	...
sales	120	70	78	...
Title	Investor	Relations	Contact us	...
GoodEvent	1	1	1	...
CreateTime	2016-05-18 05:19:20	2016-05-18 08:10:20	2016-05-18 07:38:00	...

此外，列式存储通常与数据压缩伴生。数据压缩的本质是通过一定步长对数据进行匹配扫描，发现重复部分后进行编码转换。面向列式的存储，同一列的数据类型和语义相同，重复项的可能性更高，因此，自然有着更高的压缩率。

ClickHouse 允许用户根据每列数据的特性选择最适合的压缩算法。如下 SQL 示例，创建 MergeTree 类型 example 表，其中：

- id 列使用的 LZ4 算法，主要用于需要快速压缩和解压缩的场景。
- name 列使用的 ZSTD 算法，主要用于日志、文本、二进制数据，该算法在压缩效率、速度和压缩比之间有良好的平衡。
- createTime 列使用的 Double-Delta 算法，主要用于压缩具有递增或相邻值差异较小的数据，特别适用于时间戳或计数类数据。

```
CREATE TABLE example (
    id UInt64 CODEC(ZSTD),              -- 为整数列设置 LZ4 压缩
    name String CODEC(LZ4),             -- 为字符串列设置 ZSTD 压缩
    age UInt8 CODEC(NONE),              -- 不压缩
    score Float32 CODEC(Gorilla)        -- 为浮点数设置 Gorilla 压缩
    createTime DateTime CODEC(Delta, ZSTD), --  为时间戳设置 Delta 编码加 ZSTD 压缩
) ENGINE = MergeTree()
ORDER BY id;
```

作为一款分布式数据系统，ClickHouse 自然支持"分片"（Sharding）技术。ClickHouse 将数据切分成多个部分，并分布到不同的物理节点。也就是说，只要有足够多的硬件资源，ClickHouse 就能处理数万亿条记录、PB 级别规模的数据量。根据 Yandex 公布的测试结果来看（见图 9-8），ClickHouse 的性能表现遥遥领先于对手，比 Vertica（一款商业 OLAP 软件）快约 5 倍，比 Hive 快 279 倍，比 InfiniDB 快 31 倍。

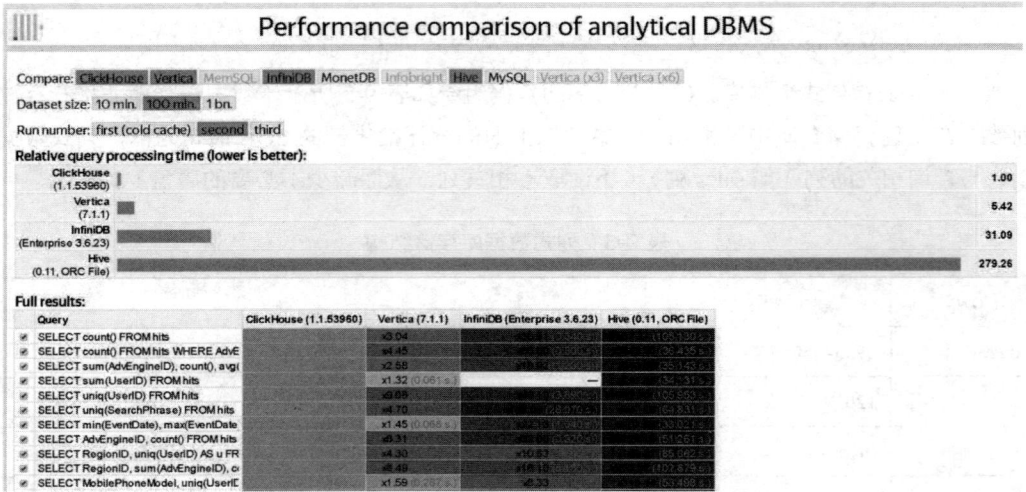

图 9-8　ClickHouse 性能测试 [1]

正如 ClickHouse 的宣传所言：其他的开源系统太慢，商用的又太贵，只有 ClickHouse 在存储成本与查询性能之间做到了良好平衡，不仅快且还开源。

9.3.3　分布式链路追踪

Uber 是实施微服务架构的先驱，他们曾经撰写博客介绍过它们的打车系统，该系统约由 2200 个相互依赖的微服务组成。图 9-9 所示为 Uber 使用 Jaeger 生成的追踪链路拓扑。

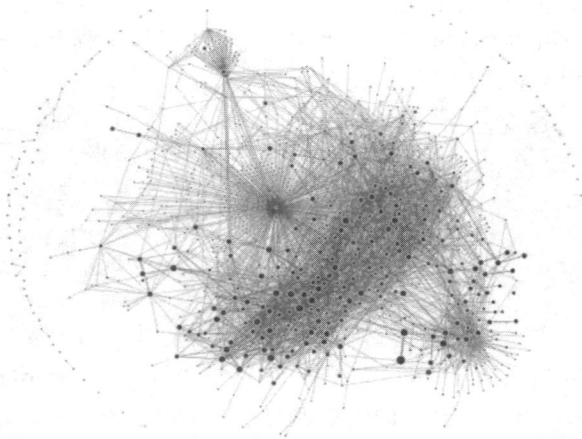

图 9-9　Uber 使用 Jaeger 生成的追踪链路拓扑 [2]

---

[1]　图片来源：http://clickhouse.yandex/benchmark.html。

[2]　图片来源：https://www.uber.com/en-IN/blog/microservice-architecture/。

上述微服务由不同团队使用不同编程语言开发，部署在数千台服务器上，横跨多个数据中心。这种规模使系统行为变得难以全面掌控，且故障排查路径异常复杂。因此，理解复杂系统的行为状态、析性能问题的需求变得尤为迫切。

2010 年 4 月，Google 工程师发表了论文 *Dapper, a Large-Scale Distributed Systems Tracing Infrastructure*[①]，论文总结了他们治理分布式系统的经验，并详细介绍了 Google 内部分布式链路追踪系统 Dapper 的架构设计和实现方法。

Dapper 论文的发布，让治理复杂分布式系统迎来了转机，链路追踪技术开始在业内备受推崇！

1. 链路追踪的基本原理

如今的链路追踪系统大多以 Dapper 为原型设计，因为它们也统一继承了 Dapper 的核心概念。

- 追踪（Trace）：Trace 表示一次完整的分布式请求生命周期，它是一个全局上下文，包含了整个调用链所有经过的服务节点和调用路径。例如，用户发起一个请求，从前端服务到后端数据库的多次跨服务调用构成一个 Trace。
- 跨度（Span）：Span 是 Trace 中的一个基本单元，表示一次具体的操作或调用。一个 Trace 由多个 Span 组成，按时间和因果关系连接在一起。Span 内有描述操作的名称 span name、记录操作的开始时间和持续时间、Trace ID、当前 Span ID、父 Span ID（构建调用层级关系）等信息。

链路追踪系统的基本原理如下：为每个操作或调用记录一个跨度，一个请求内的所有跨度共享一个 trace id。通过 trace id，便可重建分布式系统服务间调用的因果关系。换言之，链路追踪（Trace）是由若干具有顺序、层级关系的跨度组成一棵追踪树（Trace Tree），如图 9-10 所示。

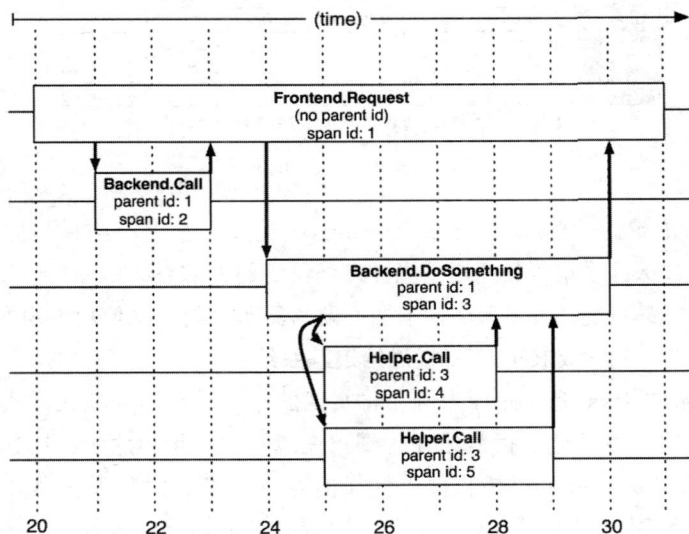

图 9-10　由不同跨度组成的追踪树

---

① 参见 *Dapper, a Large-Scale Distributed Systems Tracing Infrastructure*。https://research.google/pubs/dapper-a-large-scale-distributed-systems-tracing-infrastructure/。

从链路追踪系统的实现来看，核心是在服务调用过程中收集 trace 和 span 信息，并汇总生成追踪树结构。接下来，将从数据采集、数据展示（分析）两个方面展开，解析主流链路追踪系统的设计原理。

2. 数据采集

目前，追踪系统的数据采集实现有 3 种，具体如下。

（1）基于日志的追踪（Log-Based Tracing）：直接将 Trace、Span 等信息输出到应用日志中，然后采集所有节点的日志汇聚到一起，再根据全局日志重建完整的调用链拓扑。这种方式的优点是没有网络开销、应用侵入性小、性能影响低；但其缺点是，业务调用与日志归集不是同时完成的，有可能业务调用已经结束，但日志归集不及时，导致追踪失真。

根据图 9-11，总结 Dapper 基于日志实现的追踪如下：

① 将 Span 数据写入本地日志文件。

② Dapper 守护进程（Dapper Daemon）和采集器（Dapper Collectors）从主机节点读取日志。

③ 将日志写入 Bigtable 仓库，每行代表一个 Trace，每列代表一个 Span。

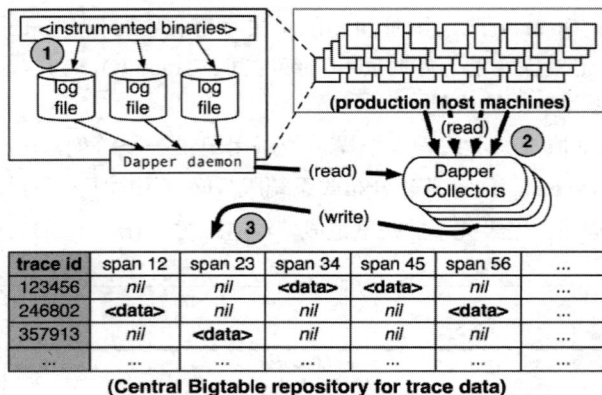

图 9-11　基于日志实现的追踪

（2）基于服务的追踪（Service-Based Tracing）：通过某些手段给目标应用注入追踪探针（Probe），然后通过探针收集服务调用信息并发送给链路追踪系统。探针通常被视为一个嵌入目标服务的小型微服务系统，具备服务注册、心跳检测等功能，并使用专用的协议将监控到的调用信息通过独立的 HTTP 或 RPC 请求发送给追踪系统。

以 SkyWalking 的 Java 追踪探针为例，它实现的原理是将需要注入的类文件（追踪逻辑代码）转换成字节码，然后通过拦截器注入到正在运行的应用程序中。比起基于日志实现的追踪，基于服务的追踪在资源消耗和侵入性（但对业务工程师基本无感知）上有所增加，但其精确性和稳定性更高。现在，基于服务的追踪是目前最为常见的实现方式，被 Zipkin、Pinpoint、SkyWalking 等主流链路追踪系统广泛采用。

（3）基于边车代理的追踪（Sidecar-Based Tracing）：这是服务网格中的专属方案，基于边车代理的模式无须修改业务代码，也没有额外的开销，是最理想的分布式追踪模型。它的特点如下。

- 对应用完全透明：有自己独立的数据通道，追踪数据通过控制平面上报，不会有任何依赖或干扰。
- 与编程语言无关：无论应用采用什么编程语言，只要它通过网络（如 HTTP 或 gRPC）访问服务，就可以被追踪到。

目前，市场占有率最高的边车代理 Envoy 就提供了链路追踪数据采集功能，但 Envoy 没有自己的界面端和存储端，需要配合专门的 UI 与存储系统来使用。不过，Zipkin、SkyWalking、Jaeger 和 LightStep Tracing 等系统都能接收来自 Envoy 的链路追踪数据，充当其界面和存储端。

3. 数据展示

追踪数据通常以两种形式呈现：调用链路图和调用拓扑图，具体如下。

- 调用链路图：主要突出调用的深度、每次调用的延迟。调用链路图通常用来定位故障。例如，当某次请求失败时，通过调用链路图可以追踪调用经过的各个环节，定位是哪层调用失败，如图 9-12 所示。

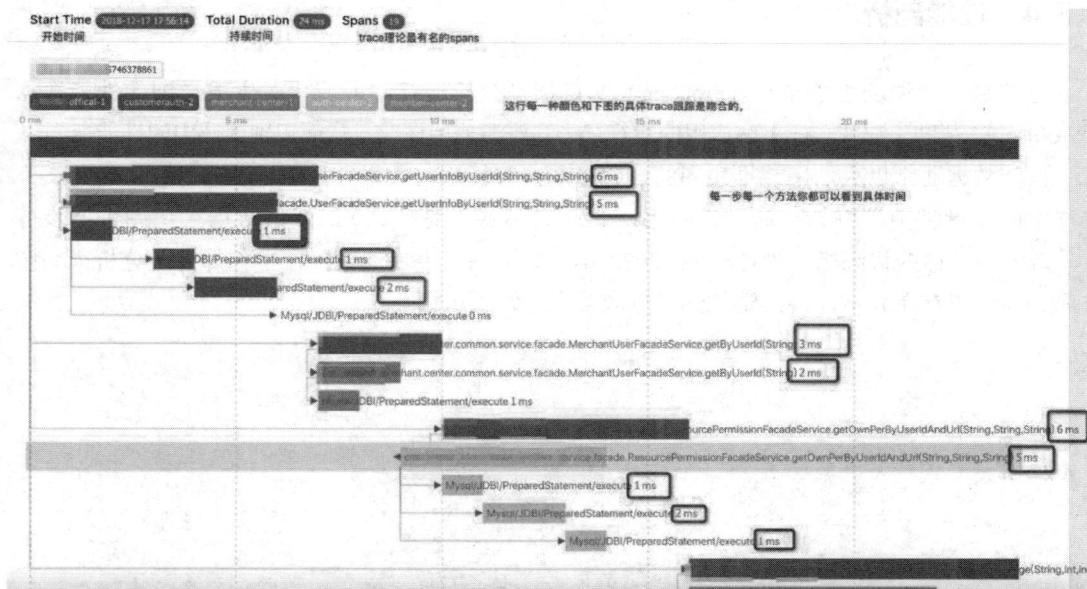

图 9-12　Skywalking 的调用链路图

- 调用拓扑图：主要突出系统内各个子服务的全局关系、调用依赖关系。作为全局视角图，它帮助工程师理解全局系统、并识别瓶颈。例如，若某服务压力过高，调用拓扑图的拓展区（右侧）会显示该服务的详细情况（延迟、load、QPS 等），如图 9-13 所示。

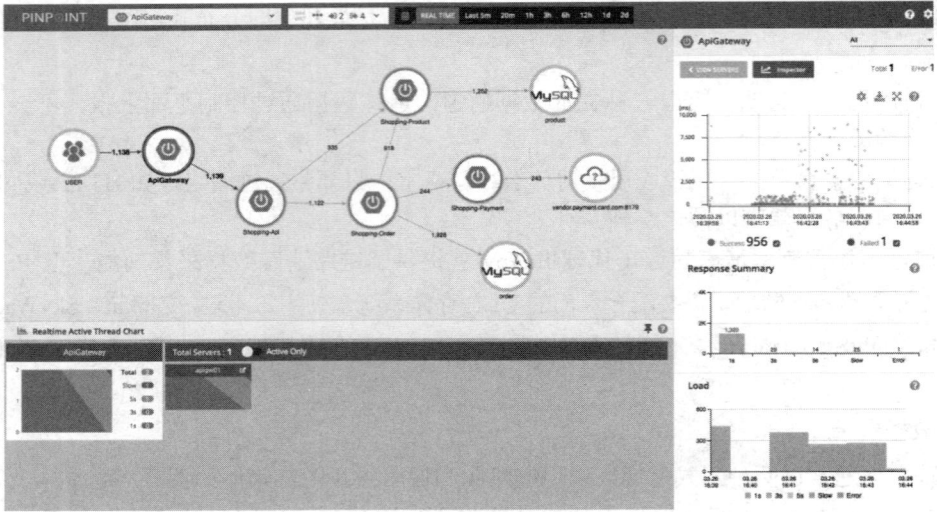

图 9-13　Pinpoint 的调用拓扑图

9.3.4　性能剖析

可观测性领域的性能剖析（Profiling）的目标是分析运行中的应用，生成详细的性能数据（Profiles），帮助工程师全面了解应用的运行行为和资源使用情况，从而识别代码中的性能瓶颈。

性能数据通常以火焰图或堆栈图的形式呈现，分析这些数据是从"是什么"到"为什么"过程中的关键环节。例如，通过链路追踪识别延迟源（是什么），然后根据火焰图进一步分析，定位到具体的代码行（为什么）。2021 年，某网站发生崩溃事件，工程师通过分析火焰图发现 Lua 代码存在异常，最终定位到问题源头[①]，如图 9-14 所示。

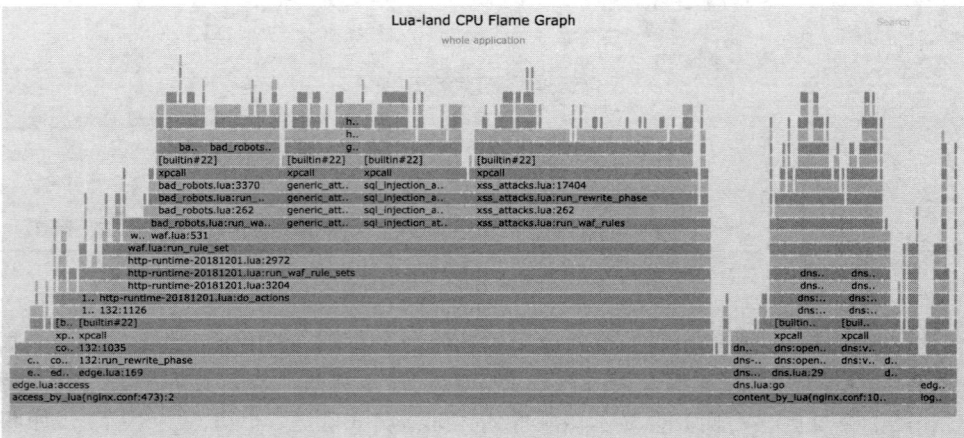

图 9-14　Lua 代码的 CPU 火焰图（由于函数调用按层叠加，火焰图呈现出类似火焰的形状）

---

① 参见《2021.07.13 我们是这样崩的》，网址为 https://www.bilibili.com/read/cv17521097/。

- 纵轴：表示函数调用的堆栈深度（或层级）。纵向越高表示调用链越深，底部通常是程序的入口函数（如 main 函数），上层是被下层函数调用的函数。
- 横轴：表示函数在特定时间段内所占用的 CPU 时间或内存空间，条形的宽度越大，表示该函数消耗的时间或资源越多。

分析火焰图的关键是观察横向条形的宽度，宽度越大，函数占用的时间越多。如果某个函数的条形图出现"平顶"现象，表示该函数的执行时间过长，可能成为性能瓶颈。

性能数据有多种类型，每种类型由不同的分析器（Profiler）生成，常见的分析器有如下 6 种。

- CPU 分析器：跟踪程序中每个函数或代码块的运行时间，记录函数调用堆栈信息，生成调用图，并展示函数之间的调用关系和时间分布。
- 堆分析器（Heap Profiler）：监控程序的内存使用情况，帮助定位内存泄露或不必要的内存分配。例如，Java 工程师通过堆分析器定位导致内存溢出的具体对象。
- GPU 分析器：分析 GPU 的使用情况，主要用于图形密集型应用（如游戏开发），优化渲染性能。
- 互斥锁分析器：检测程序中互斥锁的竞争情况，帮助优化线程间的并发性能，减少锁争用引发的性能瓶颈。
- I/O 分析器：评估 I/O 操作的性能，包括文件读 / 写延迟和网络请求耗时，帮助识别数据传输瓶颈并提高效率。
- 特定编程语言分析器：如 JVM Profiler，用于分析在 Java 虚拟机上运行的应用程序，挖掘与编程语言特性相关的性能问题。

过去，由于分析器资源消耗较高，通常仅在紧急情况下启用。随着低开销分析技术的发展，如编程语言层面的 Java Flight Recorder 和 Async Profiler 技术、操作系统层面的 systemTap 和 eBPF 技术的出现，让在生产环境进行持续性能分析（Continuous Profiling）成为可能，解决线上"疑难杂症"也变得更加容易。

9.3.5　核心转储

核心转储（Core dump）中的 core 代表程序的关键运行状态，dump 的意思是导出。

核心转储历史悠久，很早就在各类 UNIX 系统中出现。在任何安装了《Linux man 手册》的 Linux 发行版中，都可以运行 man core 命令查阅相关信息。

```
$ man core
...
A small number of signals which cause abnormal termination of a process
    also cause a record of the process's in-core state to be written to disk
    for later examination by one of the available debuggers.  (See
    sigaction(2).)
```

...

上述代码的大致意思如下：当程序异常终止时，Linux 系统会将程序的关键运行状态（如程序计数器、内存映像、堆栈跟踪等）导出到一个"核心文件"中。工程师通过调试器（如 gdb）打开核心文件，查看程序崩溃时的运行状态，从而帮助定位问题。

注意

复杂应用程序崩溃时，可能会生成几十吉比特（GB）的核心文件。默认情况下，Linux 系统会限制核心文件的大小。如果想解除限制，可通过命令 ulimit -c unlimited 告诉操作系统不要限制核心文件的大小。

值得一提的是，虽然 CNCF 发布的可观测性白皮书仅提到了 core dump 但是，重要的 dumps 还有 Heap dump（Java 堆栈在特定时刻的快照）、Thread dump（特定时刻的 Java 线程快照）和 Memory dump（内存快照）等。

尽管 CNCF 将 dumps 纳入了可观测性体系，但仍有许多技术难题，如容器配置与操作系统全局配置的冲突、数据持久化的挑战（Pod 重启前将数 Gb 的 core 文件写入持久卷）等，导致处理 dumps 数据还不得不依靠传统手段。

9.4　可观测标准的演进

Dapper 论文发布后，市场上涌现出大量追踪系统，如 Jaeger、Pinpoint、Zipkin 等。这些系统都是基于 Dapper 论文实现的，功能上无本质差异，但实现方式和技术栈不同，导致它们难以兼容或协同使用。

为解决追踪系统各自为政的乱象，一些老牌应用性能监控（APM）厂商（如 Uber、LightStep 和 Red Hat）联合定义了一套跨语言的、平台无关分布式追踪标准协议 —— OpenTracing。

开发者只需按照 OpenTracing 的规范实现追踪接口，便可灵活替换、组合探针、存储和界面组件。2016 年，CNCF 将 OpenTracing 收录为其第三个项目，前两个分别是大名鼎鼎的 Kubernetes 和 Prometheus。这一举措标志着 OpenTracing 作为分布式系统可观测性领域的标准之一，获得了业界的广泛认可。

OpenTracing 推出后不久，Google 和微软联合推出了 OpenCensus 项目。OpenCensus 起初是 Google 内部的监控工具，开源的目的并非与 OpenTracing 竞争，而是希望为分布式系统提供一个统一的、跨语言的、开箱即用的可观测性框架，不仅仅处理链路追踪（tracing）、还要具备处理指标（metrics）的能力。

虽说 OpenTracing 和 OpenCensus 推动了可观测性系统的发展，但它们作为协议标准，彼此之间的竞争和分裂不可避免地消耗了大量社区资源。对于普通开发者而言，一边是老牌 APM 厂商，另一边是拥有强大影响力的 Google 和微软。选择困难症发作时，一个新的设想不断被讨论："能否有一个标准方案，同时支持指标、追踪和日志等各类遥测数据？"

2019 年，OpenTracing 和 OpenCensus 的维护者决定将两个项目整合在一起，形成了现在的 OpenTelemetry 项目。OpenTelemetry 做的事情是，提供各类遥测数据统一采集解决方案。

图 9-15 所示为集成了 OpenTelemetry 的可观测架构。

- 应用程序只需要一种 SDK 就可以实现所有类型遥测数据的生产。
- 集群只需要部署一个 OpenTelemetry Collector 便可以采集所有的遥测数据。

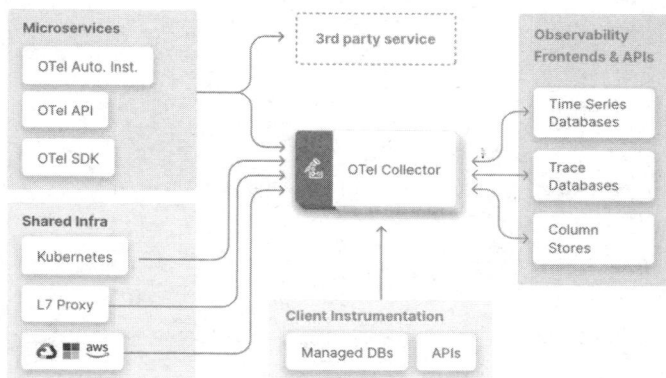

图 9-15　集成了 OpenTelemetry 的可观测架构 [1]

至于遥测数据采集后如何存储、展示、使用，OpenTelemetry 并不涉及。可以使用 Prometheus + Grafana 进行指标的存储和展示，也可以使用 Jaeger 进行链路追踪的存储和展示。这使得 OpenTelemetry 既不会因动了"数据的蛋糕"，引起生态抵制，也保存了精力，专注实现兼容"所有的语言、所有的系统"的"遥测数据采集器"（OpenTelemetry Collector）。

自 2019 年发布，OpenTelemetry 便得到了社区的广泛支持。绝大部分云服务商，如 AWS、Google Cloud、Azure、阿里云等均已支持和推广 OpenTelemetry，各种第三方工具（如 Jaeger、Prometheus、Zipkin）也逐步集成 OpenTelemetry，共同构建了丰富的可观测性生态系统。

9.5　小结

通过本章的内容，相信读者已经理解了什么是可观测性。简单来说，可观测性就是通过系

---

[1] 图片来源：https://opentelemetry.io/docs/。

统的外部输出推断其内部状态的能力。

　　系统的外部输出称为"遥测数据"，主要包括日志、指标和追踪数据。建立良好的可观测性机制，实质上是对这些数据进行统一收集、关联和分析。其中需要注意如下两个关键问题：首先，要低开销。观测的目的是发现性能问题，因此，不应对业务造成明显的性能负担。对于对延迟敏感的业务，任何微小的性能损耗都可能产生明显的影响。其次，业务透明性至关重要。观测能力通常是在运维阶段加入的，因此，应以非侵入或最小侵入的方式实现，尽量避免对业务开发造成干扰。

第 10 章
应用封装与交付

没有银弹，但有时会有很好用的弓箭。

——摘自著作《没有银弹》[①]，有改动

随着越来越多的企业采用 Kubernetes，业务工程师也不得不学习各种抽象概念（如 Pod、YAML 文件、声明式 API 和 Operator），纷纷抱怨："Kubernetes 太复杂了！"

导致上述问题的根源在于，Kubernetes 的定位是基础设施项目、是"平台的平台"（The Platform for Platform）。它的声明式 API 设计、CRD Operator 体系，是为了接入和构建新基础设施能力而设计的。这就导致作为这些能力的最终用户 —— 业务工程师，与 Kubernetes 核心定位之间存在明显的错位。

大家抱怨 Kubernetes 过于复杂，但"复杂"是任何基础设施项目的天生特质，而非缺点。不过，基础设施的"复杂"不意味着应该由使用者承受。这就好比 Linux 内核是世界上最复杂的软件之一，但我们使用 Linux 系统却没有太多心智负担，这是因为 Linux 系统通过高度抽象屏蔽了底层的复杂性。既然 Kubernetes 被称为"云原生时代的操作系统"，现在也该考虑学习 Linux，寻找一种应用层的软件交付模型和抽象，以更友好的方式服务最终用户了。

本章内容导读如图 10-0 所示。

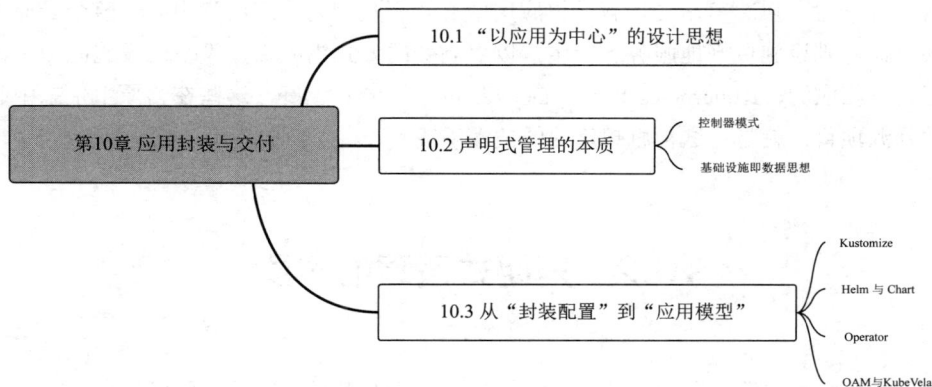

图 10-0　本章内容导读

10.1　"以应用为中心"的设计思想

回顾过去十几年间的技术演进历程，精彩纷呈！

从单体系统到分布式系统，系统能力大幅提升，但也引入了更多的不确定性。例如，节点可能随时宕机、网络有不等的延迟、消息可能丢失。为了解决这些不确定性，业界提出了诸多分布式理论和算法，如 CAP 定理、BASE 理论、共识算法（Paxos、Raft 等），以保障系统稳定运行。

进入微服务时代，分布式系统理论推动基础设施能力开始演进，这些能力（服务发现、负载均衡、故障转移、动态扩容）从业务逻辑中抽象出来，以 SDK（中间件）形式提供给应用开发者。中间件的出现其实体现了一种朴素的"关注点分离"的思想，使得用户可以在不需要深入了解具体基础设施能力细节的前提下，以最小的代价学习和使用这些基础设施能力。

现在，基础设施能力的演进，也伴随着云计算和开源社区的发展，带来了全新的升级。这个变化，正是从云原生技术改变中间件格局开始的。更确切地说，原先通过中间件提供和封装的能力，现在全部被 Kubernetes 从应用层拽到基础设施层。例如，Kubernetes 最早提供的应用副本管理、服务发现和分布式协同能力，其实把构建分布式应用最迫切的需求，利用 Replication Controller、kube-proxy 和 etcd "下沉"到基础设施中，也就是 Kubernetes 中。

值得注意的是，Kubernetes 不直接提供这些能力，它的角色定位是通过声明式 API 和控制器模式对用户暴露更底层基础设施的能力。从这个角度来看，Kubernetes 设计的重点在于"如何标准化地接入底层资源，无论是容器、虚拟机、负载均衡等，然后通过声明式 API 将这些能力暴露给用户"。声明式 API 的最大优势是将"简单的交给用户，将复杂的留给系统"。所以说，Kubernetes 的核心价值不在于容器编排或资源调度，而在于声明式 API。通过声明式 API，Kubernetes 用户只需关心应用的最终状态，无须关注底层基础设施的配置和实现细节。

这种设计理念，以一言蔽之，就是以应用中心。正是因为以应用为中心，整个云原生技术体系无限强调基础设施更好地服务于应用，以更高效的方式为应用提供基础设施能力，而不是反其道行之。相应的，Kubernetes 也好，Docker 也好，Istio 也好，这些在云原生生态中起到关键作用的开源项目，就是让这种思想落地的技术手段。

10.2　声明式管理的本质

Kubernetes 与其他基础设施的最大不同是，它是基于声明式管理的系统。

很多人容易将"声明式风格的 API"和"声明式管理"混为一谈，这实际上是对声明式管理缺乏正确认识。想要真正理解声明式管理，首先需要弄清楚 Kubernetes 的控制器模式。

10.2.1 控制器模式

分析 Kubernetes 的工作原理不难发现，无论是 kube-scheduler 调度 Pod，还是 Deployment 管理 Pod 部署，亦或是 HPA 执行弹性伸缩，它们的整体设计都遵循"控制器模式"。

例如，用户定义一个 Deployment 资源，指定运行的容器镜像和副本数量。Deployment 控制器根据这些定义，在 Kubernetes 节点上创建相应的 Pod，并持续监控它们的运行状态。如果某个副本 Pod 异常退出，控制器会自动创建新的 Pod，确保系统的"真实状态"始终与用户定义的"预期状态"（如 8 个副本）保持一致，如图 10-1 所示。

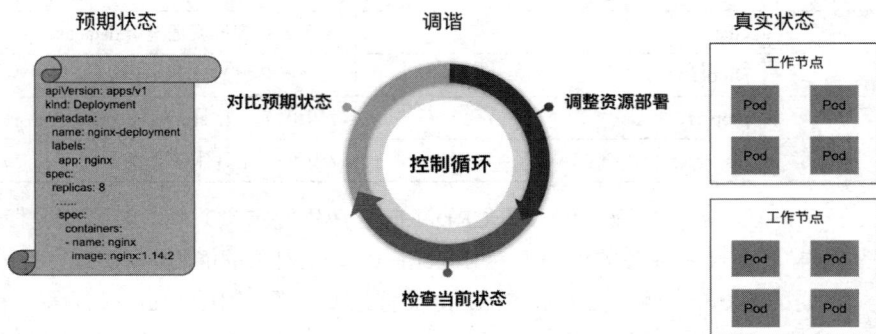

图 10-1 Kubernetes 的控制器模式

控制器模式的核心是用户通过 YAML 文件定义资源的"预期状态"，然后"控制器"监视资源的实际状态。当实际状态与预期状态不一致时，控制器会执行相应操作，确保两者一致。在 Kubernetes 中，这个过程被称为"调谐"（Reconcile），即不断执行"检查→差异分析→执行"的循环。

调谐过程的存在，确保了系统状态始终向预期终态收敛。这个逻辑很容易理解：系统在第一次提交描述时达到了期望状态，但这并不意味着一个小时后的情况也是如此。

所以，声明式管理的核心在于"调谐"，而声明式风格的 API 仅仅是一种对外的交互方式。

10.2.2 基础设施即数据思想

"控制器模式"体系的理论基础是一种名为 IaD（Infrastructure as Data，基础设施即数据）的思想。

IaD 思想主张，基础设施的管理应该脱离特定的编程语言或配置方式，而采用纯粹、格式化、系统可读的数据，描述用户期望的系统状态。这种思想的优势在于，对基础设施的所有操作本质上等同于对数据的"增、删、改、查"。这些操作的实现方式与基础设施本身无关，不依赖于特定编程语言、协议或 SDK，只要生成符合格式要求的"数据"，便可以"随心所欲"地采用任何用户偏好的方式管理基础设施。

IaD 思想在 Kubernetes 上的体现，就是执行任何操作，只需要提交一个 YAML 文件，然后对 YAML 文件增、删、查、改即可，而不是必须使用 Kubernetes SDK 或者 Restful API。这个 YAML 文件其实就对应了 IaD 中的 Data。从这个角度来看，Kubernetes 暴露出来的各种 API 对象，本质是一张张预先定义好 Schema 的"表"（table）（见表 10-1）。唯一与传统数据库不太一样的是，Kubernetes 并不以持久化这些数据为目标，而是监控数据变化驱动"控制器"执行相应操作。

表 10-1　Kubernetes 是个"数据库"

关系型数据库	Kubernetes (as a database)	说　　明
database	cluster	一套 K8s 集群就是一个 database
table	Kind	每种资源类型对应一个表
column	property	表中的列，有 string、boolean 等多种类型
rows	resources	表中的一个具体记录

本质上，Kubernetes v1.7 版本引入的 CRD（自定义资源定义）功能，其实是赋予用户管理自定义"数据"，将特定业务需求抽象为 Kubernetes 原生对象的能力。

例如，下面的 tekton[①] 例子，通过 CRD 定义持续交付领域中的 Task（任务）和 Pipeline（流水线）。这意味着，用户完全可以在 Kubernetes 的基础上，利用其内置能力扩展出一套全新的 CI/CD 系统。

```
apiVersion: tekton.dev/v1beta1
kind: Task
metadata:
  name: example-task
spec:
  steps:
    - name: echo-hello
      image: alpine:3.14
      script: |
        #!/bin/sh
        echo "Hello, Tekton!"
```

借助 CRD，工程师可以突破 Kubernetes 内置资源的限制，根据需求创建自定义资源类型，如数据库、CI/CD 流程、消息队列或数字证书等。配合自定义控制器，特定的业务逻辑和基础设施能力可以无缝集成到 Kubernetes 中。

最终，云原生生态圈那些让人兴奋的技术，通过插件、接口、容器设计模式、Mesh 形式，以"声明式管理"为基础下沉至 Kubernetes 中，并通过声明式 API 暴露出来。虽然 Kubernetes 的复杂度不断增加，但声明式 API 的优势在于，它能确保在基础设施复杂度指数级增长的同时，用户交互界面的复杂度仅以线性方式增长。否则，Kubernetes 早就变成一个既难学又难用的系统了。

---

① Tekton 是一个开源的 Kubernetes 原生 CI/CD（持续集成 / 持续部署）系统。

10.3　从"封装配置"到"应用模型"

在 Kubernetes 时代，"软件"不再是一个由应用开发者掌控的单一交付物，而是多个 Kubernetes 对象的集合。使用 Kubernetes 原生对象构建一套微服务应用，是一件高度碎片化且充满挑战的事情。

如果用户要在 Kubernetes 中部署一套微服务系统，那么用户需要为每个子服务配置 Service（提供服务发现和负载均衡）、Deployment（管理无状态服务）、HPA（自动扩缩容）、StatefulSet（管理有状态服务）、PersistentVolume（持久化存储）、NetworkPolicy（网络访问控制规则）等。上述工作烦琐还在其次，关键难点是写出合适的 YAML 元数据描述，这要求操作人员既要懂研发（理解服务运行、镜像版本、依赖关系等需求），又要懂运维（理解扩缩容、负载均衡、安全、监控等策略），还要懂平台（网络、存储、计算），一般的开发人员根本无从下手。

上述问题的根源在于，Docker 容器镜像封装了单一服务，Kubernetes 则通过资源封装了服务集群，却没有一个载体真正封装整个应用。封装应用的难点在于：要屏蔽底层基础设施的复杂性，不能暴露给最终用户；同时，还要将开发、运维、平台等各种角色的关注点恰当地分离，使得不同角色可以更聚焦于本角色的工作。

目前，业内对于如何封装应用还没有最终的结论，但经过不断探索，也出现了几种主流的应用封装与交付方案。接下来，笔者将介绍它们的设计思路供读者参考。

10.3.1　Kustomize

Kubernetes 官方对应用的定义是一组具有相同目标资源合集。在这种设定下，只要应用规模稍大，尤其是当不同环境（如开发、生产环境）之间的差异较小时，资源配置文件就开始泛滥。这时通过 kubectl 管理应用十分棘手。

Kubernetes 对此的观点如下：如果逐一配置和部署资源文件过于烦琐，那就将应用中的稳定信息与可变信息分离，并自动生成一个多合一（All-in-One）的配置包。完成这一任务的工具名为 Kustomize。

Kustomize 可以看作 YAML 模板引擎的变体，由它组织的应用结构有两部分：base 和 overlays。base 目录存放原始的 Kubernetes YAML 模板文件，overlays 目录用于管理不同环境的差异。每个目录下都有一个 kustomization.yaml 配置文件，描述如何组合和修改 Kubernetes 资源。

```
$ tree.
├── base/
│   ├── deployment.yaml
│   ├── service.yaml
│   └── kustomization.yaml
├── overlays/
```

```
|         ├──── dev/
|         |       ├──── kustomization.yaml
|         |       └──── patch-deployment.yaml
|         ├──── staging/
|         |       ├──── kustomization.yaml
|         |       └──── patch-deployment.yaml
|         └──── prod/
|                 ├──── kustomization.yaml
|                 └──── patch-deployment.yaml
```

只要为每个环境创建对应的 kustomization.yaml 文件，使用 kubectl kustomize 命令就可以将多个资源文件（如 Deployments、Services、ConfigMaps）合并为一个最终的 YAML 配置包。这样，使用 kubectl apply -k 命令就能一次性部署所有相关资源。

```yaml
// 合并后的配置文件 all-in-one.yaml
---
apiVersion: v1
kind: Namespace
metadata:
  name: my-namespace
---
apiVersion: v1
kind: ConfigMap
metadata:
  name: my-app-config
  namespace: my-namespace
data:
  config.yaml: |
    ...
---
apiVersion: v1
kind: Secret
metadata:
  name: my-app-secret
  namespace: my-namespace
data:
  ...
---
apiVersion: apps/v1
kind: Deployment
metadata:
  name: my-app
  namespace: my-namespace
spec:
  replicas: 3
  template:
    spec:
      containers:
        - name: my-app-container
          image: my-app-image:v1.2.3
          ...
---
```

```
apiVersion: v1
kind: Service
metadata:
  name: my-app-service
  namespace: my-namespace
spec:
  ports:
    - ...
  selector:
    ...
---
apiVersion: networking.k8s.io/v1
kind: Ingress
metadata:
  name: my-app-ingress
  namespace: my-namespace
spec:
  rules:
    - host: my-app.example.com
      ...
```

不难看出，kustomize 使用 Base、Overlay 生成最终配置文件的思路与 Docker 分层镜像的思路非常相似，只要建立多个 Kustomization 文件，开发人员就能基于基准进行派生（Base and Overlay），对不同的模式（如生产模式、调试模式）、不同的项目（同一个产品对不同客户的客制化）定制出一个多合一配置包。

Kustomize 只能算作一个辅助应用部署的"小工具"，配置包中的资源一个也没有少写，只是减少了不同场景下的重复配置。对于一个应用而言，其管理需求远不止部署阶段，还涉及更新、回滚、卸载、多版本管理、多实例支持及依赖关系维护等操作。要解决这些问题，还需要更高级的"工具"，这就是接下来要介绍的 Helm 的课题。

10.3.2　Helm 与 Chart

相信读者知道 Linux 的包管理工具和封装格式，如 Debian 系的 apt-get 和 dpkg，RHEL 系的 yum 和 rpm。在 Linux 系统中，有了包管理工具，只要知道应用名称，就能从仓库中下载、安装、升级或回滚。而且，包管理工具掌握应用的依赖和版本信息，应用依赖的第三方库，在安装时都会一并处理好。

2015 年，Deis（后被 Microsoft 收购）创建了 Helm，它借鉴了各大 Linux 发行版的应用管理方式，引入了与 Linux 包管理对应的 Chart 格式和 Repository 仓库的概念。对于用户而言，使用 Helm 无须手动编写部署文件，无须了解 Kubernetes 的 YAML 语法，只需一行命令，即可在 Kubernetes 集群内安装所需应用。图 10-2 所示为 Helm 的工作原理。

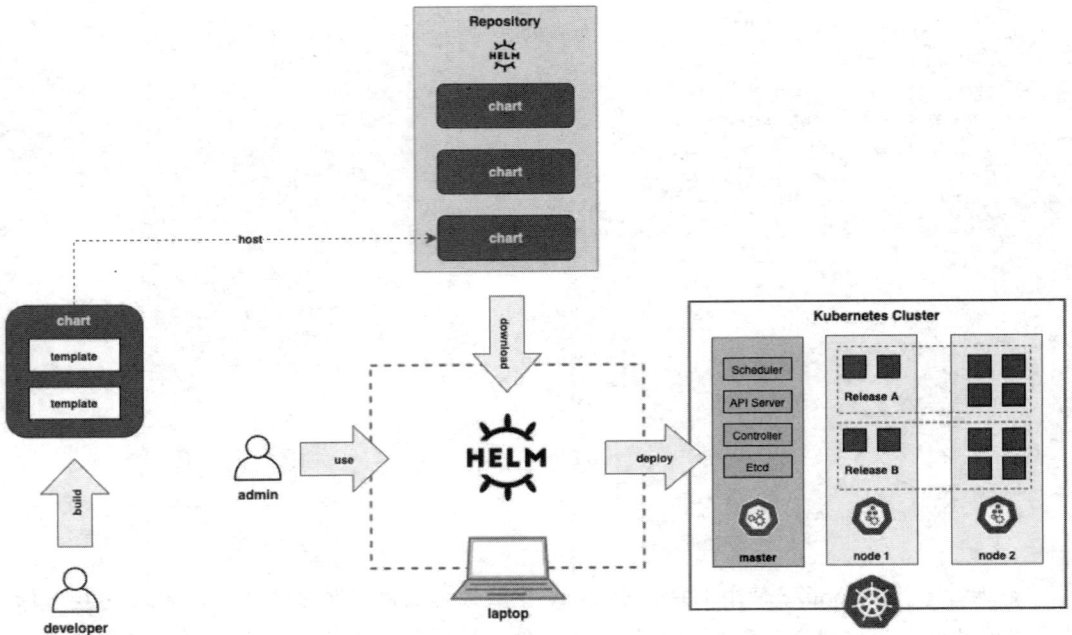

图 10-2　Helm 的工作原理

Chart 是一个包含描述 Kubernetes 相关资源的文件集合。以官方仓库中 WordPress 应用为例，它的 Chart 目录结构如下：

```
$ tree WordPress
|── charts                          // 存放依赖的 chart
├── templates                       // 存放应用一系列 Kubernetes 资源的 YAML 模
板，通过渲染变量得到部署文件
|       ├── NOTES.txt               // 为用户提供一个关于 chart 部署后使用说明的文件
|       |── _helpers.tpl            // 存放能够复用的模板
|       ├── deployment.yaml
|       ├── externaldb-secrets.yaml
|       ├── ingress.yaml
|       └── ....
└── Chart.yaml                      // chart 的基本信息（名称、版本、许可证、自述、
说明、图标等）
        └── requirements.yaml       // 应用的依赖关系，依赖项指向的是另一个应用的坐
标（名称、版本、Repository 地址）
        └── values.yaml             // 存放全局变量，templates 目录中模板文件中用
到变量的值
```

以模板目录中的 deployment.yaml 为例，它的内容如下：

```
apiVersion: apps/v1
kind: Deployment
metadata:
  name: {{ .Release.Name }}-nginx
spec:
```

```
replicas: {{ .Values.replicaCount }}
template:
  spec:
    containers:
    - name: nginx
      image: "{{ .Values.image.repository }}:{{ .Values.image.tag }}"
      ports:
      - containerPort: 80
```

部署应用时，Helm 先将管理员指定的值覆盖 values.yaml 中的默认值，然后通过字符串替换将这些值传递给 templates 目录中的资源模板，最终渲染成 Kubernetes 资源文件，在 Kubernetes 集群中以 Release 的形式管理。

Release 是 Helm Chart 的运行实例，它将多个 Kubernetes 资源抽象为一个整体，用户无须单独操作每个资源，而是通过 Helm 提供的命令（如 helm install、helm upgrade、helm rollback 等）进行统一管理。

Helm 提供了应用生命周期、版本、依赖项的管理能力，还支持与 CI/CD 流程的集成，强大的功能使它在业内备受瞩目，业内流行的应用纷纷提供 Helm Chart 格式的版本。2020 年，CNCF 牵头开发了 Artifact Hub，该项目已经成为全球规模最大的 Helm 仓库，用户可以在这里找到数以千计的 Helm Charts，一键部署各种应用（如数据库、消息队列、监控工具、CI/CD 系统、日志处理工具）。

不过，需要明确的是，Helm 本质上是简化 Kubernetes 应用安装与配置的工具。对于"有状态应用"（Stateful Application）来说，Helm 无法进行精细的生命周期管理。例如，它无法处理数据备份、扩缩容、分区重平衡、动态扩展等操作，这些都是在管理复杂有状态应用时必须考虑的细节。

如何对复杂有状态应用提供全生命周期的管理，是接下来将要介绍的 Operator 的课题。

10.3.3　Operator

Operator 的概念由 CoreOS 于 2016 年提出，它并非具体的工具或系统，而是一种在 Kubernetes 中封装、部署和管理应用的方法，尤其适合管理需要特定领域知识的"有状态应用"（Stateful Application）。

要理解 Operator 做的事情，首先要理解有状态应用和无状态应用的区别。

无状态应用（Stateless Application）：运行过程中不依赖于任何持久化数据或内部状态，每次请求的处理都是独立的，不会受到之前请求的影响，其多个实例是对等关系。常见的无状态应用有 Web 服务反向代理与负载均衡服务、微服务架构中的服务等。

有状态应用（Stateful Application）：需要持久化某些数据，这些数据在应用重启或迁移后依然保持。对于有状态应用，其多个实例之间通常存在不对等关系，如主备或主从架构。常见的有状态应用有数据库（MySQL、PostgreSQL、etcd）、缓存系统（Redis、Memcached）、消息队列（Kafka、RabbitMQ）等。

无状态应用像家畜，按规模化方式管理，个体之间无实质差异，出现问题时可直接用其他个体替代。有状态应用则像宠物，每个个体都有特定角色和作用，彼此不可替代，还需精心照料。

Kubernetes 使用 Deployment 编排无状态应用，假设所有 Pod 完全相同，没有顺序依赖，也无须关心运行在哪台宿主机上。相反，有状态应用每个实例都需要维护特定的状态。

拓扑状态：应用的多个实例之间并非完全对等关系。例如，在"主从"（Master-Slave）架构中，主节点 A 必须先于从节点 B 启动。此外，若 Pod 被删除重新，则必须保留与原 Pod 相同的网络标识，以确保访问者能够通过原有的访问方式连接到新的 Pod。

存储状态：应用的多个实例分别绑定了独立的存储数据。对于实例 Pod 而言，无论是首次读取还是在被重新创建后再次读取，获取的数据都必须一致。典型的例子是一个数据库应用的多个存储实例，每个实例需要持久化数据到本地存储，如果实例迁移到了其他节点，服务就无法正常使用。

Kubernetes v1.9 版本引入 StatefulSet 的核心功能就是用某种方式记录这些状态，当有状态应用的 Pod 重建后，仍然满足上一次运行状态的需求。不过有状态应用的维护并不限于此：

- 以 StatefulSet 创建的 Etcd 集群为例，最多只能实现创建、删除集群等基本操作。对于集群扩容、健康检查、备份恢复等高级运维操作，也需要配套支持。
- 使用 StatefulSet 创建 etcd 集群，还必须配置大量的细节，明确网络标识符、存储配置、集群成员管理、健康检查方式，告诉 Kuberntes 如何处理 Etcd。

下面举例说明，让读者体会在"在 YAML 文件里编程序"的感觉。请看使用 StatefulSet 配置 etcd 的 YAML 文件（不用关注细节）：

```yaml
apiVersion: v1
kind: Service
metadata:
  name: etcd-headless
  labels:
    app: etcd
spec:
  clusterIP: None              # 必须为 None，启用 headless 服务
  selector:
    app: etcd
  ports:
    - port: 2379               # Etcd 客户端端口
      name: client
    - port: 2380               # Etcd 集群通信端口
      name: peer
---
```

```yaml
apiVersion: apps/v1
kind: StatefulSet
metadata:
  name: etcd
spec:
  serviceName: "etcd-headless"
  replicas: 3                            # 设置 Etcd 集群节点的副本数
  selector:
    matchLabels:
      app: etcd
  template:
    metadata:
      labels:
        app: etcd
    spec:
      containers:
        - name: etcd
          image: quay.io/coreos/etcd:v3.5.0      # 可根据需要修改版本
          command:
            - /bin/sh
            - -ec
            - |
              /usr/local/bin/etcd --name $(POD_NAME) \
                --data-dir /etcd-data \
                --listen-peer-urls http://0.0.0.0:2380 \
                --listen-client-urls http://0.0.0.0:2379 \
                --advertise-client-urls http://$(POD_NAME).etcd-headless:2379 \
                --initial-advertise-peer-urls http://$(POD_NAME).etcd-
                  headless:2380 \
                --initial-cluster $(POD_NAME)=http://$(POD_NAME).etcd-
                  headless:2380 \
                --initial-cluster-token etcd-cluster-1 \
                --initial-cluster-state new \
                --cert-file=/etc/etcd/certs/server.crt \
                --key-file=/etc/etcd/certs/server.key \
                --trusted-ca-file=/etc/etcd/certs/ca.crt
          volumeMounts:
            - mountPath: /etcd-data
              name: etcd-data
            - mountPath: /etc/etcd/certs
              name: etcd-certs
              readOnly: true
  volumeClaimTemplates:
    - metadata:
        name: etcd-data
      spec:
        accessModes: ["ReadWriteOnce"]
        resources:
```

```
            requests:
                storage: 1Gi                              # 为每个 Pod 分配 1Gi 存储
        - metadata:
            name: etcd-certs
          spec:
            accessModes: ["ReadOnlyMany"]
            resources:
                requests:
                    storage: 1Gi
```

观察上面的例子，不难发现，用户很难也不想关心运维的逻辑，还有 Kubernetes 底层的各种概念。用户其实只关心两个信息：怎么连接它（端口 port）、etcd 的版本是多少（image）。

如果向最终用户只暴露下述信息，是不是简洁很多了呢？

```
port: 2379
image: quay.io/coreos/etcd:v3.5.0
```

这种设计"简化版"的 API 对象，就称为"构建高层抽象"。"构建高层抽象"是简化管理应用的必要手段。

接下来，再看使用 Operator 后的情况，事情就变得简单多了。Etcd 的 Operator 提供了 EtcdCluster 自定义资源（高层抽象），在它的帮助下，仅用几十行代码，就完成了安装、启动、停止等基础的运维操作。

```
apiVersion: operator.etcd.database.coreos.com/v1beta2
kind: EtcdCluster
metadata:
  name: my-etcd-cluster
  namespace: default
spec:
  size: 3
  version: "3.4.15"
  storage:
    volumeClaimTemplate:
      spec:
        accessModes:
          - ReadWriteOnce
        resources:
          requests:
            storage: 8Gi
```

扩容也很简单，只要更新节点数量（如 size 从 3 改到 5），再 apply 一下，它会监听这个自定义资源的变动，自动做对应的更新。更高级的 Operator 还可以自动升级、扩容、备份、恢复，甚至与 Prometheus 系统集成，自动检测故障、自动转移故障。

Operator 的实现，其实是基于 CRD 构建"高层抽象"，通过 Kubernetes 的原生"控制器模式"将有状态应用的运维操作代码化。它与 StatefulSet 并非竞争关系，完全可以编写一个 Operator，在其控制循环中创建和管理 StatefulSet，而非直接管理 Pod。例如，业界知名的

Prometheus Operator 就是这么实现的。这种设计的优势，不仅在于简化操作，更在于它遵循 Kubernetes 基于资源和控制器的设计原则，同时不受限于内置资源的表达能力。只要开发者愿意编写代码，特定领域的经验都可以转化为 Operator 逻辑。

Red Hat 收购 CoreOS 之后，为开发者提供了一套完整的工具集——Operator Framework，用于简化 Operator 的开发过程，但这依然不是一项轻松的工作。以 etcd 的 Operator 为例，尽管 etcd 本身算不上特别复杂的有状态应用，etcd Operator 的功能也相对基础，但其代码超过了 9,000 行。这是因为，管理有状态应用本身就是非常复杂的事情，更何况在容器云平台上进行管理。

最后，尽管业内对状态应用以容器形式部署存在激烈争议，但可以肯定的是，若希望有状态应用在 Kubernetes 上稳定运行，Operator 是当前最可行的方案。

10.3.4　OAM 与 KubeVela

2019 年 10 月，阿里云与微软在上海 QCon 大会上联合发布了全球首个开放应用模型（Open Application Model，OAM）。该项目有两个部分：OAM 规范和 OAM 规范的 Kubernetes 实现。

在 OAM 的规范中，应用是由一组具有运维特征（Trait）的组件（Component）组成的，并且限定在一个或多个应用边界（Application Scope）内。

上述术语并非是完全抽象的概念，而是可实际使用的自定义资源（CRD）。这些概念的具体含义如下。

- 组件（Component）：有编程经验的人，都知道组件的含义。组件是应用的基本构建块，具备可复用性，用于定义核心功能单元。在 OAM 中，每个组件代表一个独立的、可部署的微服务或资源（例如，数据库、缓存、API 网关等）。
- 运维特征（Trait）：既然应用功能可以复用，那某些运维逻辑自然也可以封装复用。运维特征是可以随时绑定给待部署组件的、模块化、可拔插的运维能力，如副本数调整（手动、自动）、数据持久化、设置网关策略、自动设置 DNS 解析等。
- 应用边界（Application Scopes）：定义应用级别的部署特征，如健康检查规则、安全组、防火墙、SLO、检验等模块。相对于运维特征而言，应用边界作用于一个应用的整体，而运维特征作用于应用中的某个组件。
- 应用（Application）：将 Component（必需）、Trait（必需）和 Scope（可选）组合并实例化，形成了一个完整的应用描述。

OAM 通过上述自定义资源将原本复杂的 Kubernetes All-in-one 配置进行了一定程度的解耦。应用研发人员负责管理 Component，运维人员将 Component 组合并绑定 Trait，形成 Application。平台或基础设施提供方则负责 OAM 的解释能力，将这些自定义资源映射到实际的基础设施上。各种角色的关注点恰当地分离，不同角色更聚焦于做好本角色的工作。

OAM 的工作原理如图 10-3 所示。

KubeVela 是 OAM 规范在 Kubernetes 上的完整实现，它起源于 OAM 社区，由阿里巴巴、微软等技术专家共同维护。

对于平台工程师（Platform Builder）来说，KubeVela 是一个具备无限扩展性的 Kubernetes 原生应用构建引擎，负责准备应用部署环境、维护稳定可靠的基础设施，并将这些基础设施能力作为 KubeVela 模块注册到集群中。对于最终用户（End User，研发人员或运维人员）来说，只需选择部署环境、挑选能力模块并填写业务参数，就可以在不同运行环境中把应用随时运行起来。

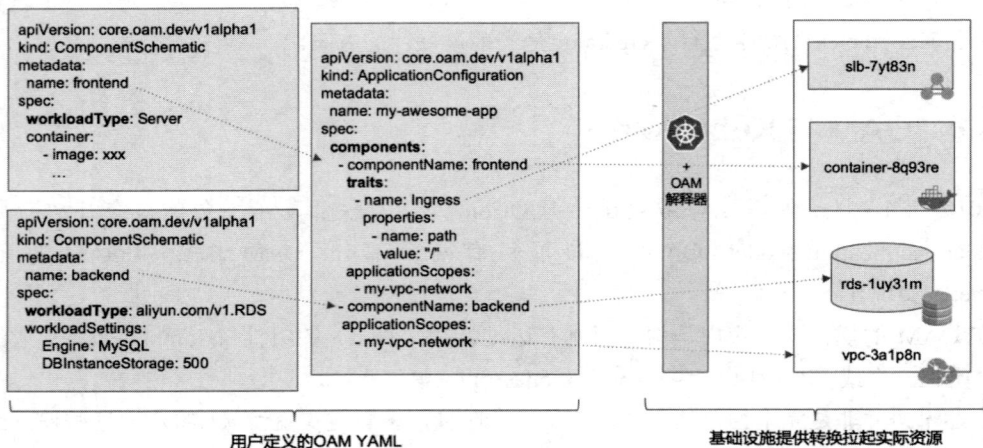

图 10-3　OAM 的工作原理

KubeVela 的工作原理如图 10-4 所示。

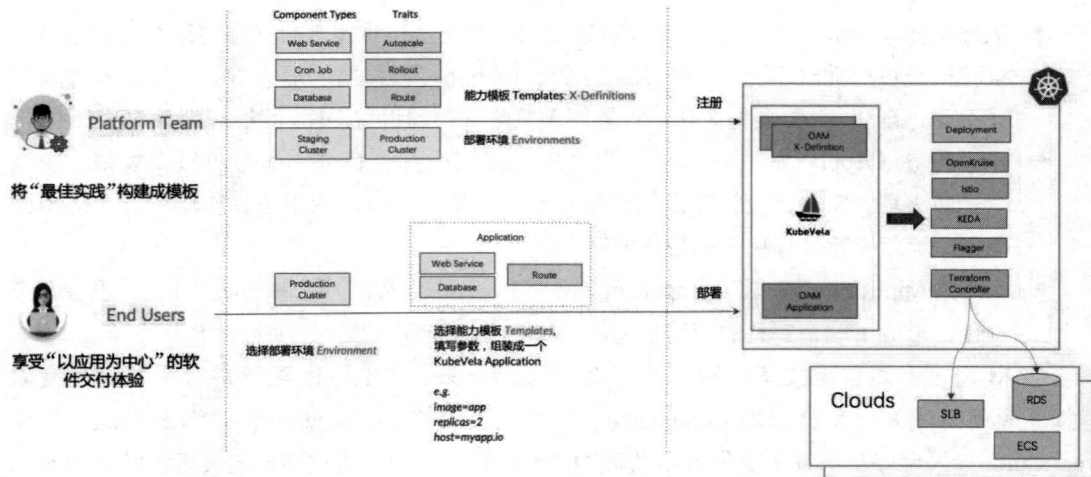

图 10-4　KubeVela 的工作原理 [1]

---

[1]　图片来源：https://kubevela.io/zh/docs/getting-started/separate-of-concern/。

很多企业落地 Kubernetes 的时候采用了 PaaS 化的思路，即在 Kubernetes 之上开发一个类 PaaS 平台。但这个平台的设计理念、模型和使用方式往往都是自己的，这些设计会"盖住" Kubernetes 的能力，使其声明式 API、容器设计模式、控制器模式根本无法发挥原本的实力，也难以与广泛的生态系统对接。

上述问题的直接表现就是，这个 PaaS 系统不具备扩展性。假设要满足以下诉求：

- 帮我运行一个定时任务。
- 帮我运行一个 MySQL Operator。
- 根据自定义 metrics 定义水平扩容策略。
- 基于 Istio 来帮我做渐进式灰度发布。

这里的关键点在于，上述能力在 Kubernetes 生态中都是常见且广泛支持的，有些甚至是 Kubernetes 内置功能。但是到了 PaaS 中，要实现这些能力往往需要重新开发，而且由于先前的设计假设，可能还需要进行大规模的重构。

KubeVela 本质上是在 Kubernetes 上安装了一个 OAM 插件，使平台工程师能够依据 OAM 规范，将 Kubernetes 生态中的各种能力和插件整合成一个应用交付平台。所以，KubeVela 为最终用户提供了类似于 PaaS 的使用体验，同时也为平台工程师带来了 Kubernetes 原生的高可扩展性和平台构建规范。

不过，目前来看，KubeVela 背后的理论还是过于抽象，落地有一定的技术门槛。但 KubeVela 这种构建以"应用为中心"的上层平台的思想，毫无疑问代表着云原生技术未来的发展方向。

10.4　小结

云原生技术与理念发展至今，在推动现代应用架构演进方面取得了空前的成就。

以 Kubernetes 为代表的基础设施，将传统中间件的功能（如服务发现、负载均衡和自动化伸缩）从应用层剥离，转移至基础设施层。服务网格进一步将"服务间流量治理"这一关键功能也下沉至基础设施层。

当然，基础设施演进的最终目标是创造业务价值，帮助用户更快、更好、更有信心地开发和交付应用。无论是 Kubernetes 还是 Istio，它们都是实现这一目标的工具，而今出现的 Helm、Operator、OAM、KubeVela 等，则是以"以应用为中心"，将底层基础设施能力以更友好的方式"输送"给业务用户。

　　随着底层基础设施能力的日趋完善，相信不久的未来，一个应用要在世界上任何一个地方运行起来，唯一要做的就是声明"我是什么""我要什么"。到那个时候，无论是 Kubernetes、Istio，还是本书讨论的各类基础设施概念，将统统消失不见。

本书各章出现了较多的术语缩写，初次引用时已注明释义。为了读者查阅方便，笔者分类整理成表格，如表 A-1~ 表 A-4 所示。

表 A-1　网络类

术　　语	名 称 全 称	说　　明
AS	Autonomous System	网络自治系统
CIDR	Classless Inter-Domain Routing	无类域间路由
VPC	Virtual Private Cloud	私有网络
VIP	Virtual IP address	虚拟 IP 地址
SDN	Software Defined Networking	软件定义网络
(S)LB	(Server) Load Balancer	负载均衡
NIC	Network Interface Card	网卡
RTT	Round-Trip Time	往返时延
NAT	Network Address Translation	网络地址转换
TTFB	Time To First Byte	首字节时间
BBR	Bottleneck Bandwidth and RTT	Google 推出的拥塞控制算法
PPS	Packet Per Second	包 / 秒，表示以网络包为单位的传输速率
BDP	Bandwidth-Delay Product	带宽时延积
RDMA|	Remote Direct Memeory Access	远程内容直接读取
南北流量	NORTH-SOUTH traffic	用户访问服务器的流量
东西流量	EAST-WEST traffic	集群中服务与服务之间的流量

表 A-2　云技术类

术　语	名 称 全 称	说　明
IaaS	Infrastructure as a Service	基础设施即服务
PaaS	Platform as a Service	平台即服务
SaaS	Software as a Service	软件即服务
FaaS	Function as a Service	功能即服务
CaaS	Container as a Service	容器即服务
IaC	Infrastructure as Code	基础设施即代码
KVM	Kernel-based Virtual Machine	基于内核的虚拟机
AZ	Availability Zone	可用区
SRE	Site Reliability Engineering	站点可靠性工程
CE	Chaos Engineering（混沌工程）	故障演练及解决。研究大规模分布式系统瓶颈、缺陷，提升整体服务稳定的方法学
DevOps	Development + Operations	开发运维
AIDevOps	AI + Development + Operations	智能开发运维
DevSecOps	Development + Security + Operations	开发、安全和运维，应用安全 (AppSec) 领域术语
CI/CD	Continuous Integration + Continuous Deployment	持续集成 + 持续交付

表 A-3　Kubernetes 相关类

术　语	名 称 全 称	说　明
CNCF	Cloud Native Computing Foundation	云原生计算基金会
OCI	Open Container Initiative	Linux 基金主导的开放容器标准
CRI	Container Runtime Interface	Kubernetes 定义的容器运行时接口
CNI	Container Network Interface	Kubernetes 定义的容器网络接口
CRD	Custom Resource Definition	自定义资源的定义，用来扩展 Kubernetes 资源
Operator	CRD + AdmissionWebhook + Controller	用来解决某个应用场景的 Kubernetes 扩展

表 A-4 业务类

术 语	名 称 全 称	说 明
QPS	Queries Per Second	每秒请求数
QoS	Quality of Service	服务质量
TPS	Transactions Per Second	每秒事务数
MTBF	Mean Time Between Failure	平均故障间隔时长
P90	Percentile 90	数据聚合统计方式，用来衡量业务指标
QA	Quality Assurance	品质保证
SLA	Service Level Agreement	服务等级协议，用于向客户承诺提供的服务等级
APM	Application Performance Monitoring	应用程序性能监控